从新手到高手

Premiere Pro 2025

从新手到高手 （剪辑+音频+调色+字幕+特效）

张学霞　　拓守君 / 编著

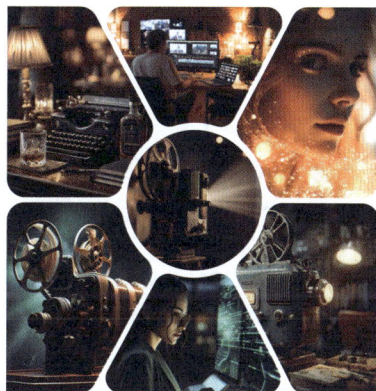

U0659334

清华大学出版社

北京

内 容 简 介

本书基于 Premiere Pro 2025 软件编写而成，从基础讲解到实战演练，提供了一整套详尽的"保姆式"教程。精选了短视频上的热门案例，如卡点效果、合成效果、热门转场效果以及商业实战案例等。全书采用"基础＋案例"的教学方法，可以帮助读者轻松、快速地掌握视频制作的完整流程与技巧，成为视频剪辑高手。

全书共 10 章内容，第 1 ～ 9 章为软件入门篇，循序渐进地讲解了软件基础操作、素材剪辑、色彩校正、关键帧动画制作、画面合成、视频转场、字幕效果、音频处理等内容。第 10 章为能力提升篇，结合之前学习的内容进行汇总，为读者讲解宣传广告类视频和口播视频的制作方法，帮助读者迅速掌握使用 Premiere Pro 2025 制作不同短视频效果的方法。

另外，本书提供了操作案例的素材文件和效果文件，同时有专业讲师以视频的形式讲解相关内容，方便读者边学习边消化，成倍提高学习效率。

本书适合广大短视频爱好者、自媒体运营人员，以及想要寻求突破的新媒体平台工作人员、短视频电商营销与运营的个体、企业等学习和使用，也可以作为相关院校的教材和辅导用书。

版权所有，侵权必究。举报：010-62782989，beiqinquan@tup.tsinghua.edu.cn。

图书在版编目 (CIP) 数据

Premiere Pro 2025 从新手到高手 : 剪辑＋音频＋调色＋字幕＋特效 / 张学霞 , 拓守君编著 .
北京 : 清华大学出版社 , 2025. 7. -- (从新手到高手). -- ISBN 978-7-302-69730-5

Ⅰ . TP317.53

中国国家版本馆 CIP 数据核字第 20251MB731 号

责任编辑：陈绿春
封面设计：潘国文
版式设计：方加青
责任校对：胡伟民
责任印制：杨 艳

出版发行：清华大学出版社
  网　　　址：https://www.tup.com.cn，https://www.wqxuetang.com
  地　　　址：北京清华大学学研大厦 A 座　　　　　邮　　编：100084
  社 总 机：010-83470000　　　　　　　　　　　邮　　购：010-62786544
  投稿与读者服务：010-62776969，c-service@tup.tsinghua.edu.cn
  质 量 反 馈：010-62772015，zhiliang@tup.tsinghua.edu.cn
印 装 者：小森印刷（北京）有限公司
经　销：全国新华书店
开　本：188mm×260mm　　印　张：14.5　　字　数：495 千字
版　次：2025 年 9 月第 1 版　　印　次：2025 年 9 月第 1 次印刷
定　价：79.00 元

产品编号：098993-01

前　言

在数字化浪潮的推动下，视频创作已成为个人表达、商业传播和艺术创作的核心载体。Adobe Premiere Pro 2025作为行业领先的专业剪辑工具，凭借其强大的功能迭代与智能化设计，持续赋能创作者突破技术边界，释放创意潜能。它不仅能够满足专业剪辑师的需求，也为初学者提供了友好的操作界面和便捷的学习途径。

本书以"基础技能+高级技巧+实战应用"为核心框架，在详细讲解软件基本操作的同时，让读者跟着一起实战演练，以边学边做的形式体验视频制作的乐趣。

本书特色

66个实战案例贯穿，技能全覆盖：本书通过66个实操案例，深度解析Premiere Pro 2025的核心功能，涵盖基础剪辑、高级特效、调色合成、音频处理等全流程操作，实现从零基础到综合案例实战的无缝衔接。

9大核心模块精讲，构建专业体系：全书以"操作基础→素材处理→高级技巧→综合输出"为脉络，系统讲解软件基础、工具解析、剪辑基础、颜色调整、关键帧动画、音频处理等9大模块，帮助读者搭建完整的影视后期知识框架。

4个高效插件，解锁专业级效果：除Premiere Pro原生功能外，本书特别引入行业级插件提升创作效率与视觉效果。Beauty Box一键磨皮，Neat Video消除噪点，Mojo Ⅱ快速调色，Beat Edit一键为音频添加标记。

内容框架

本书基于 Premiere Pro 2025编写而成，鉴于官方软件每年会进行不同频次的更新，建议读者根据自身使用的版本灵活地进行适应性学习。

本书对视频素材剪辑、音频处理、视频特效应用等内容进行了详细讲解，全书共10章，具体内容如下所述。

第1章：新手入门。涵盖视频剪辑的基础知识、Premiere Pro 2025的基本操作、工作界面介绍等内容，为后续的学习和实践打下坚实的基础。

第2章：掌握视频剪辑的全流程。本章详细介绍了如何使用Premiere Pro进行素材的导入、整理、编辑和输出。通过具体的操作实例和步骤说明，帮助读者快速上手并熟练使用Premiere Pro进行视频剪辑工作。

第3章：深化对视频剪辑的理解，并掌握更高效的剪辑方法。从标记的使用开始，逐步介绍素材编辑、变速剪辑等高级技巧，并通过实战案例加深理解。

第4章：深入探讨调色工具的使用方法和技巧，包括基本校正、创意、插件使用等。同时通过实战案例展示如何使用这些工具完成特定风格的调色。

第5章：深入探讨关键帧制作的基本方法和技巧。关键帧的设置和调整能够帮助用户创作出流畅、自然的视觉效果。通过实战案例的演练，读者可以进一步提升视频编辑的水平。

第6章：深入探讨视频叠加与抠像技术在影视后期制作中的应用。读者通过学习这些技术，能够掌握如何在Premiere Pro中实现复杂的视觉效果，从而提升影视作品的视觉冲击力和艺术表现力。

第7章：全面掌握视频转场效果，包括理论知识和实际操作技巧。帮助读者在视频制作中更好地运用转场效果，提升视频作品的观赏性和专业性。

第8章：深入探讨字幕创建与编辑方面的强大功能。从基础的字幕创建到高级的视觉效果制作，为视频编辑者提供实用的工具和技巧，帮助他们提升视频内容的创意表达和视觉吸引力。

第9章：深入探讨音频编辑和处理的多种技巧，包括音频轨道的使用、音频效果的添加和调整、音频过渡效果的实现以及音乐卡点的制作方法。

第10章：通过制作广告片和趣味口播两个综合案例，详细介绍从视频结构搭建、素材剪辑、转场效果添加、调色、精细化处理到音乐和音效的添加等环节的操作步骤。

配套资源及技术支持

本书的配套资源请用微信扫描下面的配套资源二维码进行下载，如果有技术性问题，请用微信扫描下面的技术支持二维码，联系相关人员进行解决。如果在配套资源下载过程中遇到问题，请联系陈老师，联系邮箱：chenlch@tup.tsinghua.edu.cn。

配套资源   技术支持

编者
2025年8月

目 录

第3章　视频素材的高级剪辑技巧

第4章　颜色的校正与调整

第5章　关键帧动画

第6章 视频叠加与抠像

第7章 视频的转场效果

软件入门篇

第1章

Premiere Pro 2025 基本操作

Adobe Premiere Pro（Pr）是由Adobe公司开发的一款视频剪辑软件，凭借简便实用的编辑方式、对素材格式的广泛支持、拓展性强、兼容性强等优势，得到了许多视频编辑爱好者和专业人士的青睐。随着视频领域的内卷趋势愈演愈烈，Adobe公司在2024年10月加快推出了Premiere Pro 2025版本，为用户带来多种不一样的全新体验。由于全球各地区版本功能不同，本书以中国地区版本进行讲解，为中国地区使用者提供使用指南。本章将从视频剪辑基础知识开始讲解，再介绍Premiere Pro 2025版本的使用界面，方便读者快速入门。

1.1 视频编辑的基础知识

从事影视相关工作的人员需要掌握一些基本知识和相关理论，以加深对视频编辑工作的认识和领悟。本节介绍视频编辑中的一些基础理论知识，具体内容包括常用视频编辑术语、电视制式、常用视音频格式等。

1.1.1 视频的概念

视频又称视像、视讯、录影、录像、动态图像等，泛指一系列静态影像以电信号方式加以捕捉、记录、处理、储存、传送与再现的技术。视频的原理可通俗地理解为，连续播放的静态图片，造成人眼的视觉残留，从而形成连续的动态影像。

1.1.2 常见专业术语

视频编辑中的常见术语主要有以下几个。

- 时长：指视频的时间长度，基本单位是秒。在Premiere Pro中所见的时长（00:00:00:00）如图1-1所示，分别代表时、分、秒、帧（时：分：秒：帧）。

图 1-1

- 帧：视频的基础单位，可以理解为一张静态图片即一帧。
- 关键帧：指视频中的特定帧，标记特殊的编辑或其他操作，以便控制动画的运动轨迹、回放或其他特性。
- 帧速率：指每秒播放帧的数量，单位是帧/秒（fps），帧速率越高，视频播放越流畅。
- 帧尺寸：代表帧（视频）的宽度和高度，帧尺寸越大，视频画面越大，画面中包含的像素越多。
- 画面尺寸：指实际画面的宽度和高度。
- 画面比例：指视频画面宽度和高度的比例，即常说的4:3、16:9。
- 画面深度：指色彩深度，对普通的RGB视频来说，8bit是最常见的。
- Alpha通道：R、G和B颜色通道之外的另一种图像通道，用来存储和传输合成时所需要的透明信息。
- 锚点：指在使用运动特效时，用来改变剪辑中心位置的点。
- 缓存：计算机存储器中一部分用来存储静止图像和数字影片的区域，它是为影片的实时回放而准备的。
- 片段：指由视频、音频、图片或任何能够输入Premiere Pro中的类似内容所组成的媒体文件。
- 序列：由编辑过的视频、音频和图形素材组成的片段。
- 润色：通过调整声音的音量、重录对白的不良部分，以及录制旁白、音乐和声音效果，从而创建高质量混音效果的过程。
- 时间码：指存储在帧画面上，用于识别视频

1

帧的电子信号编码系统。

- 转场：指两个编辑点之间的视频或音频效果，例如，视频叠化或音频交叉渐变。
- 修剪：通过对多个编辑点进行细微调整来精确控制序列。
- 变速：在单个片段中，前进或倒转运动时动态改变速度。
- 压缩：对编辑好的视频进行重新组合时，减小视频文件大小的方法。
- 素材：影片的一小段或一部分，可以是音频、视频、静态图像或标题字幕等。

1.1.3　视频分辨率

视频分辨率是用于度量视频图像内数据（像素）多少的参数。例如视频的分辨率为920×1080 px，表示视频在横、纵两个方向上的有效像素分别是1920列（K）和1080行（P）。在一段视频中，分辨率是非常重要的，因为它决定了位图图像细节的精细程度。通常情况下，图像的分辨率越高，所包含的像素就越多，图像就越清晰。需要注意的是，存储高分辨率图像也会相应增加文件占用的磁盘存储空间。我们可以把整个图像想象为一个大型的棋盘，分辨率的表示方式就是棋盘上所有经线和纬线交叉点的数量。

以Premiere Pro为例，进入"新建序列"对话框后，单击顶部的"设置"选项卡，然后在界面中单击展开"编辑模式"下拉列表，在该列表中有多种分辨率的预设选项可供选择，如图1-2所示。

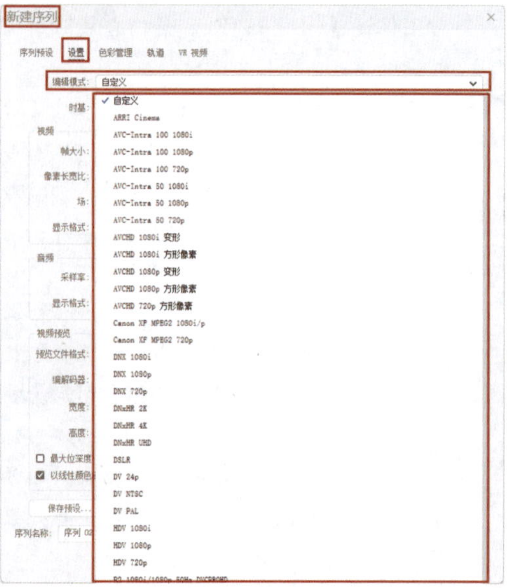

图 1-2

提示：在Premiere Pro中设置"宽度"和"高度"的参数后，序列的宽高比也会随数值而更改。

1.1.4　视频的常用格式

视频格式是视频播放软件为了能够播放视频文件而赋予视频文件的一种识别符号，可以分为适合本地播放的本地影像视频和适合在网络中播放的多媒体影像视频两大类。视频格式实际上是一个容器里包裹着不同的轨道，使用容器的格式关系到视频的可扩展性。

下面介绍几种常见的视频格式。

1. AVI

AVI（Audio Video Interleave）是一种将音频和视频同步组合在一起的文件格式。1992年，Microsoft公司推出了AVI技术及其应用软件VFW（Video for Windows）。在AVI文件中，运动图像和伴音数据以交织的方式存储，并独立于硬件设备。这种按交替方式组织音频和视像数据的方式可使得读取视频数据流时，能更有效地从存储媒介得到连续的信息。构成一个AVI文件的主要参数包括视像参数、伴音参数和压缩参数等。AVI具有非常好的扩充性。这种格式的特点在于其对视频文件进行了压缩，且压缩比较高，因此尽管画面质量不算最好，但应用范围广泛。AVI支持256和RLE压缩，多用来保存电视、电影等各种影像信息。

2. FLV/F4V

FLV格式是Flash Video格式的简称。1992年，Microsoft公司推出了AVI技术及其应用软件VFW（Video for Windows）。其特点在于文件小、加载速度快，因此许多视频网站采用这种格式。F4V则可理解为FLV的升级版，支持H.264编码的高清视频。

3. MOV

MOV即QuickTime影片格式，它是由苹果公司开发的一种视频格式，常用于存储数字媒体类型的文件。其特点在于兼容性好，所需存储空间小。此外，采用了有损压缩方式的MOV格式文件，画面效果较AVI格式稍好。

4. WMV

WMV格式（Windows Media Video）是微软公

司推出的一种采用独立编码方式并且可以直接在网上实时观看视频节目的文件压缩格式。其特点在于可同时下载与播放，因此适合网络实时视频的播放。

5. MPEG

MPEG（Moving Picture Export Group）是1988年成立的一个专家组，它的工作是开发满足各种应用的运动图像及其伴音的压缩、解压缩和编码描述的国际标准，现已被几乎所有的计算机平台支持。MPEG标准有MPEG-1、MPEG-2、MPEG-4、MPEG-7和MPEG-21。其中MPEG-1被广泛应用在VCD（Video Compact Disc）的制作上；MPEG-2被应用在DVD（Digital Versatile Disc）的制作上。MPEG系列国际标准已经成为影响最大的多媒体技术标准，对数字电视、视听消费电子产品、多媒体通信等信息产业中的重要产品都产生了深远的影响。

6. RMVB

RMVB格式即Real Media可变比特率，是由RM视频格式升级而延伸出的新型视频格式，RMVB视频格式的先进之处在于打破了原先RM格式使用的平均压缩采样的方式，在保证平均压缩比的基础上更加合理利用比特率资源。相较于常见的按固定比特率（CBR）编码的流媒体，RMVB较常应用于本地多媒体文件保存上。

7. MKV

MKV不是一种压缩格式，而是一种多媒体容器文件。其能容纳多种不同的编码类型的视频、音频及字幕流，如AVI、WAV、MOV、MPEG等。

1.1.5　音频的常用格式

本节介绍一些常见的音频格式。

1. MP3

MP3（Moving Picture Experts Group Audio Layer Ⅲ，动态影像专家压缩标准音频层面3）格式是一种音频压缩格式，利用特定算法去除人耳较难感知的音频细节，从而在减小文件体积的同时维持一定的听觉质量。这样一来就相当于抛弃人耳基本听不到的高频声音，只保留能听到的低频部分，从而将声音用1:10甚至1:12的压缩率压缩，所以具有文件小、音质好的特点。由于这种压缩方式的全称叫MPEG Audio Player 3，所以人们把它简称为MP3。

2. WAV

WAV格式是微软公司开发的一种声音文件格式，以未压缩的原始音频数据存储声音信息，完整保留音频录制时的所有细节。用于保存Windows平台的音频信息资源，被Windows平台及其应用程序所支持。WAV格式支持MSADPCM、CCITT A LAW等多种压缩算法，支持多种音频位数、采样频率和声道，标准格式的WAV文件和CD格式一样，也是44.1K的采样频率，速率为88 kb/s，16位量化位数。尽管音色出众，但压缩后的文件体积过大，相对于其他音频格式而言是一个缺点。WAV格式也是目前PC上广为流行的声音文件格式，几乎所有的音频编辑软件都能识别WAV格式。

3. AAC

AAC（Advanced Audio Coding）是高级音频编码的缩写，AAC是由Fraunhofer IIS-A、杜比和AT&T共同开发的一种音频格式，它是MPEG-2规范的一部分。其运用创新技术在保证较好音质的基础上，实现高效数据压缩，平衡音质与文件大小。相比 MP3 采用更优编码策略，能以更低码率达成相近甚至更优音质，在有限带宽下表现出色。它还同时支持多达48个音轨、15个低频音轨、更多种采样率和比特率、多种语言的兼容能力、更高的解码效率。总之，AAC可以在比MP3文件缩小30%的前提下提供更好的音质，被手机界称为"21世纪数据压缩方式"。

4. WMA

WMA（Windows Media Audio）格式是微软公司推出的与MP3格式齐名的一种新的音频格式。由于WMA在压缩比和音质方面都超过了MP3，更是远胜于RA（Real Audio），即使在较低的采样频率下也能产生较好的音质。WMA 7之后的WMA支持证书加密，未经许可（即未获得许可证书），即使是非法复制到本地，也是无法收听的。

5. MIDI

MIDI（Musical Instrument Digital Interface）格式又称为乐器数字接口。MIDI允许数字合成器和其他设备交换数据。MID文件格式由MIDI继承而来。MID文件并不是一段录制好的声音，而是记录声音的信息，然后再告诉声卡如何再现音乐的一组指令。这样一个MIDI文件每存1分钟的音乐只用大约5～10KB。MID文件主要用于原始乐器作品、流行歌曲的个人表演、游戏音轨以及电子贺卡等。

1.2 认识剪辑

剪辑就是对视频、音频等素材进行挑选、裁剪与拼接。例如拍摄了很多旅游片段，剪辑时先挑出精彩画面，剪掉晃动、模糊的部分，再按游玩顺序连接起来，配上音乐、字幕，让它成为完整、吸引人的影片。剪辑是视频制作过程中必不可少的一道工序，在一定程度上决定了视频作品的优劣，可以影响其叙事、节奏和情感，更是视频的二次升华和创作基础。剪辑的本质是通过视频中主体动作的分解、组合来完成蒙太奇形象的塑造，从而传达故事情节，完成内容的叙述。

1.2.1 蒙太奇的概念

蒙太奇（法语：Montage）是外来语的音译，蒙太奇原指建筑领域的构成与装配，后应用于影视创作，指根据影片主题、情节和观众关注点，将内容分解为不同段落、场面和镜头进行拍摄。拍摄完成后，创作者依据构思，运用艺术技巧将多个具有单一意思的镜头，通过组接，形成一个连贯、有机的艺术整体，即一部完整、生动、富有思想和情感共鸣的影片，并让观众有相同认知，甚至是延伸故事的一种技法。这种方法称为蒙太奇。蒙太奇的完整概念，包含三层意思。

- 从影视艺术创作方法来看，蒙太奇是一种塑造完整艺术形象的艺术方法。
- 从影视思维基本结构来看，蒙太奇是影视艺术用镜头进行形象创作的思维方法，即蒙太奇思维。
- 从剪辑技巧来看，蒙太奇就是把分切的镜头组接起来的手段。

我们习惯了影视中的"蒙太奇"，但早期多为静态单镜头。尽管影视的出现是摄像机发明后的重大成就，它让我们记录活动，具有历史意义。但仅限于记录对影视剧来说太基础，易使观众视觉疲劳。因此，"蒙太奇"手法应运而生，从诞生到成熟，形成了美学理论体系，至今不断发展。根据表现形式，大致可以分为叙事蒙太奇、重复蒙太奇、平行蒙太奇、交叉蒙太奇和表现蒙太奇。

提示：鉴于本书主要介绍Premiere Pro 2025的相关知识，因此不会对"蒙太奇"进行深入讨论。感兴趣的读者可以查阅戏影学科的专业书籍以获得更详尽的参考和学习。

1.2.2 镜头组接的原则

1.2.1节介绍什么是"蒙太奇"，作为影视创造的两大支柱，除了蒙太奇，还有本节的镜头组接。蒙太奇是通过创造性地剪辑不同的画面和声音来增强故事的表现力，镜头组接则是确保这些画面和声音流畅、自然地连接起来，让观众在观看时能够无缝地跟随故事的发展。

在实际制作过程中，我们经常会遇到关于镜头如何组接的困惑。镜头组接的技巧需要根据具体的叙事需求和创意目标来灵活运用，其原则分为以下几点。

1. 合乎接受逻辑

保持镜头连贯性的过程中，我们首要遵循的是时序的连贯性，即确保动作或事件的演变过程按照时间顺序进行精准组接。同时，另一个核心法则是确保镜头间的内容在逻辑层面上的连贯性，以形成严密且一致的叙事结构。

2. 镜头长度要恰当

处理镜头长度时，应依据镜头内在信息内容的丰富程度进行决定。

3. 注意轴线规律

拍摄涉及同场面同主体的一组镜头时，为确保画面的连贯性和空间统一感，必须严格遵循轴线规律。这意味着拍摄的总方向应始终保持在被拍摄物体前方延伸轴线的同一侧。若违反此规律，即镜头组接时发生跳轴现象，将破坏画面的空间统一感，进而引发观众的理解混乱。

4. 使镜头衔接流畅

为了确保镜头转换的自然流畅，必须精准选取镜头的编辑点。一种常见的做法是采用"动接动"和"静接静"的编辑手法，以此实现画面过渡的平滑性。

5. 转场的技巧

转场指在两个不同空间或场景下的镜头之间所采用的衔接技术，具体涵盖特技转场、声音转场、特写转场等多种方式。

6. 注意影调和光线组接

影调即画面影像所呈现的明暗阶调，其与景物的亮度以及光线的照明状态具有紧密的联系。

7. 景别转换恰当

景别在影像创作中扮演着至关重要的角色，它能够有效暗示并描绘出影像空间的层次和布局，同时构建起影片与观众之间的情感距离，进一步塑造出整体的视觉风格和导演独特的艺术风格。在处理镜头间的相互关系时，画面景别的选择与应用成了必须审慎考虑的方面。

1.2.3　镜头组接的技巧

剪辑中，镜头组接的技巧多种多样，关键在于如何根据叙事的需要和情感的表达来选择合适的组接方式。以下是一些常见的镜头组接技巧及其实际应用。

1. 匹配剪辑

匹配剪辑是一种基本的镜头组接技巧，通过匹配动作或位置来实现平滑的过渡。例如，角色从站立到坐下时，可以通过匹配剪辑使这套动作看起来连贯自然。

2. 跳跃剪辑

与匹配剪辑相反，跳跃剪辑通过突然切换到完全不同的场景或角度来创造戏剧性的效果或强调时间的流逝。

3. L形剪辑

L形剪辑通过在两个镜头之间创造视觉或音频上的对比来增强叙事的冲击力。例如，从一个安静的室内场景突然切换到一个嘈杂的户外场景。

4. 交叉剪辑

交替展示两个或多个并行发展的事件，交叉剪辑能够增加叙事的复杂性和紧张感。这在表现同时发生的事件或对比不同角色的行动时尤其有效。

5. 深度剪辑

深度剪辑通过在镜头之间创造深度感来引导观众的视线和注意力。例如，通过逐渐拉近的镜头来突出某个角色或物体的重要性。

6. 节奏剪辑

控制镜头的持续时间和切换的速度，节奏剪辑能够影响观众的情感反应和叙事的节奏。快节奏的剪辑可以增加紧张感，慢节奏的剪辑则可以让观众有时间消化和感受情感。

7. 视觉连贯性

组接镜头时，保持视觉连贯性是至关重要的。可以通过匹配场景中的元素，如颜色、光线或动作来实现。

8. 情感连贯性

除了视觉连贯性，情感连贯性也同样重要。镜头组接需要考虑如何通过视觉和听觉元素来传达角色的情感和故事的情绪。

1.2.4　Premiere Pro 的工作流程

Premiere Pro的常见工作流程如下。

1. 熟悉素材

剪辑师获得前期拍摄的素材后，需要将素材整体浏览多遍，对每条素材都要有大致印象，方便后续整理剪辑思路。

2. 整体思路

充分熟悉素材之后，剪辑师需要结合这些素材和剧本整理出剪辑的思路，通常情况下这个工作可能会和导演一起探讨完成。

3. 镜头分类筛选

完成上述步骤后，接下来的重要环节是对素材进行筛选和分类。为确保工作效率和准确性，建议将不同场景的系列镜头进行细致的分类，并整理至相应的文件夹中，以便于后续的管理和应用。

4. 粗剪

粗剪的目的是根据剪辑思路搭建影片的框架，使视频表现的情节完整化。将素材分类整理完成之后，接下来的工作就是在剪辑软件中按照分好类的戏份场景进行拼接剪辑，挑选合适的镜头将每一场戏流畅地剪辑出来，然后将每一场戏按照剧本叙事的方式拼接。

5. 精剪

精剪的目的是调整影片的节奏并营造影片的气氛。完成粗剪后，我们需进一步精细化处理视频，包括调整镜头时长和顺序，确保节奏流畅；适时添加特效和字幕，增强理解与感受。此过程确保叙事连贯，情感表达准确，使视频内容更严谨、完整且有说服力。

6. 添加配乐/音效

在影视制作中，视听效果至关重要，画面和声音是核心要素。合适的音乐和音效能增强影片魅力和观众的观看体验，因此选择音乐和音效是视频制作的关键。制作时，制作者应根据视频情感和节奏挑选匹配的音乐和音效，以确保视听效果。

7. 制作字幕/特效

影片剪辑完成后，需要给影片添加字幕及制作片头片尾等特效。当然有时会与剪辑同步进行。

8. 影片调色

视频的色彩对观众的感知具有显著影响，不同的色彩能够营造出各异的情绪氛围。影片调色作为视频后期处理的重要环节，旨在通过调整视频的色彩，使其更加真实或具有特定的艺术效果，从而满足观众对视频质量的高标准要求。

9. 渲染和导出

渲染是剪辑过程中的关键步骤，涉及将编辑操作应用于视频素材并生成最终输出。它确保了视频的视觉效果、格式转换和压缩。完成渲染后，单击"导出"按钮将内容保存到计算机。

1.3
认识 Premiere Pro 2025 的工作界面

学习使用Premiere Pro的第一步就是认识工作界面。下面介绍Premiere Pro 2025的工作界面，以便于用户在后续的剪辑中熟悉各功能。

1.3.1　Premiere Pro 2025 启动界面

启动Premiere Pro 2025后，首先打开的是"主页"界面，单击该界面中的某个功能按钮，可以新建或打开项目文件，如图1-3所示。

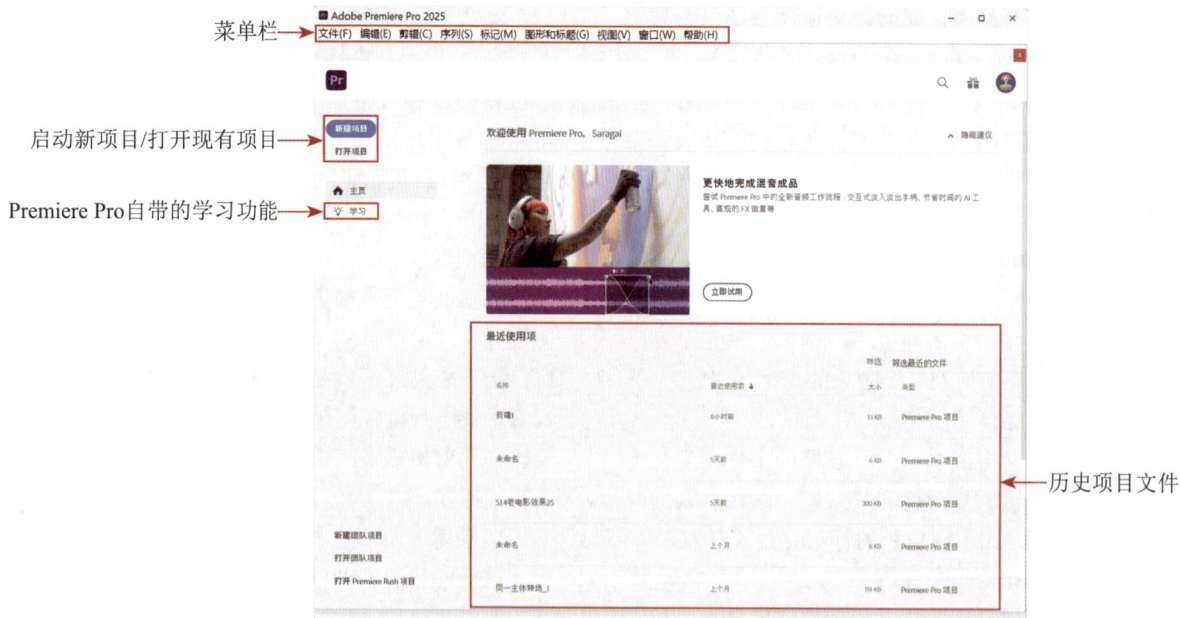

图 1-3

单击图1-3中的"新建项目"按钮 新建项目 ，打开"新建项目"对话框，如图1-4所示。与之前版本不同的是，Premiere Pro 2025版本新增了"新建项目"对话框，在创建项目的过程中，面板变得更加简洁明了，同时保留了之前的所有功能，使得项目创建过程更为便捷。在"新建项目"对话框中可在"项目名"中设置项目名称，在"位置"中设置项目保存位置，在"模板"中根据需求选择项目模板。如果希望跳过导入模式并直接从项目面板添加媒体，勾选"跳过导入模式"复选框。除非用户手动取消勾选，否则它将保持勾选状态，以便用于后续编辑。

单击"设置"按钮 ⚙，可访问项目设置，包括常规、颜色、暂存盘和收录设置，如图1-5所示。

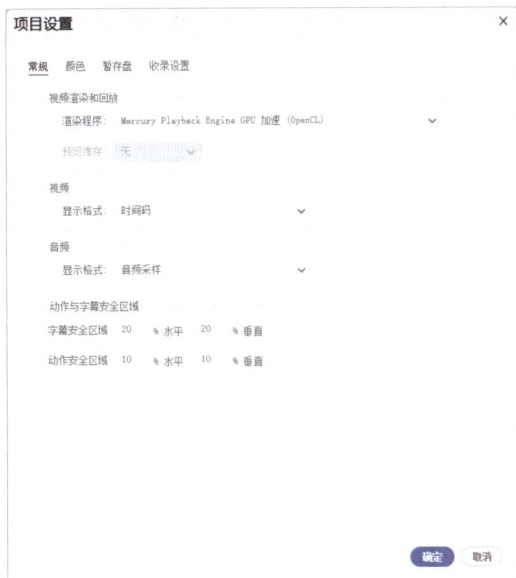

图 1-4　　　　　　　　　　　　　　　　　　　图 1-5

提示：Premiere Pro中自带项目模板，使用项目模板可以简化视频制作过程，还能将制作流程标准化并帮助用户避免错误。当然还可以创建自己的项目模板，根据自己的偏好定制，并逐步形成自己的风格。

　　取消勾选"跳过导入模式"复选框，单击"创建"按钮，进入"导入"界面，在该界面可以提前选择素材，并创建剪辑序列，然后单击"导入"按钮，进入视频工作界面，如图1-6所示。

图 1-6

提示：（1）组织媒体：用于在开始编辑之前组织项目媒体。
（2）复制媒体文件：如果要从临时位置（例如相机存储卡或可移动驱动器）复制媒体文件，则将其切换为打开状态。通过 MD5 校验和验证确保复制过程没有出现文件损坏。
（3）创建序列：在Premiere Pro中的序列相当于一个小项目，序列又可以编辑视频，对视频、音频素材进行组织、剪辑、添加效果等，序列还可以当作素材导入另一个序列。

创建项目完成后，进入Premiere Pro 2025的视频编辑工作界面，如图 1-7所示。

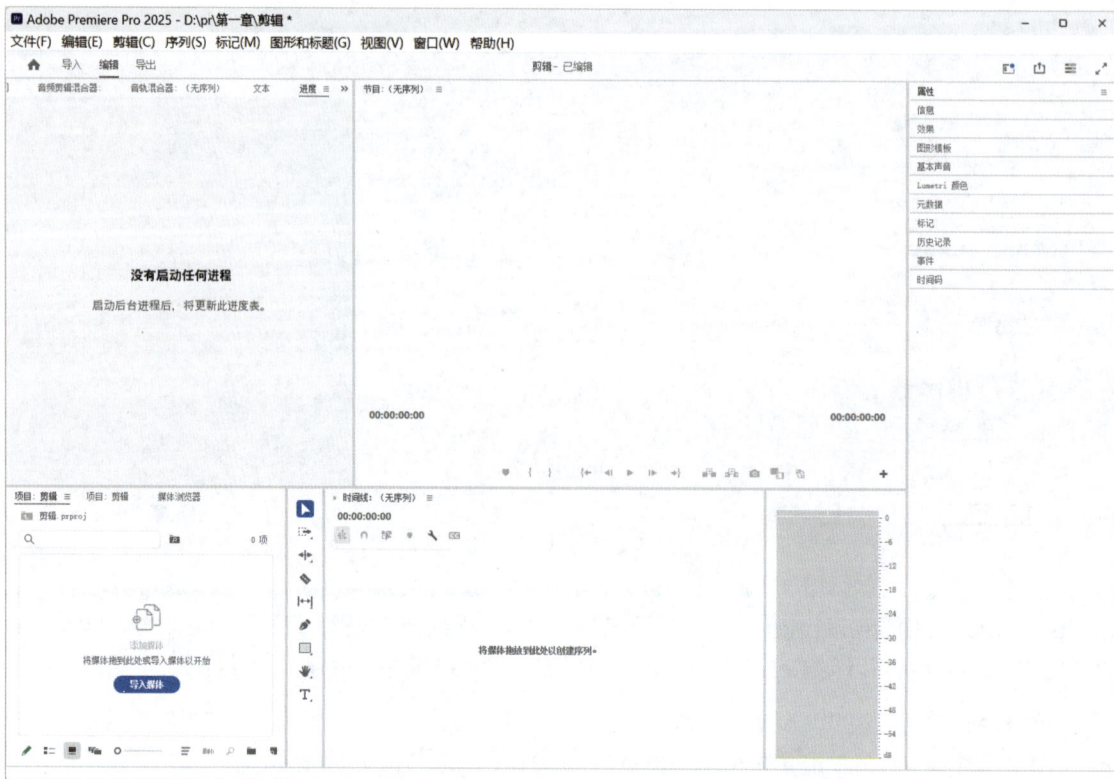

图 1-7

提示：读者的初始界面可能因各种原因与图 1-7所示不符，不必担心，接下来将介绍如何科学地配置Premiere Pro 2025的工作界面。

1.3.2 Premiere Pro 2025 的工作区

之所以读者打开的初始界面与图1-7不一致，很可能是因为工作区不一致。单击工作界面右上角"工作区"按钮，即可显示工作区列表，如图1-8所示，用户可以根据自己的需求选择由系统提供的15个不同的工作区界面。

提示：了解了工作区之后，相信读者应该能够理解，若要调整效果，需要切换到"效果"工作区；若需调整颜色，则应切换到"颜色"工作区。为了便于剪辑，笔者更倾向于使用"效果"工作区，因为该区域的面板较为全面，且符合笔者的剪辑习惯。接下来的剪辑教学中，我们将频繁使用该工作区。当然，读者可以根据自己的习惯进行相应的调整，例如切换到"所有面板"工作区。

图 1-8

1.3.3 管理素材的面板

所谓视频剪辑，就是对已有的视频素材进行编辑处理，管理素材就是进行视频剪辑前所做的准备工作。在Premiere Pro 2025工作界面中，导入素材的面板主要分为"项目"面板和"媒体浏览器"面板。

1. "项目"面板

"项目"面板位于Premiere Pro 2025工作界面的左下角，如图 1-9所示。素材显示样式可单击右下角图标进行切换，一般选择"图标视图"。单击"项目"面板的"项目：剪辑"右侧图标 ≡，可打开"项目：剪辑"选项框菜单栏，如图 1-10所示，在其中主要可以对"剪辑"项目进行外观上的设置。我们也可以在"项目：剪辑"选项框中间空白处右击进行剪辑项目设置，如图 1-11所示。

图 1-9

图 1-10

图 1-11

2. "媒体浏览器"面板

单击"媒体浏览器"选项卡，可以切换到"媒体浏览器"面板，该面板是直接链接到计算机磁盘的，用户可以在这里选择计算机磁盘中的位置，从而导入素材，如图 1-12所示。

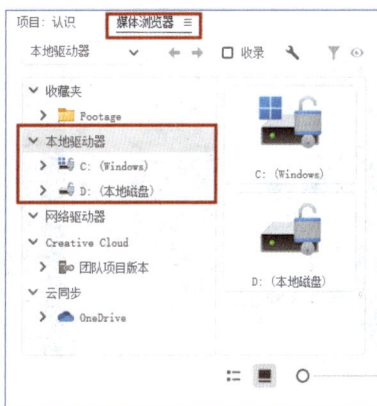

图 1-12

1.3.4　编辑素材的面板

将素材导入Premiere Pro 2025中后可以直接导入序列时间轴轨道中，也可以在"源"监视器面板和"音频剪辑混合器"面板中对素材进行简单的处理。

1. "源"监视器面板

在"项目"面板左上方，单击"源"选项，即可打开"源"监视器面板。双击"项目"面板中的素材，即可在"源"监视器面板中对素材进行编辑，如图 1-13所示。在"源"监视器面板中，读者可以查看素材的内容，并对素材进行帧标记、设置出入点、创建子剪辑等操作。

在素材编辑面板下方工具栏中可以看到多个按钮，单击右下角"添加"按钮 +，即可打开"按钮编辑器"，如图 1-14所示，在"按钮编辑器"中，选中还需要添加的按钮功能，再单击"确定"选项，即可自动添加至工具栏中。

图 1-13

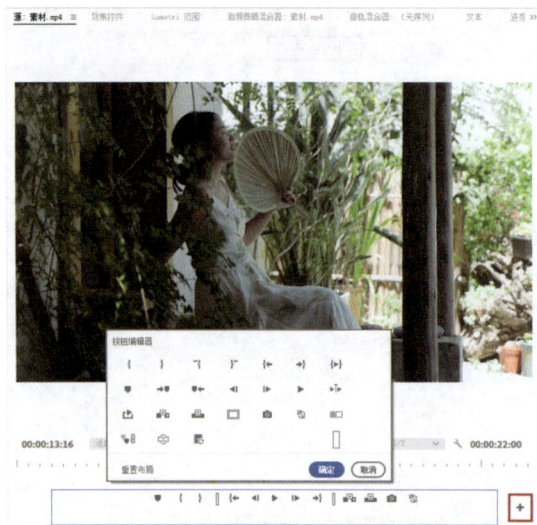

图 1-14

按钮功能介绍如下。

- "添加标记"按钮 ♥：设置影片片段标记。
- "标记入点"按钮 ┨：设置当前影片的起始点。
- "标记出点"按钮 ┠：设置当前影片的结束点。
- "转到入点"按钮 ┠←：单击此按钮，可将时间标记移动至起始点位置。
- "后退一帧（左侧）"按钮 ◀┃：此按钮是对素材进行逐帧倒播的控制按钮，每单击一次该按钮，播放就会后退一帧，按住Shift键的同时单击此按钮，每次后退5帧。
- "播放—停止切换（空格键）"切换按钮 ▶/■：控制监视器中的素材时，单击此按钮，会从监视器中时间标记 ▮ 的当前位置开始播放；在"节目"监视器面板中，播放时

按J键可以进行倒播。

- "前进一帧（右侧）"按钮 ┃▶：此按钮是对素材进行逐帧播放的控制按钮。每单击一次该按钮，播放就会前进1帧，按住Shift键的同时单击此按钮，每次前进5帧。
- "转到出点"按钮 →┃：单击此按钮，可将时间标记移动到结束点的位置。
- "插入"按钮 ┳：单击此按钮，当插入一段影片时，重叠的片段将后移。
- "覆盖"按钮 ┳：单击此按钮，当插入一段影片时，重叠的片段将被覆盖。
- "导出帧"按钮 📷：可导出一帧的影视画面。
- "比较视图"按钮 ▦：可以进入比较视图模式观看视图。
- "清除入点"按钮 ┧：清除设置的标记入点。
- "清除出点"按钮 ┠：清除设置的标记出点。
- "从入点到出点播放视频"按钮 ┠←┃→┃：单击此按钮，可以只播放从入点到出点范围内的素材片段。
- "转到下一标记"按钮 →♥：单击此按钮，可以快速切换到下一个标记点。
- "转到上一标记"按钮 ♥←：单击此按钮，可以快速切换到上一个标记点。
- "播放邻近区域"按钮 ┠：单击此按钮，将播放时间标记当前位置前后邻近范围内的素材。
- "循环播放"按钮 ⟳：控制循环播放的按钮。单击此按钮，监视器就会不断循环播放素材，直至单击停止按钮。
- "安全边距"按钮 ▢：单击该按钮，可以为影片设置安全边界线，以防影片画面太大而使播放不完整；再次单击可隐藏安全边界线。
- "切换代理"按钮 ▦：单击此按钮，可以在本机格式和代理格式之间进行切换
- "切换VR视频显示"按钮 ⊕：单击此按钮，可以快速切换到VR视频显示。
- "切换多机位视图"按钮 ▦：打开或关闭多机位视图。

了解清楚监视器中各按钮的作用后，就可尝试应用在素材编辑中，素材编辑完成后，长按"源"

监视器面板中的素材画面，拖动至时间轴板块序列中即可，素材即应用至序列剪辑中。

2. "音频剪辑混合器"面板

在视频工作界面的左上方，单击"音频剪辑混合器"按钮，即可打开"音频剪辑混合器"面板，如图 1-15所示。在"项目"面板中双击音频素材，即可提前在"音频剪辑混合器"面板中调节音频音量，然后将调节好音量的音频素材直接拖入时间轴轨道中即可。

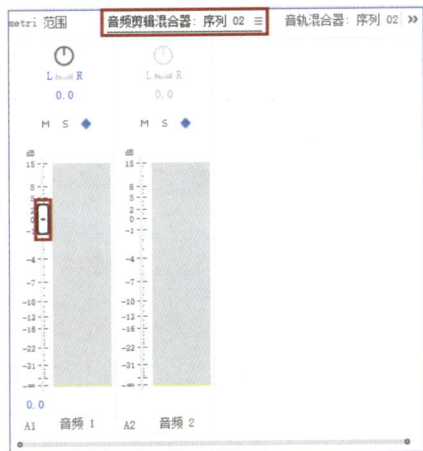

图 1-15

1.3.5 剪辑视频的面板

剪辑视频主要围绕拖动至"时间轴"面板中的素材展开剪辑，需要结合"效果"面板、"节目"监视器面板、"Lumetri范围"面板等，下面对各面板进行简单介绍。

1. "时间轴"面板

在我们的剪辑工作中，最关键的面板为"时间轴"面板，它是剪辑工作的"基石"。"时间轴"面板一般位于工作界面的下方，主要负责完成大部分的剪辑工作，同时也适用于查看和处理序列。将素材移动至"时间轴"面板后，将会自动生成视频和音频轨道，如图 1-16所示。

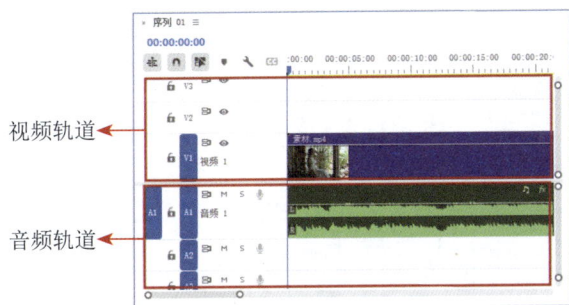

图 1-16

2. "节目"监视器面板

"节目"监视器面板既可以预览剪辑过程中的效果变化，也可以预览成片效果，如图 1-17所示。"节目"监视器面板一般以序列为名称，"源"监视器面板则以选中的素材为名称。

图 1-17

剪辑面板中同样有许多按钮，且功能大多数与"源"监视器面板重合，如图 1-18所示，"节目"监视器面板中的按钮功能如下。

图 1-18

- "标记入点I"按钮 ：设置当前影片的起始点。
- "标记出点O"按钮 ：设置当前影片的结束点。
- "清除入点Ctrl+Shift+I"按钮 ：清除设置的标记入点。
- "清除出点Ctrl+Shift+O"按钮 ：清除设置的标记出点。
- "转到入点Shift+I"按钮 ：单击此按钮，可将时间标记移到起始点位置。
- "转到出点Shift+O"按钮 ：单击此按钮，可将时间标记移到结束点位置。
- "从入点到出点播放视频"按钮 ：单击此按钮，可以只播放从入点到出点范围内的音/

视频片段。

- "添加标记M"按钮♥：单击此按钮，可以在当前帧的位置设置标记。
- "转到下一标记Shift+M"按钮➡️：单击此按钮，可以快速切换到下一个标记点。
- "转到上一标记Ctrl+Shift+M"按钮⬅️：单击此按钮，可以快速切换到上一个标记点。
- "后退一帧（左侧）"按钮◀|：此按钮是对素材进行逐帧倒播的控制按钮，每单击一次该按钮，播放就会后退1帧，按住Shift键的同时单击此按钮，每次后退5帧。
- "前进一帧（右侧）"按钮|▶：此按钮是对素材进行逐帧播放的控制按钮。每单击一次该按钮，播放就会前进1帧，按住Shift键的同时单击此按钮，每次前进5帧。
- "播放—停止切换（空格键）"按钮▶/■：控制监视器中的素材时，单击此按钮，会从监视器中时间标记的当前位置开始播放；在"节目"监视器面板中，在播放时按J键可以进行倒播。
- "播放临近区域Shift+K"按钮▶|：单击此按钮，将播放时间标记当前位置前后邻近范围内的音/视频。
- "循环播放"按钮🖳：控制循环播放的按钮。单击此按钮，监视器就会不断循环播放素材，直至单击此按钮。
- "插入（,）"按钮🗗：单击此按钮，当插入一段影片时，重叠的片段将后移。
- "覆盖（.）"按钮🖴：单击此按钮，当插入一段影片时，重叠的片段将被覆盖。
- "提升（;）"按钮🖴：用于将轨道上入点与出点之间的内容删除，删除之后仍然留有空间。
- "提取（'）"按钮🖴：用于将轨道上入点与出点之间的内容删除，删除之后不留空间，后面的素材会自动与前面的素材连接。
- "安全边距"按钮▢：单击该按钮，可以为影片设置安全边界线，以防影片画面太大而使播放不完整；再次单击可隐藏安全边界线。
- "导出帧Ctrl+Shift+E"按钮📷：可导出一帧的影视画面。
- "多机位录制开/关（0）"按钮●：可以控

制多机位录制的开/关。

- "切换多机位视图Shift+0"按钮▥：打开或关闭多机位视图。
- "还原裁剪会话"按钮🖴：可以还原裁剪的对话。
- "切换代理"按钮🖴：单击此按钮，可以在本机格式和代理格式之间进行切换。
- "全局FX静音"按钮fx：单击此按钮，可以打开或关闭所有视频效果。
- "显示标尺Ctrl+R"按钮▛：单击此按钮，可以显示或隐藏标尺。
- "显示参考线Ctrl+;"按钮╬：单击此按钮，可以显示或隐藏参考线。
- "比较视图"按钮▣：可以进入比较视图模式观看视图。
- "切换VR视频显示"按钮⊕：单击此按钮，可以快速切换到VR视频显示。

3. "效果控件"面板

"效果控制"面板通常位于左上角区域，选中素材后，即可查看基础效果参数。或者，在"效果"面板中添加"效果"到素材中，便能在该面板中找到相应的效果参数。调整参数，就能对素材效果进行设置，如图1-19所示。

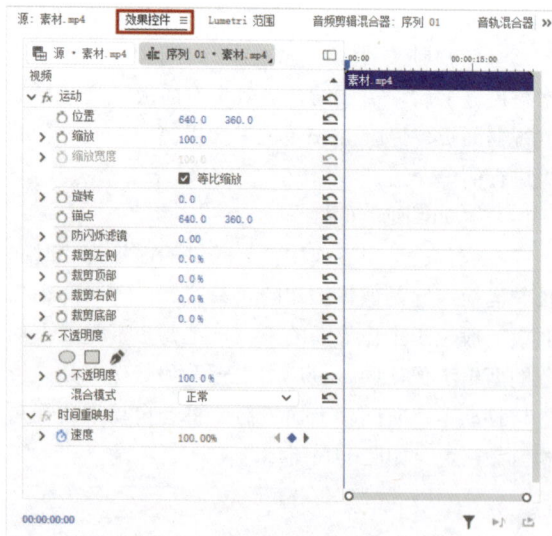

图 1-19

4. "音轨混合器"面板

"音频剪辑混合器"面板可以进行子剪辑，也可以将音频移动至时间轴后控制每个轨道中的单个音频进行剪辑活动。"音轨混合器"面板则用于控制轨道进行剪辑活动，如图1-20所示。

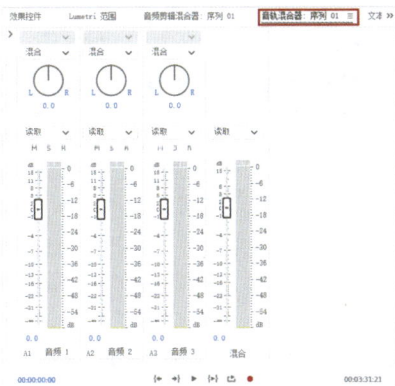

图 1-20

5. "Lumetri范围"面板和"Lumetri颜色"面板

"Lumetri范围"面板为示波器,主要用于可视化分析带有画面素材的色彩构成,以便于对素材进行调色,如图1-21所示。"Lumetri颜色"面板则是根据"节目"监视器面板中的画面和"Lumetri范围"面板中的示波器进行具体色彩调节,如图 1-22所示。

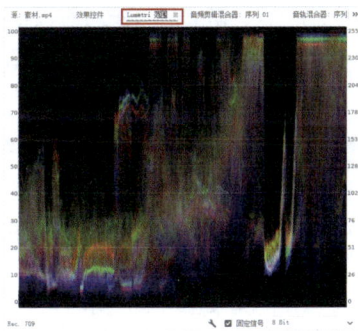

图 1-21

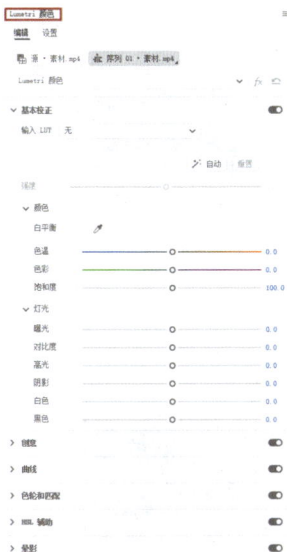

图 1-22

6. "文本"面板

进入"文本"面板,即可添加字幕轨道,添加需要的字幕,如图1-23所示。

图 1-23

7. 工具面板

工具面板位于"时间轴"面板的左侧,每一个图标都表示一个具有特定功能的工具,主要用于编辑视频内容,如图1-24所示。使用工具时,光标会自动变换为与工具功能相对应的外观。具体功能将在后文详细介绍。

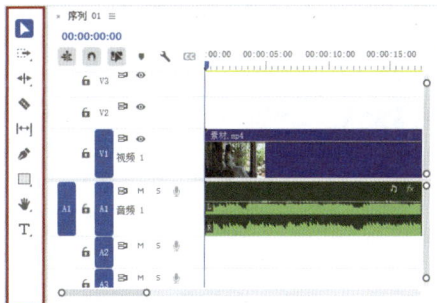

图 1-24

8. "历史记录"面板

"历史记录"面板可以记录用户从建立项目以来进行的所有操作。执行了错误操作后,可以单击该面板中相应的命令,撤销错误操作并重新返回到错误操作之前的步骤,如图1-25所示。

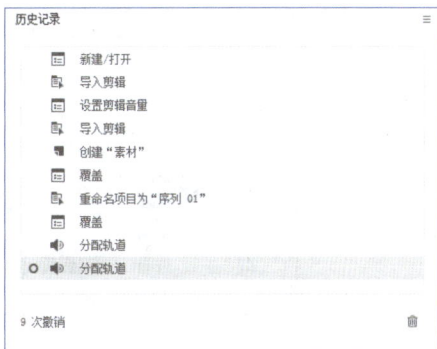

图 1-25

1.3.6 辅助工作区

除了以上工作区，Premiere Pro还提供了其他一些方便剪辑操作的工作区。Premiere Pro 2025工作界面最右侧有一列面板卷展栏，在整个剪辑过程中特定的时候会使用到，单击即可调出相应面板，如图1-26所示。

Premiere Pro 2025加入了"属性"面板，其中会显示常用的工具，提高视频剪辑效率。

图 1-26

1.4 Premiere Pro 的基本操作

Premiere Pro更新为2025版本后，相较于2024版本，新增了"跳过导入模式"功能，细化了画面排版和界面颜色更改设置。下面对Premiere Pro 2025的基本操作进行介绍。

1.4.1 素材 / 序列 / 项目的关系

在Premiere中，素材、序列和项目构成了一个不可分割的整体。素材、序列、项目的层次关系：序列包含素材，项目包含序列与素材。可以简单地理解为将多个素材编排成一个序列，如图 1-27所示。在项目中，可以包含多个序列，而序列可以被视为一个故事视频，其中素材指的是需要插入到这个剪辑视频中的片段。

1. 素材存在的形式

素材在不同面板中的呈现方式是不一样的。在"项目"面板中，素材以缩略图或列表的形式展现，在"时间轴"面板中，则以进度条的形式呈现，如图1-28所示。

如果在"项目"面板中双击素材，例如双击"素材.mp4"，即可在"源"监视器面板中查看素材的情况，如图1-29所示。如果在"时间轴"面板中双击素材，如双击"素材.mp4"，即可在"节目"监视器面板中查看素材的情况，如图1-30所示。

图 1-27

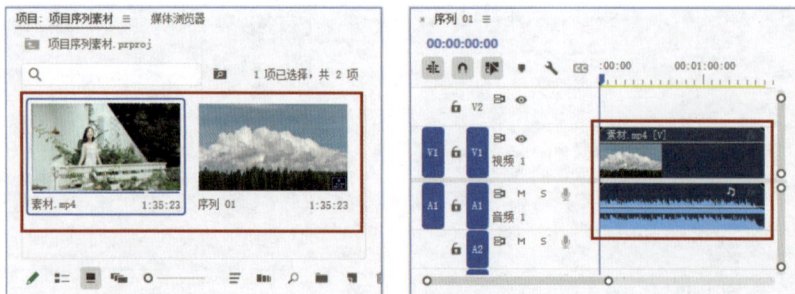

图 1-28

图 1-29

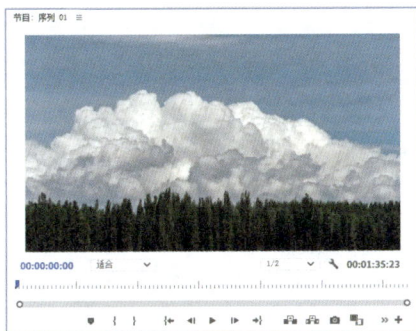

图 1-30

2. 序列存在的形式

序列存在于"项目"面板中，可以在一个项目中存在多个序列。在"时间轴"面板中，序列是处于打开状态的，且"时间轴"面板展示了序列中的所有素材和编辑情况，如图 1-31 所示。同样，一个"时间轴"面板中也可以同时存在多个序列。

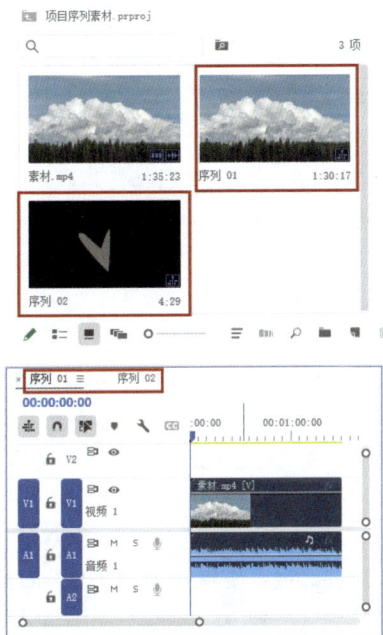

图 1-31

3. 项目

项目指整个项目文件，一个项目文件的所有文件都存在于"项目"面板中，包括素材、序列等。

提示：项目不等于序列，一个项目既可能包含一个序列，也可能包含多个序列。

1.4.2 新建项目

在 Adobe Premiere Pro 中，新建项目是开始视频编辑工作的第一步。视频编辑项目文件可以被直接保存在计算机中，并自动生成在剪辑时生成的项目文件副本。通过在计算机上创建新的剪辑项目，可以确保视频编辑的质量，使视频编辑工作变得更加便捷。

1. "跳过导入模式"新建项目

Premiere Pro 2025修改了新建素材方式，新增了"跳过导入模式"功能。通过命名、存储选项、模板选择、项目设置等功能，并结合"跳过导入模式"功能，使项目创建变得更加简单。

01 新建项目前，在计算机中设置好项目文件存储位置，如图 1-32所示。

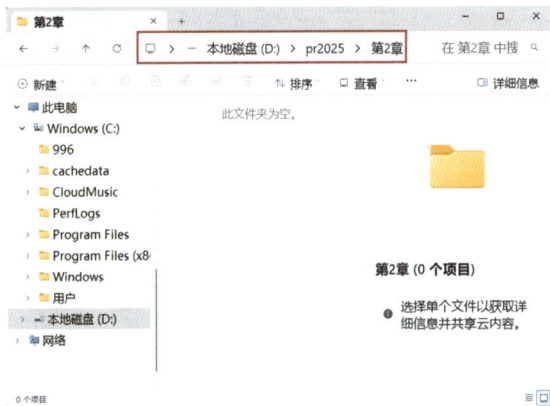

图 1-32

02 打开Premiere Pro 2025，在主页界面中单击"新建项目"按钮（快捷键Ctrl+Alt+N），如图 1-33所示，即可跳出"新建项目"对话框。编辑好"项目名"为"跳过导入模式"，将"位置"设置为步骤01设置好的文件存储位置，勾选"跳过导入模式"复选框，如图 1-34所示。

03 单击"设置"按钮 ⚙，进入"项目设置"编辑界面，默认为"常规"选项界面，其中视频"显示格式"中包含4种格式选项，默认为"时间码"，如图 1-35所示。

图 1-33

图 1-34

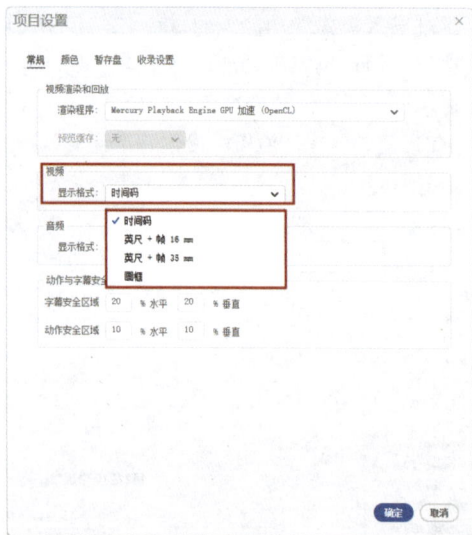

图 1-35

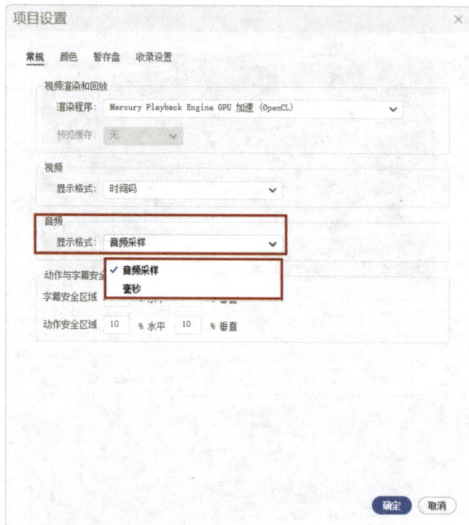

图 1-36

图 1-37

04 "音频"的"显示格式"有"音频采样"和"毫秒"两种，默认为"音频采样"，如图 1-36所示。

05 在Premiere Pro中可以选择自动保存文件的位置。自动保存工作时自动创建的项目文件副本，打开其中一个副本，即可返回之前的项目。单击"暂存盘"选项卡，使用基于项目的设置时，默认情况下，Premiere Pro会将新创建的媒体文件与项目文件一起保存，即"与项目相同"，如图 1-37所示。

06 在"项目设置"窗口完成设置后，单击"确认"按钮，即可回到"新建项目"窗口，单击"创建"按钮，即可直接进入视频编辑界面，如图 1-38所示，项目创建完成。

2. "导入模式"新建项目

在Premiere Pro以前的版本中，用户需要进入导入界面创建项目。新建项目时即可导入素材，设置好序列和存储位置后，才能进入视频编辑界面。Premiere Pro 2025版本仍保留该功能，本节将对该功能进行详细介绍。

01 启动Premiere Pro 2025，打开"新建项目"对话框，设置好项目名称和项目位置，取消勾选"跳过导入模式"复选框，如图 1-39所示。单击"创建"按钮，即可进入素材导入界面，如图 1-40所示。

02 在导入界面的左侧边栏中的"设备"选项中选择"D:（本地磁盘）"选项，找到并打开本节案例素材存储文件夹，选中所有素材，如图 1-41所示，设置序列名称为"序列 01"，单击右下角"导入"按钮，进入视频剪辑页面，如图 1-42所示。

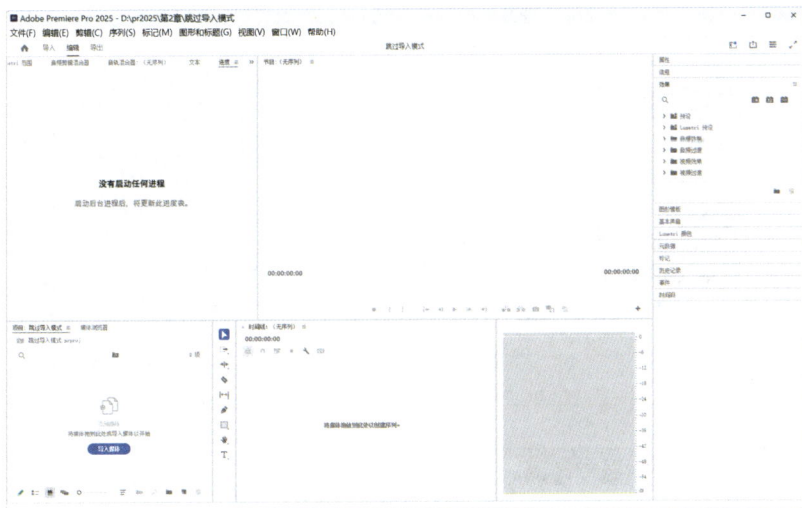

图 1-38

图 1-39

图 1-40

图 1-41

图 1-42

3. 菜单栏新建项目

在Premiere Pro中进行视频编辑时，可以同时新建多个项目，新建第一个项目进入视频编辑界面后，在上方菜单栏中执行"文件"|"新建"|"项目"命令（快捷键Ctrl+Alt+N），即可打开"新建项目"窗口，在"新建项目"窗口中设置好"项目名""位置"后，单击"创建"按钮，即可完成项目创建，如图1-43所示。

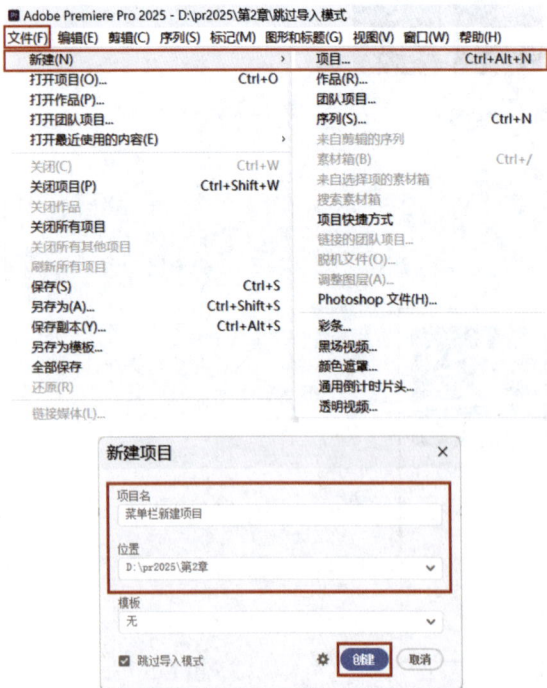

图 1-43

项目创建完成后，即可在视频编辑界面的"项目"面板中显示多个剪辑项目，如图1-44所示。

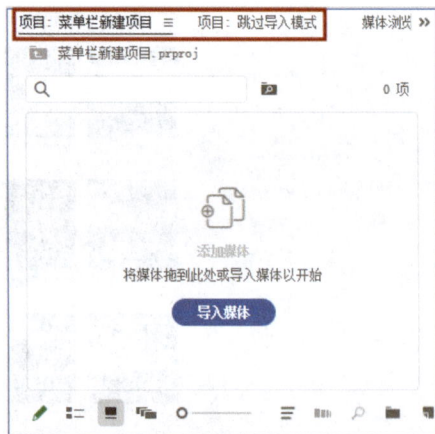

图 1-44

1.4.3　打开和保存项目

Premiere Pro有一套完善的文件解析系统。Premiere Pro开发时针对项目文件结构制定了明确标准，在保存项目时会按特定规则将素材信息、剪辑时间线、特效设置、音频调整等编辑数据整合到".prproj"文件中。用户要打开项目时，软件依据内置的解析算法，对文件中的二进制数据进行解码和识别，把这些数据还原成对应的素材、时间线布局、特效参数等内容并呈现在软件界面，如此就能让用户继续之前的编辑工作。

在"主页"界面中单击"打开项目"按钮，或执行"文件"|"打开项目"命令（快捷键Ctrl+O），在弹出的"打开项目"对话框中选中对应的项目源文件（扩展名为".prproj"），如图1-45所示。

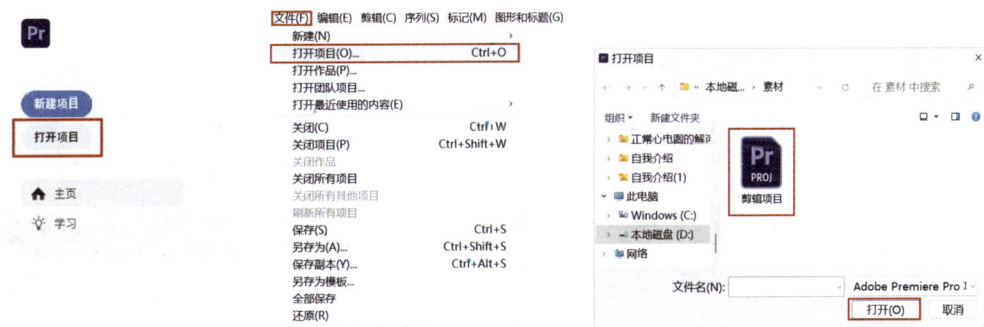

图 1-45

在视频编辑界面中执行"文件"|"保存"（快捷键Ctrl+S）或"文件"|"另存为"（快捷键Ctrl+Shift+S）命令，如图1-46所示，即可进行项目文件保存。

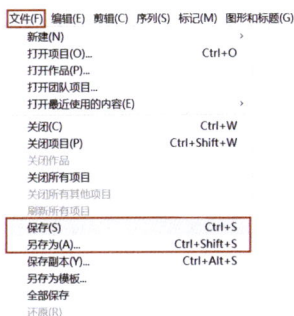

图 1-46

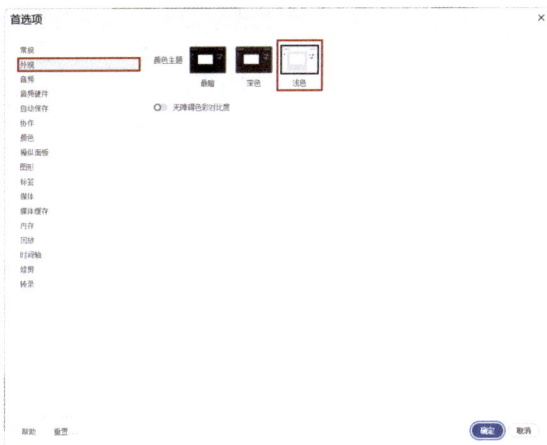

图 1-47

1.4.4　设置 Premiere Pro 界面颜色

启动Premiere Pro 2025时，默认界面颜色是纯黑色，但Premiere Pro界面颜色是可调整的。执行"编辑"|"首选项"|"外观"命令，打开"首选项"对话框，此时会自动跳转到"外观"选项卡。用户可以选择"最暗""深色""浅色"三个颜色选项，如图1-47所示。本书选择"浅色"选项。

1.4.5　设置 Premiere Pro 快捷键

在Premiere Pro中有一些快捷键，进行剪辑时可以快速操作。有些未设置的快捷键，可以手动设置，执行"编辑"|"快捷键"命令，打开"键盘快捷键"对话框，如图 1-48所示。在快捷键布局中可以查看键位和功能的关系，在"命令"选项区中可以设置快捷键。

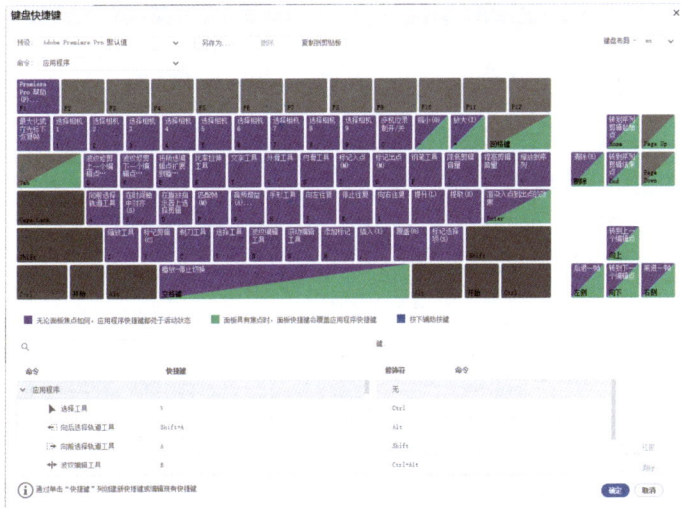

图 1-48

第 2 章
视频素材的基础剪辑技巧

本章将继续深入，带着读者从导入素材开始，通过实战不断深化，一步一步地学会剪辑全流程。让读者能更顺畅地使用Premiere Pro 2025版本进行视频剪辑，打好剪辑技能的基本功。

2.1
导入并整理素材

完成项目创建后，本节将进行素材导入并对素材进行整理步骤的介绍。

2.1.1 实战：导入素材

1.4.2节介绍了在导入模式中导入素材的方法，本节将介绍勾选"跳过导入模式"复选框后，在视频编辑界面中导入素材的方法。

01 启动Premiere Pro 2025，打开"新建项目"对话框，设置好项目名称和项目位置，勾选"跳过导入模式"复选框，单击"创建"按钮，即可进入视频编辑界面，如图 2-1所示。

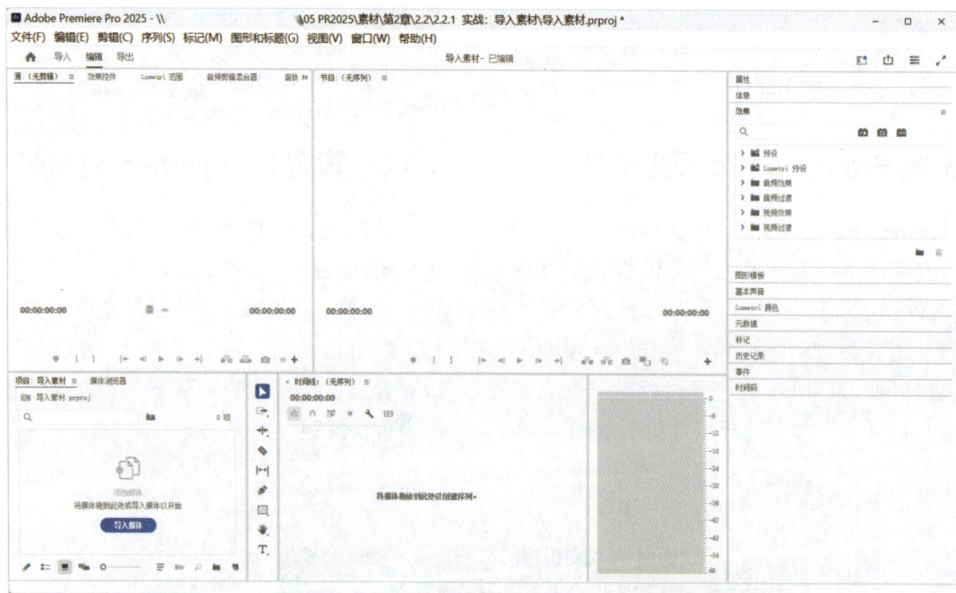

图 2-1

02 在"项目"面板中单击"导入媒体"按钮，或者按快捷键Ctrl+I，如图 2-2所示，即可打开"导入"窗口。在"导入"窗口中，选中并打开本案例素材存储文件夹"2.2.1 实战：导入素材"，选中所有视频和音频素材，单击"打开"按钮，如图 2-3所示。

03 在"项目"面板中导入素材即完成，如图 2-4所示。

图 2-2

图 2-3

图 2-4

2.1.2 实战：设置素材箱整理素材

导入素材过多时，我们需要通过设置素材箱，分类对素材进行归纳整理。2.1.1节中我们导入了14个素材视频和1首背景音乐，本节将设置素材箱对这些素材进行归纳整理。下面介绍具体的操作方法。

01 启动Premiere Pro 2025，按快捷键Ctrl+O，打开素材文件夹中的"设置素材箱整理素材.prproj"项目文件。

02 单击"项目"面板右下角的"新建素材箱"按钮 ，如图 2-5所示，或者在"项目"面板空白区域右击，在弹出的快捷菜单中执行"新建素材箱"命令，或者在选中"项目"面板的情况下执行"文件"|"新建"|"素材箱"命令，或者选中"项目"面板，按快捷键Ctrl+B，即可新建素材箱，如图 2-6所示。

图 2-5

图 2-6

03 选中素材箱，将名字更改为"风景"，如图 2-7所示。

04 将所有为樱花风景的素材拖动至"风景"素材箱中，如图 2-8所示。

图 2-7

图 2-8

05 选中含有人物的素材"素材5.mp4""素材6.mp4""素材7.mp4""素材8.mp4""素材9.mp4""素材10.mp4""素材11.mp4""素材12.mp4"，拖动至下方"新建素材箱"中，如图 2-9所示，即可新建"人物"素材箱，如图 2-10所示。

图 2-9

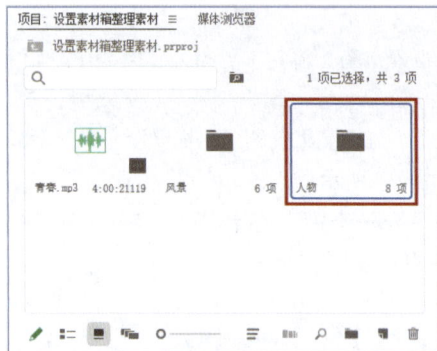

图 2-10

06 创建"音乐"素材箱，将背景音乐"青春.mp3"拖入其中，如图 2-11所示。

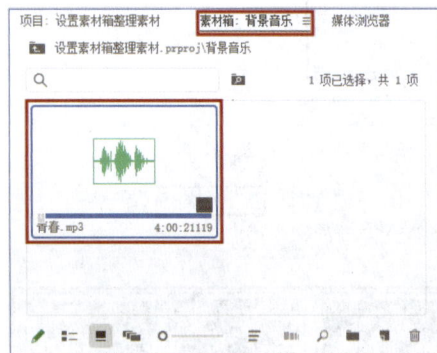

图 2-11

2.1.3 实战：设置素材标签

当素材过多时，可以将素材箱和素材设置为不同的标签颜色，也可以将同类素材箱或同类素材设置为相同的标签颜色，方便在编辑时识别素材。本节将在2.1.2节的基础上对素材进行分类并设置标签。下面介绍具体的操作方法。

01 启动Premiere Pro 2025，按快捷键Ctrl+O，打开素材文件夹中的"设置素材标签.prproj"项目文件。

02 在"项目"面板中打开"风景"素材箱，全选素材，右击"标签"选项，即可在弹出的快捷菜单中看

到各种各样的标签颜色。选择标签颜色为"紫色"，如图 2-12所示。

图 2-12

03 将标签更改为紫色后，在"项目"面板中切换至"列表视图"，即可发现所有素材前的图标均为紫色，如图 2-13所示。同时将这些素材拖动至"时间轴"面板的序列中，素材样式也为紫色，如图 2-14所示。

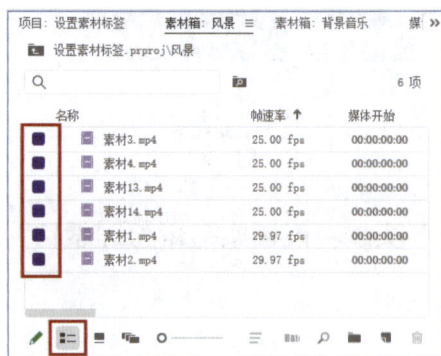

图 2-13

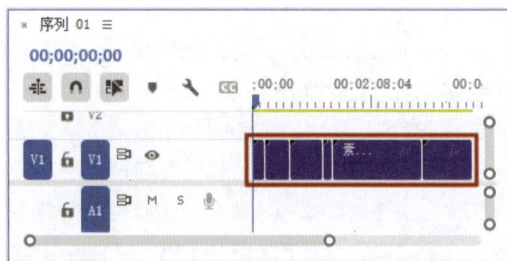

图 2-14

04 根据上述方法，打开"人物"素材箱，将"人物"素材箱中的素材标签颜色更改为"棕黄色"，如图 2-15所示。

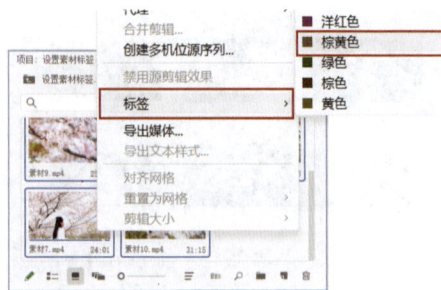

图 2-15

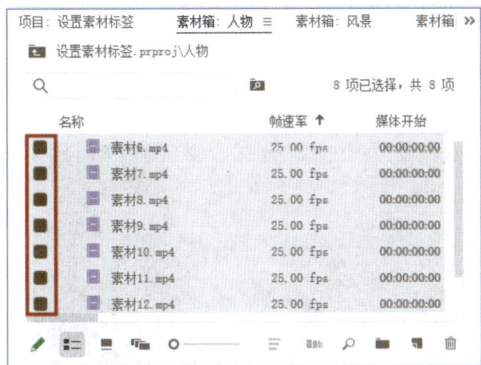

图 2-15（续）

2.2

编辑素材

完成素材导入后，我们需要对素材进行简单处理。"源"监视器面板可以让我们对素材进行提前剪辑，形成子剪辑，这样方便我们在"时间轴"面板中剪辑素材时更加快捷。

2.2.1　在"源"监视器面板中编辑素材

将素材放进视频序列之前，可以在"源"监视器面板中对素材进行预览和修整，如图 2-16所示。使用"源"监视器面板预览素材时，将"项目"面板中的素材拖入或双击该素材至"源"监视器面板，再单击"播放-停止切换"按钮 ▶，即可预览素材。

图 2-16

提示：关于"源"监视器面板中功能键的使用方法已在第1章中详细介绍，读者可以参考第1章1.2节和1.3节进行学习。

2.2.2　标记素材

在"源"监视器面板中打开素材后，可以按空格键播放当前素材（再次按空格键即暂停），也可以单击播放条下面的图标进行一系列的操作，还可以拖曳时间指示器 ▮ 快速浏览视频内容，如图 2-17所示。

在播放过程中，时间指示器 ▮ 会移动，单击"添加标记"图标 ♥ 或按M键来标记相应画面，如图 2-18所示。该功能通常用于"卡点"，对一段素材进行标记操作后，"源"监视器面板中的播放条上会出现标记符号。

图 2-17

图 2-18

在空白区域右击，在弹出的快捷菜单中选择"转到下一个标记"或"转到上一个标记"选项，时间指示器将直接跳转到下一个或上一个标记点的位置，以便查找标记点的时间码或画面，若要删除、隐藏、显示标记符号，右击，在弹出的快捷菜单中选择对应的选项即可，如图 2-19所示。

在"源"监视器面板、"节目"监视器面板和"时间轴"面板中的播放条都有相同的功能按钮，功能一致。将有标记的素材拖至"时间轴"面板中后，序列中的剪辑条上也会保留相同的标记点，如图 2-20所示。

图 2-19

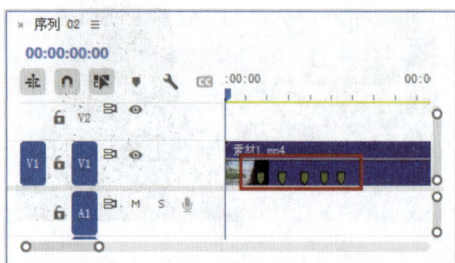

图 2-20

2.2.3 实战：设置入点与出点

使用素材制作剪辑时，通常只会使用其中一段，此时即可在"源"监视器面板中通过单击"标记入点（I）"按钮 和"标记出点（O）"按钮 设置素材的播放起点或结束点。下面介绍具体的操作方法。

01 启动Premiere Pro 2025，按快捷键Ctrl+O，打开素材文件夹中的"设置入点与出点.prproj"项目文件，可以看到该项目的"项目"面板中添加了素材，如图 2-21所示。

图 2-21

02 在"项目"面板中双击"素材1.mp4"，即可在

"源"监视器面板中显示"素材1.mp4"，如图 2-22所示。

图 2-22

03 将"源"监视器面板中的时间指示器移动至00:00:00:00的位置，在此处单击"标记入点（I）"按钮 ，如图 2-23所示。然后将时间指示器移动至00:00:10:15的位置，在此处单击"标记出点（O）"按钮 ，如图 2-24所示，入点和出点即标记完成。

图 2-23

图 2-24

提示：移动时间线下方光标可以放大或缩小时间线，如图 2-25所示。放大时间线可以方便我们快速跳转时间点，缩小时间线能让我们更精确地操作。"节目"监视器面板和"时间轴"面板中的光标使用方法与"源"监视器面板中的光标使用方法一致。

缩小时间线

放大时间线

图 2-25

2.2.4 实战：创建子剪辑

若有一个素材，想保留其中的一个片段或几个片段，以便后续使用，且又不影响源素材在"项目"面板的属性，就可以通过创建子剪辑来完成。本节案例将在2.2.3节的基础上进行讲解。

01 启动Premiere Pro 2025，按快捷键Ctrl+O，打开素材文件夹中的"创建子剪辑.prproj"项目文件，可以看到2.2.3节完成的步骤内容。

02 在"源"监视器面板的空白处右击，在弹出的快捷菜单中执行"制作子剪辑"命令，如图 2-26所示，即可打开"制作子剪辑"窗口，如图2-27所示。

图 2-26

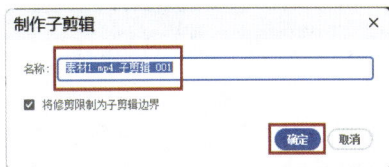

图 2-27

03 根据需要设置"名称"，单击"确定"按钮后，会在"项目"面板中生成子剪辑，将"项目"面板更改为"列表视图"，则会显示子剪辑的"名称""媒体开始""媒体持续时间"等信息，如图 2-28所示。

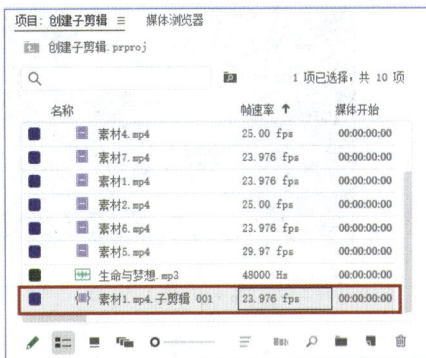

图 2-28

2.2.5 实战：将素材添加至"时间轴"面板中

在"源"监视器面板中设置入点和出点，便于将素材更好地添加至"时间轴"面板中。本节将在2.2.4节案例的基础上，介绍如何将"素材1.mp4"添加至"时间轴"面板中。

01 启动Premiere Pro 2025，按快捷键Ctrl+O，打开素材文件夹中的"将素材添加至时间轴中.prproj"项目文件，可以看到2.2.4节完成的步骤内容。

02 在"项目"面板中双击"素材1.mp4"，即可在"源"监视器面板中看到2.2.4节添加好的出入点，如图2-29所示。

图 2-29

长按即可看到光标变成了一个类似抓手的符号，将其拖动至"时间轴"面板中，即可自动形成名字为"素材1"的序列，并且添加至"时间轴"面板中的"素材1.mp4"结束位置也为00:00:10:15，如图 2-30所示。

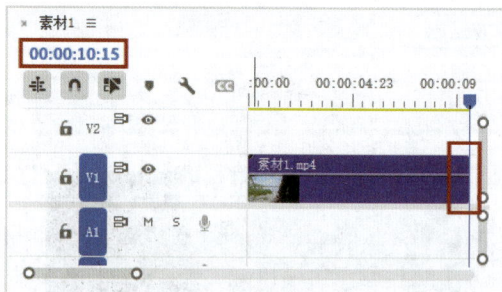

图 2-30

03 将光标移动至"源"监视器面板的预览画面上，

提示：（1）放大"源"监视器面板时间线，会发现将时间指示器移动至00:00:10:15的位置，添加出点后，出点的位置在00:00:10:16的位置，入点位置为00:00:00:00，这表示"视频入点"时间为00:00:00:00、"视频出点"时间为00:00:10:15、"视频持续时间"为00:00:10:16，如图 2-31所示。同时，添加出入点后，"源"监视器面板中的"视频"按钮■两侧会出现边框。

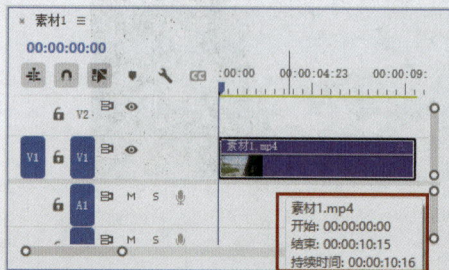

图 2-31

（2）由于本节案例素材还有剩下7个视频素材和1个音乐素材，读者根据表 2-1和本节所学内容对剩余素材内容进行裁剪，完成裁剪后即可将本节案例剪辑内容输出形成"编辑素材效果视频.mp4"，存储在计算机文件夹中。

表 2-1

序号	素材顺序	时间轴位置	入点和出点
1	素材2.mp4	00:00:10:16-00:00:14:02	00:00:00:17-00:00:04:03
2	素材3.mp4	00:00:14:03-00:00:18:13	00:00:00:08-00:00:04:18
3	素材4.mp4	00:00:18:14-00:00:20:18	00:00:02:06-00:00:04:10
4	素材5.mp4	00:00:20:19-00:00:23:07	00:00:00:04-00:00:02:16
5	素材6.mp4	00:00:23:08-00:00:25:08	00:00:02:09-00:00:04:09
6	素材7.mp4	00:00:25:09-00:00:27:14	00:00:01:11-00:00:03:16
7	素材8.mp4	00:00:27:15-00:00:32:17	00:00:00:07-00:00:05:09
8	生命与梦想.mp3	00:00:00:00-00:00:32:17	00:00:00:00-00:00:32:17

2.3
"时间轴"面板和序列

在Premiere Pro中，"时间轴"面板和序列是剪辑操作时必不可少的两项工具，我们剪辑都需要在这两项工具中完成。本节将对"时间轴"面板和序列内容进行详细讲解，方便读者能更熟练、快捷地学会剪辑。

2.3.1　认识"时间轴"面板

"时间轴"面板主要负责完成大部分的剪辑工作，还可以用于查看并处理序列。剪辑工作必须且高频地使用这个面板，可以说"时间轴"面板是剪辑的基石，如图 2-32 所示。

图 2-32

2.3.2　"时间轴"面板功能按钮

"时间轴"面板可以编辑和剪辑视频、音频，为文件添加字幕、效果等，如图 2-33 所示。

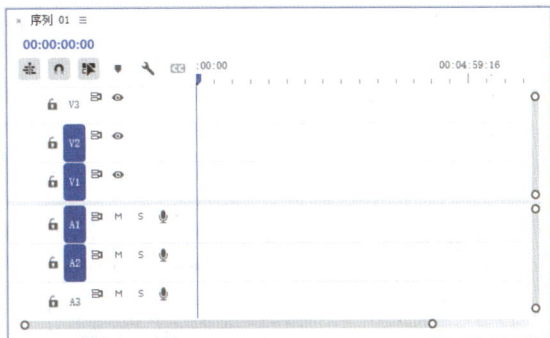

图 2-33

"时间轴"面板功能按钮的具体介绍如下。

- 时间指示器位置 00:00:00:00：显示当前时间指示器所在的位置。
- 时间指示器 ▮：单击并拖曳时间指示器即可显示当前播放的时间位置。
- 切换轨道锁定 🔒：单击此按钮，该轨道停止使用。
- 切换同步锁定 🔲：单击此按钮，可以限制在修剪期间的轨道转移。
- 切换轨道输出 👁：单击此按钮，即可隐藏该轨道中的素材文件，以黑场视频的形式呈现在"节目"监视器面板中。
- 静音轨道 M：单击此按钮，音频轨道会将当前声音静音。
- 独奏轨道 S：单击此按钮，该轨道可成为独奏轨道，其他轨道的内容将不再显示。
- 画外音录制 🎤：单击此按钮，即可进行录音操作。
- 轨道音量 0.0：数值越大，轨道音量越大。
- 缩放轨道 ○──○：更改时间轴的时间间隔，

向左滑动级别增大，显示面积减小；反之，级别变小，显示面积增大。

- 视频轨道▤：以"V（Video）"开头为视频轨道，用户可以在该轨道中编辑静帧图像、序列、视频等素材。
- 音频轨道▥：以"A（Audio）"开头为音频轨道，用户可以在该轨道中编辑音频素材。

2.3.3 轨道控制区

在Premiere Pro 中，轨道控制区是用于管理和编辑视频、音频轨道的重要区域。上方是视频轨道控制区，如图 2-34所示，下方是音频轨道控制区，如图 2-35所示。这一区域为素材编辑提供了全面且便捷的操作环境。在这里，用户能够对静帧图像、序列、视频、音频等素材执行精确的选择、移动、剪辑，并应用各种特效，以实现丰富多样的视频和音频效果。

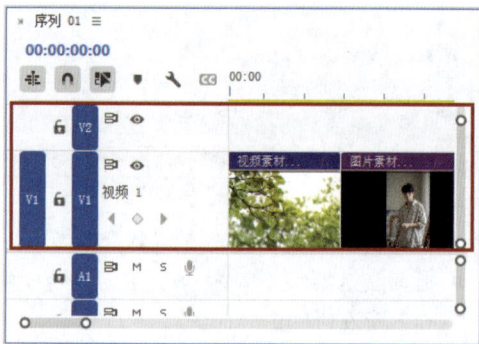

图 2-34

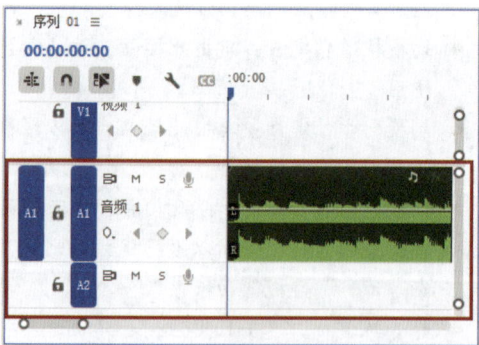

图 2-35

2.3.4 实战：创建新序列

为了能更熟练地在"时间轴"面板中剪辑素材，本节将通过"创建序列"和"添加/删除轨道"进行"时间轴"面板处理素材的讲解。本节首先介绍如何创建序列，下面介绍具体的操作方法。

01 启动Premiere Pro 2025，打开"新建项目"对话框，设置好项目名称和项目位置，勾选"跳过导入模式"复选框，单击"创建"按钮，即可进入素材导入界面。

02 在"项目"面板空白位置右击，在弹出的快捷菜单中执行"新建项目"|"序列"命令，如图 2-36所示，或者按快捷键Ctrl+N，即可打开"新建序列"窗口。首先显示的是"序列预设"界面，一般默认选项为"HD 1080p 23.976 fps"（以 Rec. 709 标准传输 HD 1920×1080 视频，每秒 23.976 帧）。将序列预设更改为"HD 1080p 29.97 fps"，如图 2-37所示。

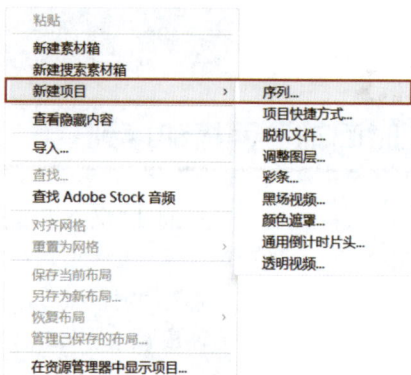

图 2-36

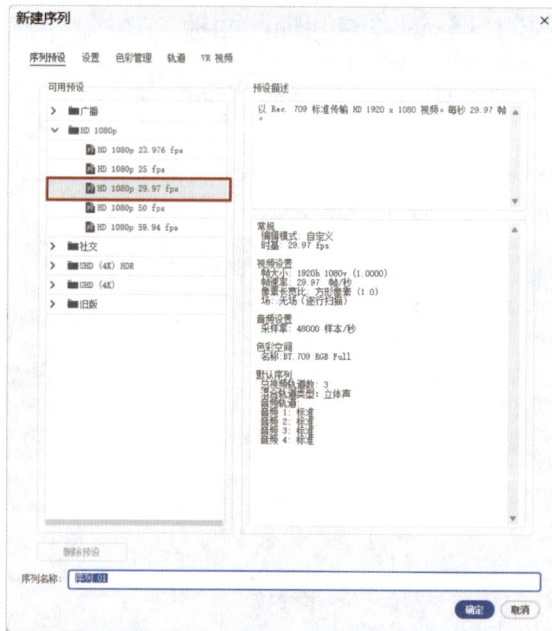

图 2-37

03 在"新建序列"窗口中设置好序列名称"序列 01"后，单击"确定"按钮，即可在"项目"面板中和"时间轴"面板中生成"序列 01"，如图 2-38所示。

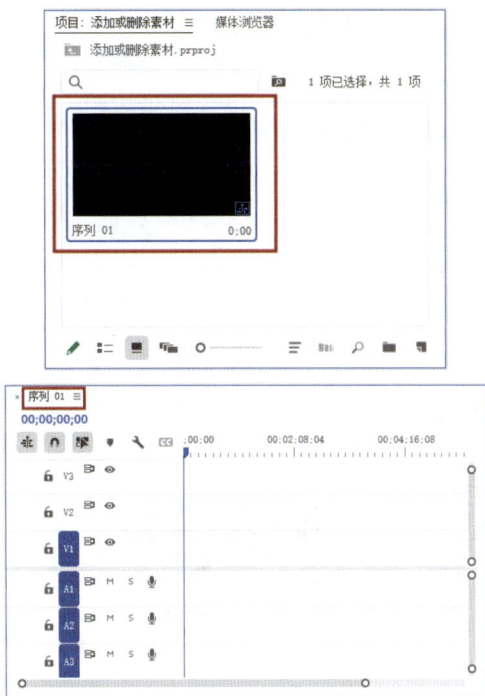

图 2-38

2.3.5　实战：添加 / 删除轨道

Premiere Pro 中的轨道不是固定的，支持用户添加多条视频轨道、音频轨道或音频子混合轨道，以满足项目的编辑需求。下面介绍如何在Premiere Pro 2025中添加和删除轨道。

01 启动Premiere Pro 2025，打开素材文件夹中的"添加或删除轨道.prproj"项目文件，本节将延续2.3.4节内容进行讲解，可以看到项目文件中已经创建好"序列 01"。

02 在视频轨道编辑区的空白区域右击，在弹出的快捷菜单中选择"添加单个轨道"选项，如图 2-39所示，即可将3个视频轨道增加为4个视频轨道。

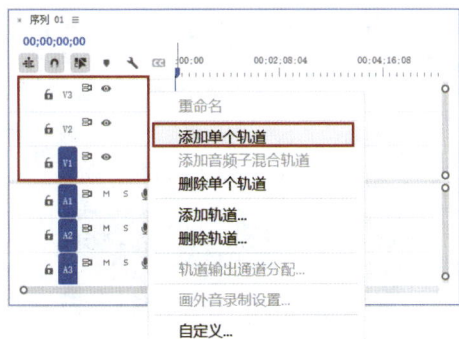

图 2-39

03 选择"添加轨道"选项，即可打开"添加轨道"

窗口，我们可以在该窗口中添加多个视频轨道或者音频轨道，并且选择轨道添加的位置，这样对音频轨道和视频轨道进行统一添加，使添加轨道能更加快捷，如图 2-40所示。

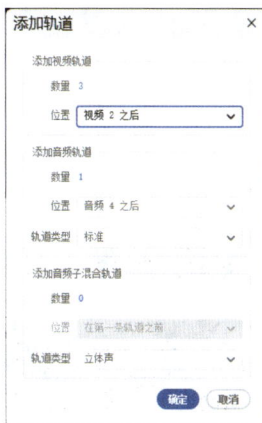

图 2-40

04 在音频轨道编辑区的空白区域右击，在弹出的快捷菜单中选择"删除单个轨道"选项，如图 2-41所示，即可将4个音频轨道减少为3个音频轨道。

图 2-41

05 选择"删除轨道"选项，即可打开"删除轨道"窗口，我们可以在该窗口中删除视频轨道和音频轨道，还可以一次性将所有没有素材的轨道删除，如图 2-42所示。

图 2-42

2.4
在序列中剪辑素材

完成上述面板基础功能介绍后，本节将详细介绍如何在序列中对素材进行剪辑。我们可以看到"时间轴"面板的右侧有一个工具栏，在剪辑时我们需要结合工具栏中的工具对素材进行剪辑。

或者直接将素材拖动至"时间轴"面板中，如图 2-44所示。这些方法均可直接新建序列。

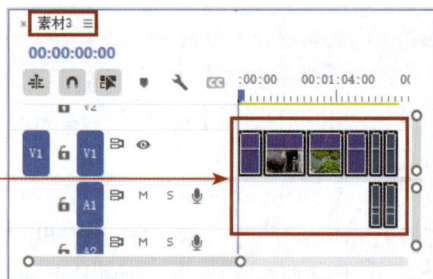

图 2-44

2.4.2 选择和移动素材

1. 选择素材

剪辑素材前，通常需要在序列中选择素材。选择剪辑素材时，应注意以下3点。

- 编辑具有视频和音频的素材，每个素材都至少有一部分。当视频和音频素材由同一原始摄像机录制时，它们会自动链接，单击其中一个，也会自动选择另一个。
- 在"时间轴"面板中可通过使用入点和出点进行剪辑。
- 选择时将使用"选择工具"▶（快捷键为V）

2. 加选/减选

在序列中通过单击可以选中剪辑，按住Shift键单击可以加选其他剪辑或取消选中已选剪辑。双击

2.4.1 添加素材

前面我们介绍了如何从"源"监视器面板中添加素材至"时间轴"面板中。我们也可以直接从"项目"面板将素材移动至"时间轴"面板中的"新建项目"图标 中，如图 2-43所示。

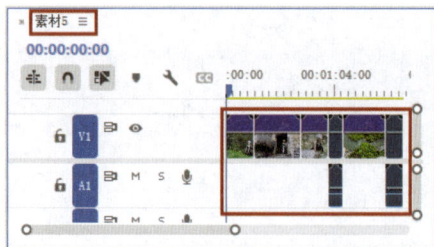

图 2-43

剪辑则会在"源"监视器面板中打开。

3. 框选

在"时间轴"面板的空白区域按住鼠标左键拖曳，创建一个选择框，可以框选剪辑，如图 2-45所示，释放鼠标左键，即可选中被框选的剪辑，如图 2-46所示。

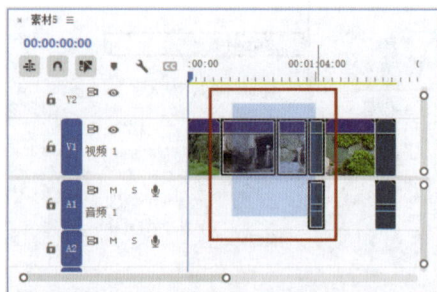

图 2-45

图 2-46

4. 选择轨道上的连续剪辑

Premiere Pro中有"向前选择轨道工具（A）" 和"向后选择轨道工具（快捷键Shift+A）"，这两个工具可以选择轨道上的连续剪辑。

选择"向前选择剪辑工具（A）"，单击任意轨道上的任意剪辑，所有轨道上从单击位置到序列结尾的剪辑都会被选择，若有音频与这些剪辑链接，音频也会被选择，如图 2-47所示。若再使用"向后选择轨道工具（快捷键Shift+A）"，则会选择当前轨道上从单击位置到序列开始的剪辑，如图2-48所示。

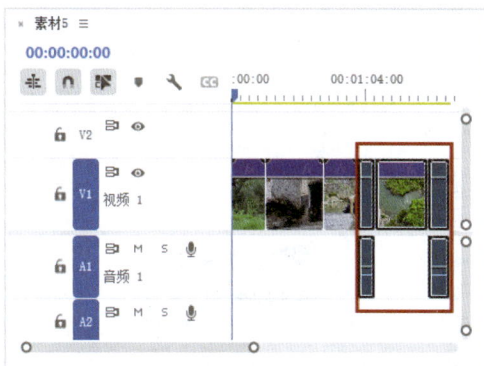

图 2-47

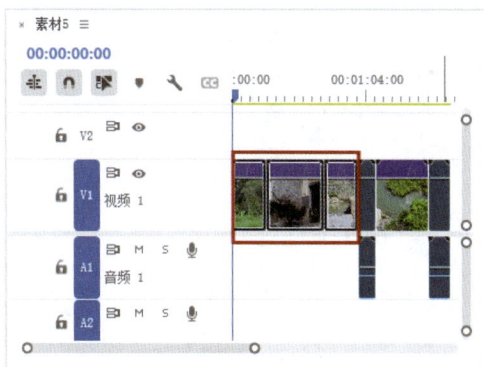

图 2-48

5. 微移剪辑的快捷键

按一次←键可以将剪辑向左移1帧；若要向左

移5帧，则可按快捷键Shift+←。

按一次→键可以将剪辑向右移1帧；若要向右移5帧，则可按快捷键Shift+→。

按快捷键Alt+↑可将剪辑向上移动一个轨道，按快捷键Alt+↓可将剪辑向下移动一个轨道。

2.4.3 素材编辑工具

编辑工具分为4种："波纹编辑工具（B）"、"滚动编辑工具（N）"、"比率拉伸工具（R）"、"重新混合工具"。长按工具栏中显示的编辑工具按钮，即可出现编辑工具选项框，如图 2-49所示。

图 2-49

1. 波纹编辑工具

波纹编辑是一种在裁剪素材时避免产生间隙的方法。使用"波纹编辑工具"延长或缩短剪辑时，编辑点后的所有剪辑都会往左移填补间隙，或者往右移动形成更长的剪辑。

单击"波纹编辑工具"，将光标悬停在需要编辑的编辑点上，然后观察光标所指方向，根据需要进行拖曳，如图 2-50所示。此时，可通过显示的时间码或"节目"监视器面板显示的两个画面——左侧画面为第1个剪辑被拖曳后的最后1帧，右侧为紧挨着的第2个剪辑的第1帧，以此来判断两段视频之间的衔接画面，如图 2-51所示。确认无误后，释放鼠标左键即可，"时间轴"面板轨道中的素材会自动向左移动。

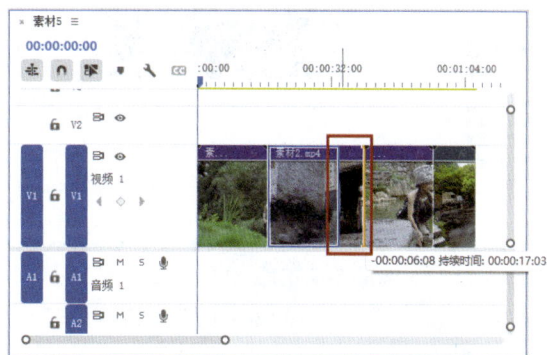

图 2-50

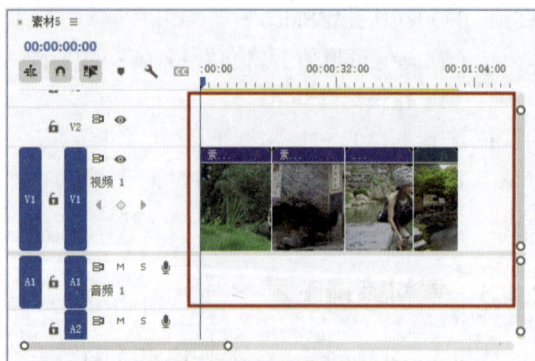

图 2-51

2. 滚动编辑工具

滚动编辑通常使用在两段剪辑之间的编辑点上，即修剪相邻的入点和出点，并以同样的帧数调整它们，且不会改变序列的总体长度，以达到一段剪辑缩短，另一段剪辑变长的操作效果。

选择"滚动编辑工具（N）"，将光标悬停在所选的两个剪辑间的剪辑点上，如图 2-52 所示，单击并向右拖曳以延长前面"素材2.mp4"的时长和删除部分"素材3.mp4"的剪辑时长，如图 2-53 所示，确定好位置后释放鼠标左键即可。

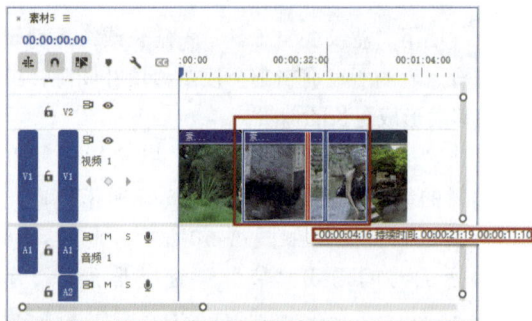

图 2-52

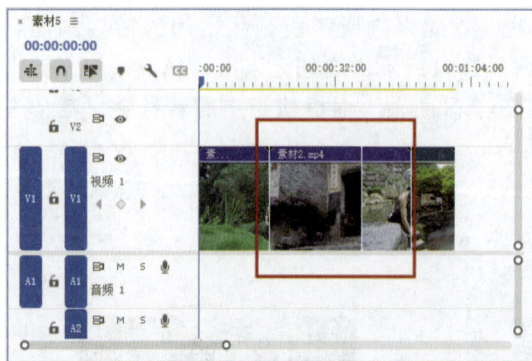

图 2-53

提示：使用"滚动编辑工具（N）"的素材必须有裁剪，没有被裁剪过的源素材无法使用"滚动编辑工具（N）"。

3. 重新混合工具

在以往的视频剪辑中，为了让背景音乐时长与视频时长相匹配，还需通过剪切工具和关键帧结合对音频进行处理，避免音频结束得过于突兀，自从Premiere Pro 2022版本以来，为了让用户在视频背景音乐处理时音乐更自然舒服，加入了"重新混合工具"。当用户使用"重新混合工具"时，Premiere可以重新混缩/长背景音乐，极大程度上缩短了用户视频剪辑时间，让用户不用再去AU对音频进行处理。

例如，导入一段背景音乐，将重新混合工具的光标向左移动，如图 2-54 所示，一段音乐则混合完成。

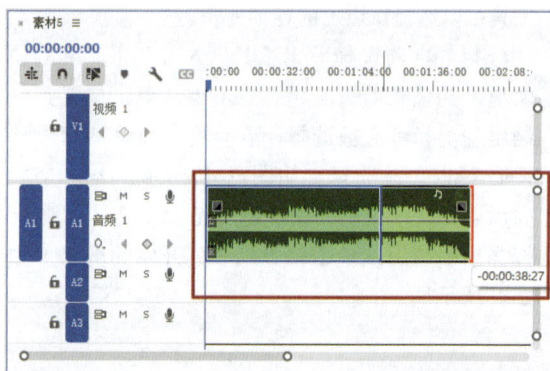

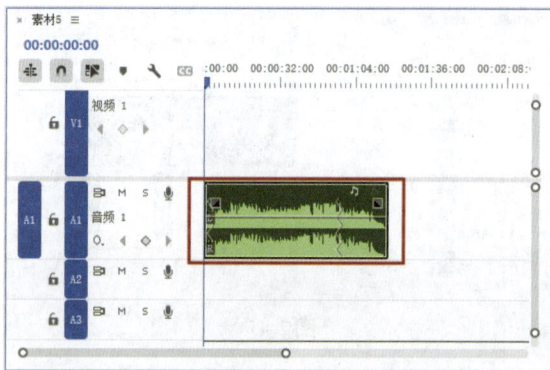

图 2-54

提示："比率拉伸工具（R）"将在第3章进行详细讲解。

2.4.4 素材剪切工具

"剃刀工具（C）"就是剪辑中常说的剪切素材工具，可以用其分割任何素材。例如，将剃刀工具光标移动至需要分割素材的位置，单击此处即可，如图 2-55 所示。

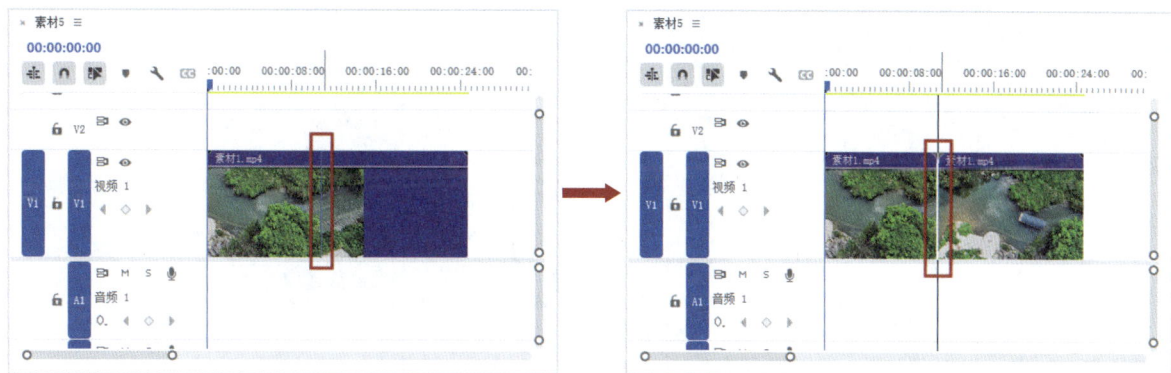

图 2-55

2.4.5 素材修改工具

"外滑工具（Y）"和"内滑工具（U）"都是用于对素材细节的修改。

1. 外滑工具

用于改变所选素材的出入点位置。例如，选中一段已经剪辑好的素材片段，将外滑工具光标移动至该素材中间，然后长按该素材，在"节目"监视器面板中会出现对比视图，方便对该段素材进行修改，如图2-56所示。外滑工具不改变总体时长，各片段视频也不变，其左右片段内容不变，变的是此片段画面内容，即改变了此片段的切入点和切出点。

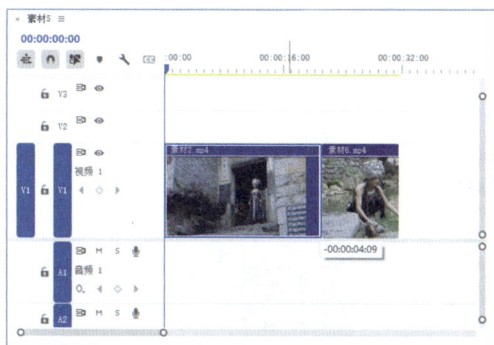

图 2-56

2. 内滑工具

将内滑工具向右侧移动，则裁剪右侧素材的

入点位置，前面素材时长不变，但会改变时间点位置，如图2-57所示。

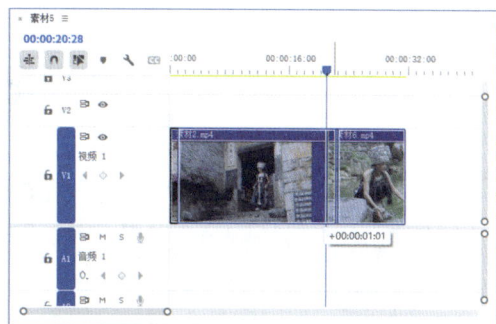

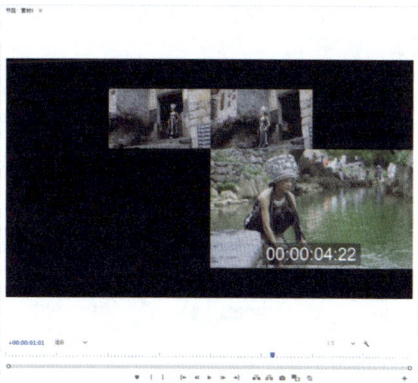

图 2-57

2.4.6 矢量图形创建工具

钢笔/矩形/椭圆/多边形工具均可作为矢量图形创建工具，可以在监视器中画出矢量图形，用于遮挡和制作动态图形动画。例如，单击"钢笔（P）"工具，然后在"节目"监视器面板中画出一个不规则图形形状，同时在"效果控件"面板中会出现该图形形状的数值，方便进行更改，如图 2-58所示。在"节目"监视器面板中绘制完形状后，会在视频轨道中自动生成"图形"素材，如图 2-59所示。

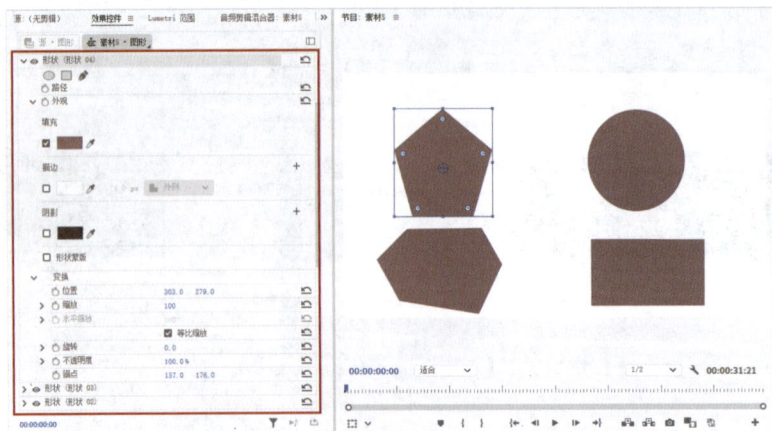

图 2-58

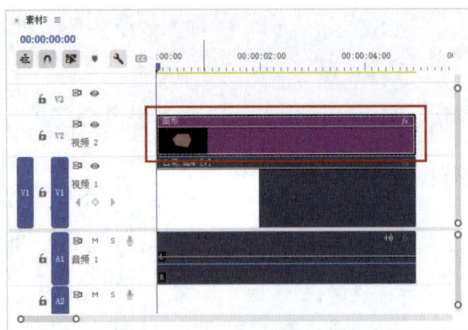

图 2-59

钢笔 ✒ /矩形 ▢ /椭圆 ◯ /多边形 ◯ 工具均可根据上述方法在"节目"监视器面板中画出矢量图形，如图 2-60所示。

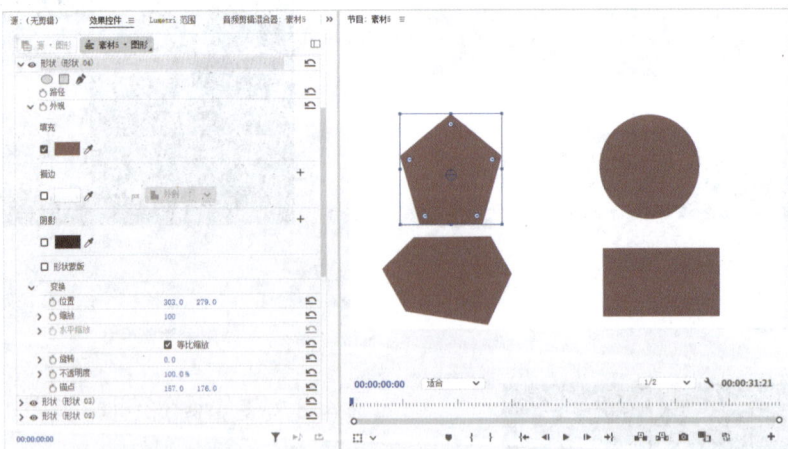

图 2-60

打开"所有面板"工作界面，在"属性"面板中对图形基础数值进行修改，如图 2-61所示，例如选中用多边形工具绘制的三角形，可以通过调整"边数" ✿ 将三角形改为多边形，同时还可改变"角半径" ⌐ 数值，更改为弧形，如图 2-62所示。

"钢笔"工具 ✒ 除了在监视器中画出矢量图形这一功能外，还可以在"时间轴"面板轨道中添加关键帧。例如，缩小"时间轴"面板中视频轨道右侧的光标，竖向拉长"时间轴"面板轨道中的素材，然后单击"钢笔"工具 ✒ ，在轨道中的视频素材的横线上单击，即打上了关键帧，由于"时间轴"面板视频轨道默认设置为"不透明度"，所以本示例以"不透明度"为示范，选中视频素材，打上关键帧后，移动其位置，即可改变"不透明度"的参数，如图 2-63所示。

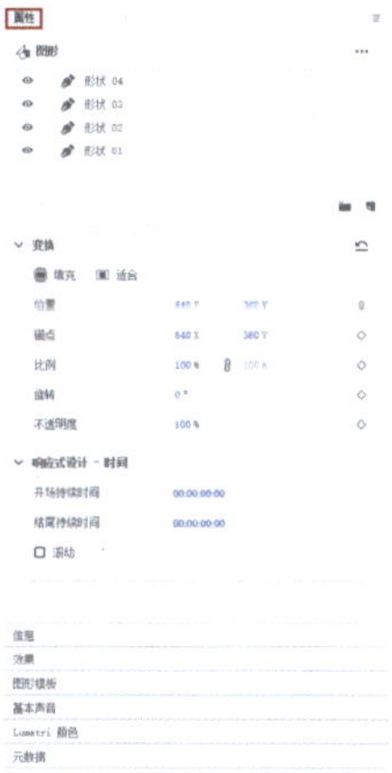

图 2-61 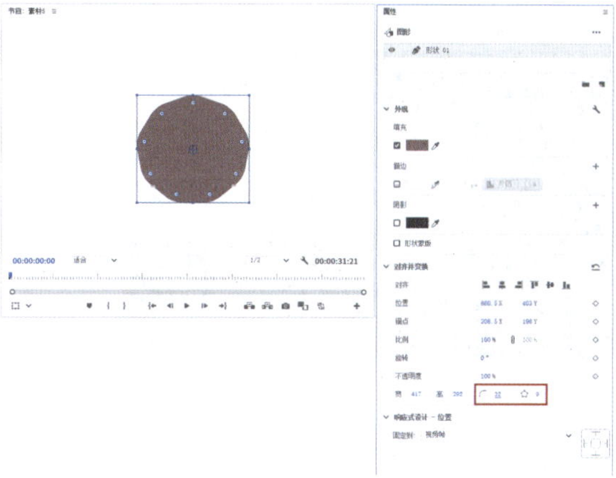　　　　　　　　　　　图 2-62 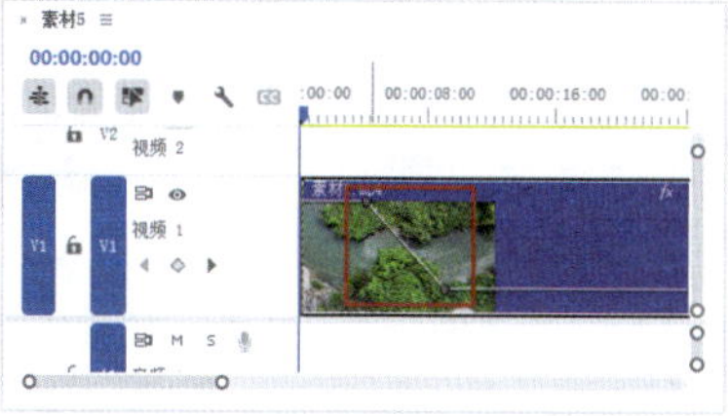　　　　　　　　　　　图 2-63

2.4.7　快速剪辑工具

手形工具和缩放工具是为了快捷剪辑而服务。"手形工具（H）" 🖐 可以拖动时间线，移动时间轴查看情况时更细致和精准，如图 2-64所示。

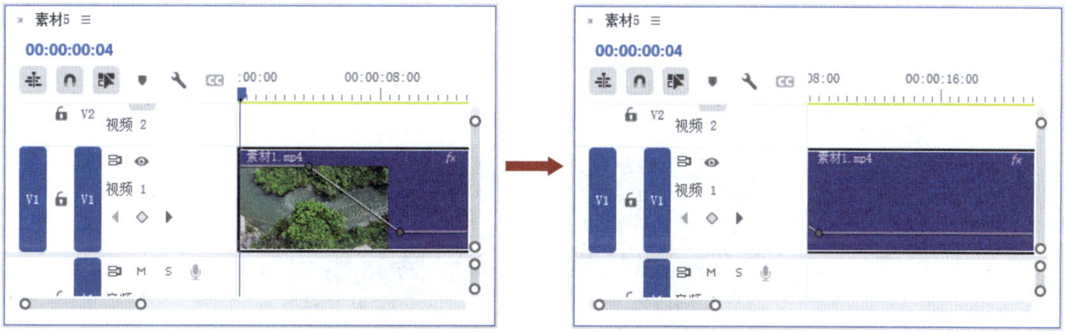

图 2-64

在工具栏中选择"缩放工具（Z）" 🔍，并在"时间轴"面板中单击，则可以放大时间线（按住Alt键缩小时间线），这样更方便裁剪，如图 2-65所示。

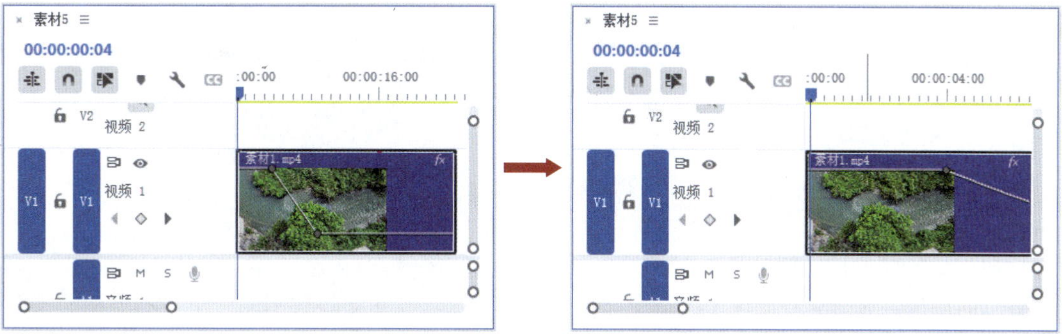

图 2-65

2.4.8　文字工具

文字工具分为"文字工具（T）" T.（横向）和"垂直文字工具" IT。在工具栏中选择"文字工具（T）"，然后在"节目"监视器面板中添加文本框，即可添加文字，接着在"属性"面板和"效果控件"面板中更改细节参数，如图 2-66所示。文字添加设置完成后，还可以使用"选择工具" ▶ 更改"节目"监视器面板中的文字大小和位置。

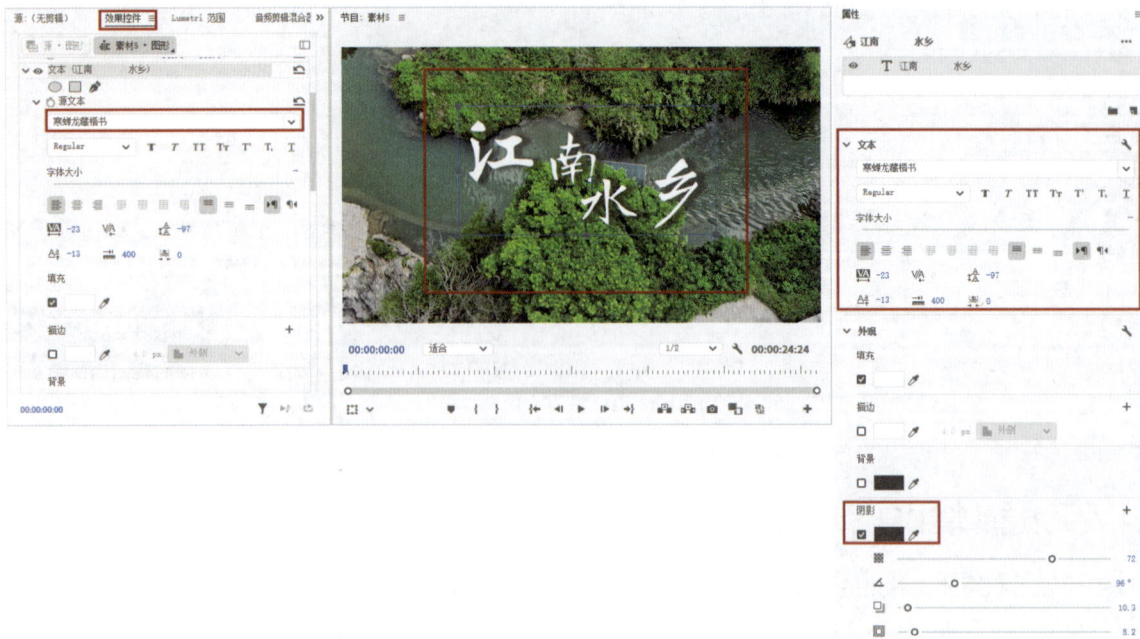

图 2-66

在工具栏中选择"垂直文字工具"，在"节目"监视器面板中添加文本框，文字将按照上下顺序排列，如图 2-67所示。

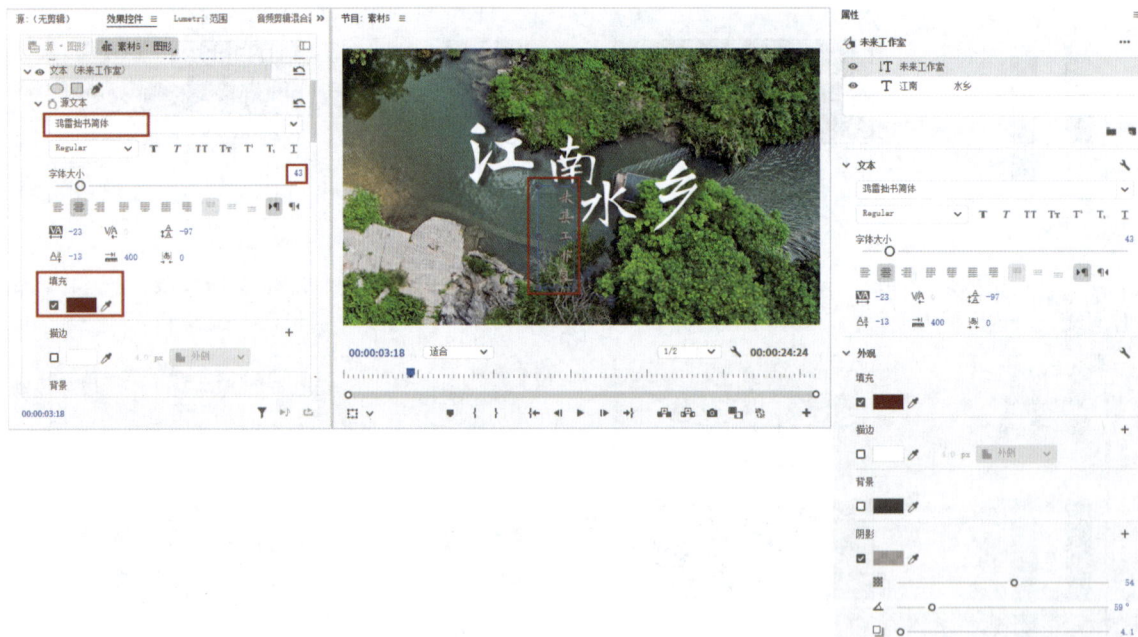

图 2-67

2.4.9 激活和禁用素材

当序列中有过多素材时，可以禁用暂时不需要剪辑的素材，方便剪辑其他素材且不影响后续剪辑。在"时间轴"面板中选中素材并右击，在弹出的快捷菜单中取消选择"启用"选项，如图 2-68所示。

此时在"时间轴"面板中禁用素材变成了深色，如图 2-69所示。在"节目"监视器面板中的画面为黑色。若想再次启用该素材，可以选中禁用素材并右击，在弹出的快捷菜单中选择"启用"选项，这样素材画面就会重新显示出来。

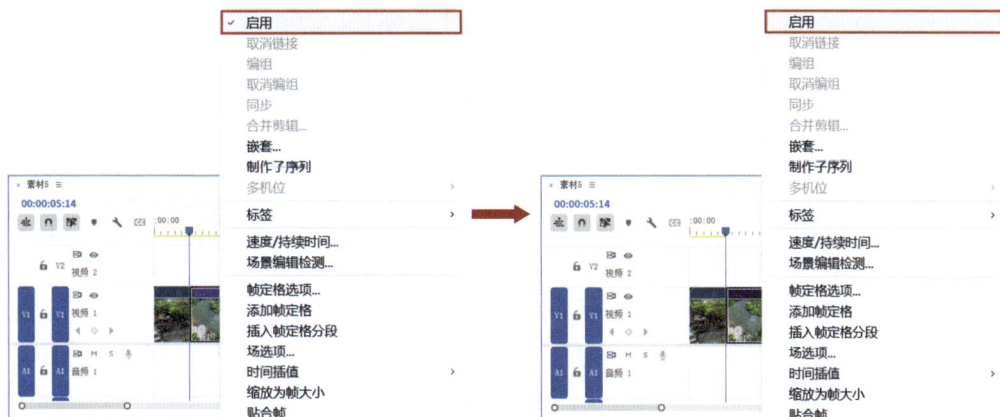

图 2-68

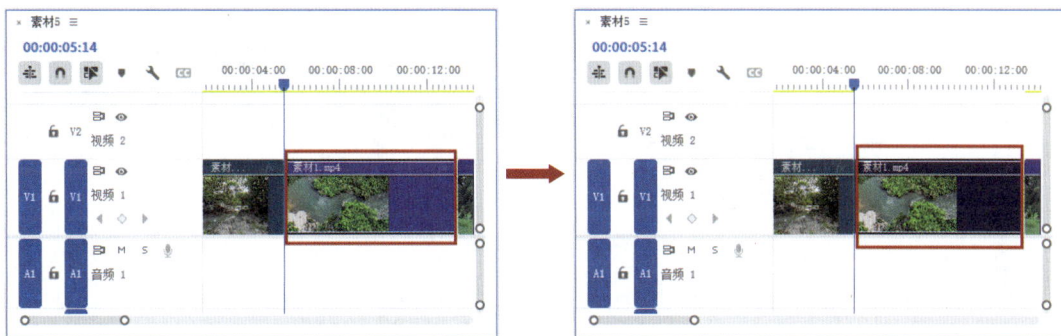

图 2-69

2.4.10　实战：分离视频与音频

在Premiere Pro中，导入含伴音视频时，软件自动分离视频和音频至不同轨道，便于编辑。但直接导入时，视频和音频默认链接。为便于剪辑，需分离视频和音频，有时也需将视频和音频链接。本节案例将为一段素材分离视频与音频，并替换音频。下面介绍具体的操作方法。

01 启动Premiere Pro 2025，按快捷键Ctrl+O，打开素材文件夹中的"分离视频与音频.prproj"项目文件，可以看到该项目的"项目"面板中添加了素材，如图 2-70所示。

图 2-70

02 将"素材.mp4"移动至"时间轴"面板的"序列 01"中，我们可以看到其中包含视频和音频，并且视频和音频默认链接，且视频素材的命名后有图标"[V]"，如图 2-71所示。

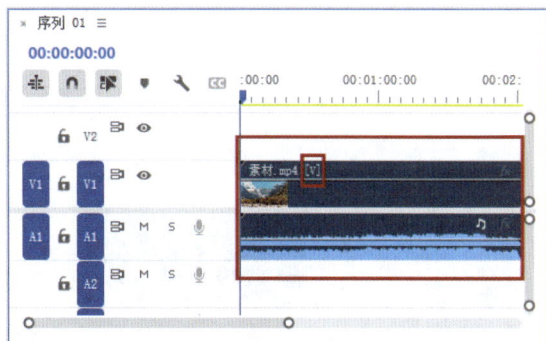

图 2-71

03 在"时间轴"面板中选中"素材.mp4"，右击，在弹出的快捷菜单中执行"取消链接（快捷键Ctrl+L）"命令，如图 2-72所示。此时可发现"素材.mp4"的命名后少了"[V]"图标，如图 2-73所示，我们可以对视频和音频进行任意裁切。

04 选中音频，按Delete键，即可将音频删除，将"项目"面板中的音乐素材"假发.mp3"移动至音频轨道中，如图 2-74所示。

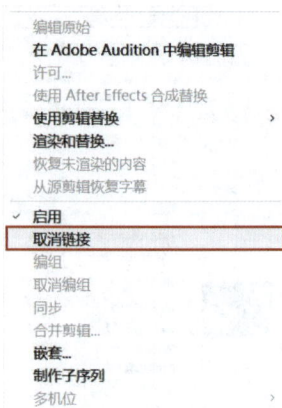

图 2-72

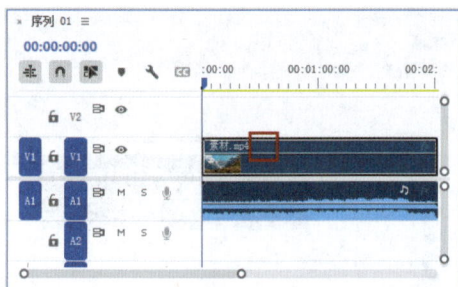

图 2-73

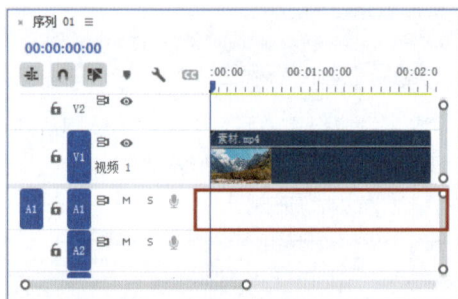

图 2-74

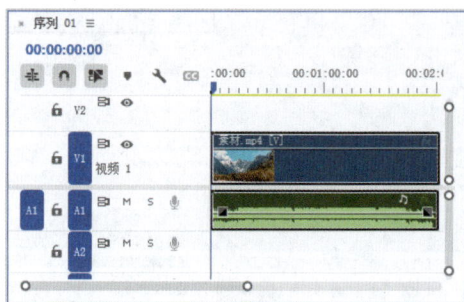

图 2-75

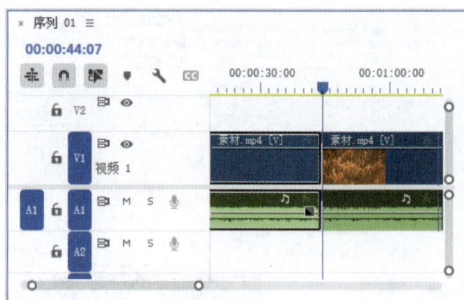

图 2-76

05 选中"时间轴"面板中的视频素材"素材.mp4"和音频素材"假发.mp3"，按快捷键Ctrl+L即可将视频素材"素材.mp4"和音频素材"假发.mp3"链接在一起，如图 2-75所示。

06 然后将时间指示器移动至00:00:44:07的位置，使用"剃刀工具（C）" ◆在此处对素材进行切割，如图 2-76所示，这样可以对素材进行统一切割。

2.5 输出视频

我们进行视频剪辑，是为了制作一个完整的视频，所以在视频剪辑完成后，若要得到便于分享和随时观看的视频，需要将Premiere Pro中的剪辑进行输出。通过Premiere Pro自带的输出功能，可以将视频输出为各种格式，以便分享到网上与朋友共同观赏。

2.5.1 预渲染（预览效果）

剪辑完视频后，一个很重要的步骤是对剪辑项目进行渲染。有时我们剪辑内容较多，项目文件较大，如果不进行渲染直接将视频导出，往往导出的视频会比较卡且出现问题。输出视频前对项目文件进行渲染是极其有必要的，这样能让视频效果更加流畅，同时还能及时发现剪辑时的问题，及时进行修改。

在"时间轴"面板中添加"标记入点（I）"和"标记出点（O）"，选中需要渲染的区域，在工作界面上方菜单栏中执行"序列"|"渲染入点到出点"或者"序列"|"渲染入点到出点的效果（Enter）"命令，即可对标记好的部分剪辑项目内容进行渲染，如图 2-77所示。

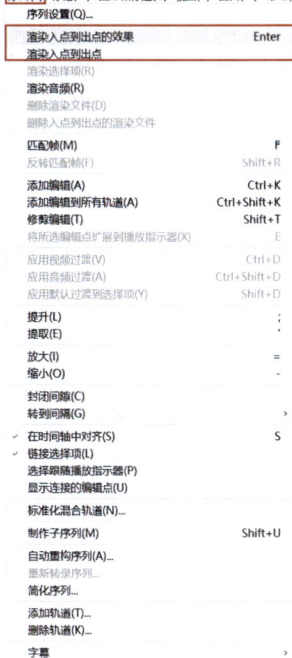

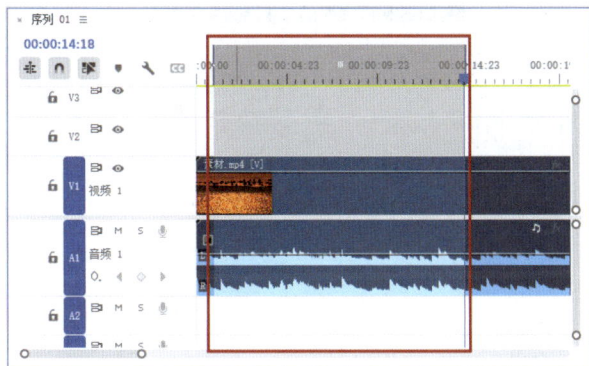

图 2-77

在"时间轴"面板中选中所有剪辑项目，在工作界面上方菜单栏中执行"序列"|"渲染选择项（R）"命令，即可对序列中所有剪辑内容进行渲染，如图 2-78所示。

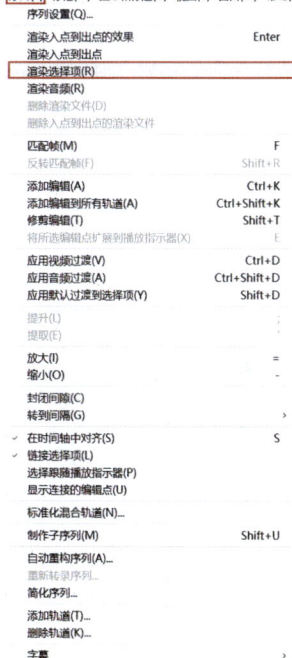

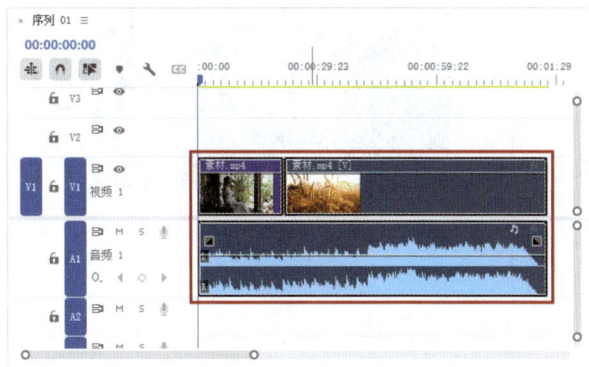

图 2-78

2.5.2　视频输出界面

Premiere Pro 2025提供了多种输出选择，用户可以将剪辑输出为不同类型的视频，以满足不同观众的观看需要，还可以与其他编辑软件进行数据交换。

在工作界面左上方单击"导出"按钮，进入视频输出界面，如图 2-79所示。

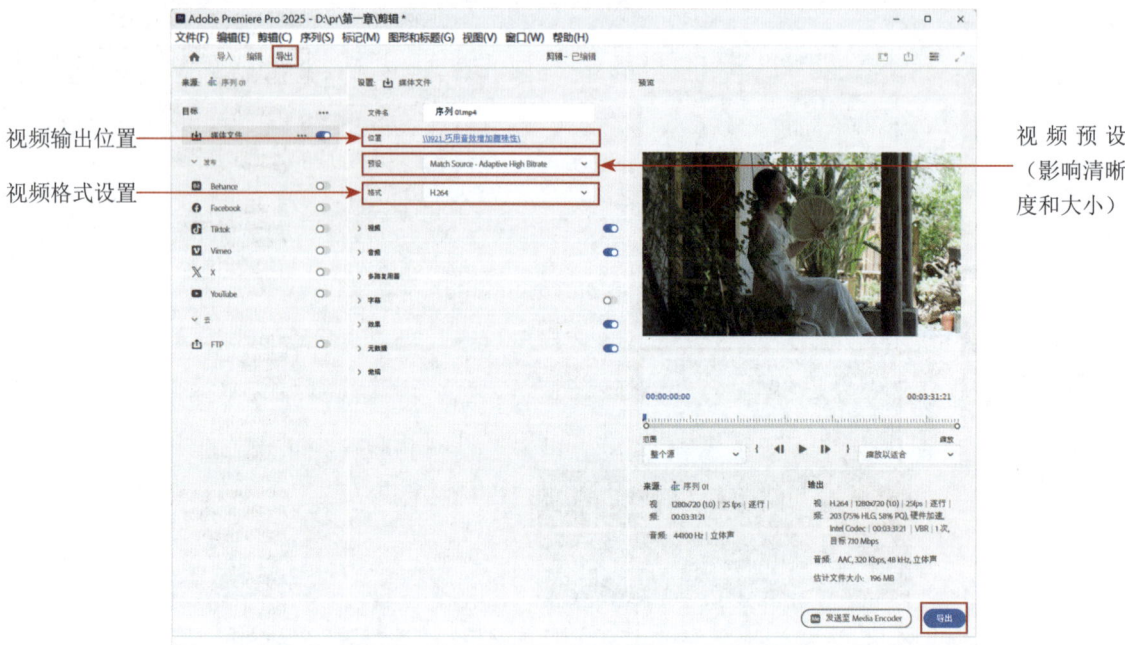

图 2-79

2.5.3　输出参数设置

决定视频质量的因素有很多，例如，编辑所使用的图形压缩类型、输出的帧速率、播放视频的计算机系统配置等。输出视频之前，需要在"导出设置"对话框中对导出视频的质量进行参数设置，不同的参数设置导出的视频效果也会有较大的差别。

进入导出界面后，我们可以更改"格式""预设"选项设置参数，如图2-80所示。

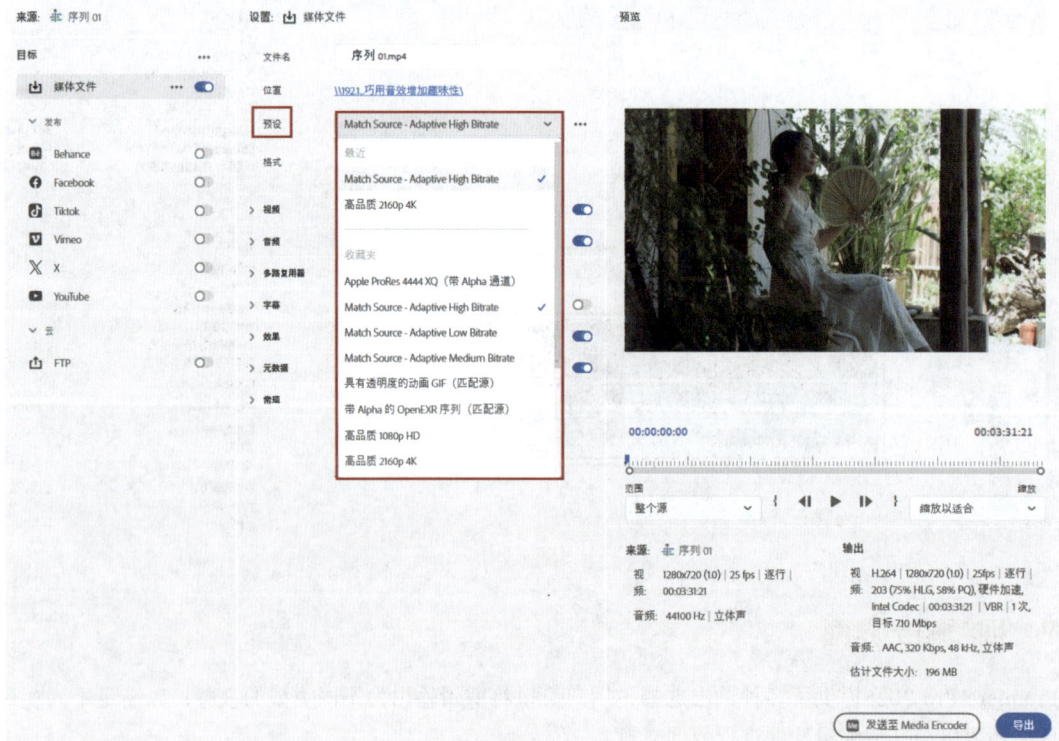

图 2-80

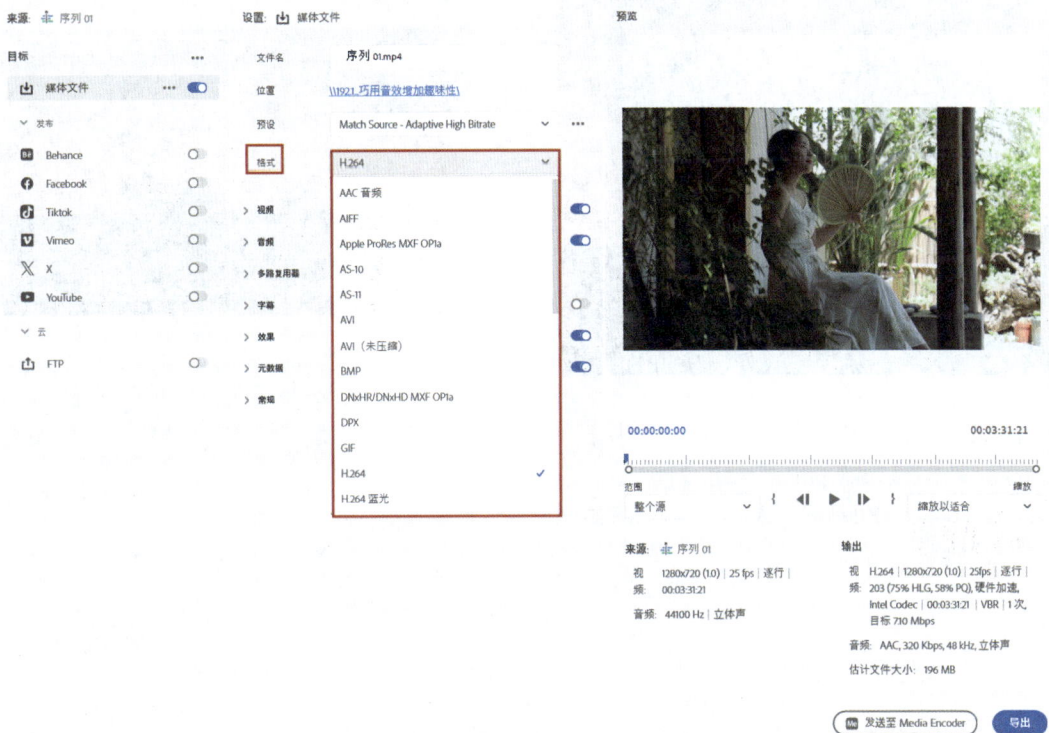

图 2-80（续）

导出设置参数介绍如下。

● 格式：在右侧的下拉列表中可以选择输出视频文件的格式。

● 预设：用于设置输出视频的制式。

● 文件名：设置输出视频文件的名称。

● 位置：设置输出视频文件保存的位置。

● 导出视频：默认为勾选状态，如果取消勾选该复选框，则表示不输出该视频的图像画面。

● 导出音频：默认为勾选状态，如果取消勾选该复选框，则表示不输出该视频的声音。

● 摘要：在该选项组中会显示输出路径、名称、尺寸、质量等信息。

● 视频（选项卡）：主要用于设置输出视频的编码器、质量、尺寸、帧速率、长宽比等基本参数。

● 音频（选项卡）：主要用于设置输出音频的编码器、采样率、声道、样本大小等参数。

● 使用最高渲染质量：勾选该复选框，将使用软件默认的最高渲染质量参数进行视频输出。

● 导出：单击该按钮，开始输出视频。

● 源范围：用于设置导出全部素材或"时间轴"面板中指定的区域。

2.5.4　视频常用输出格式

本节简要介绍用Premiere输出视频时常用的两种格式。

1. H.264

H.264不属于视频格式，而是一种视频编码标准，跟AVI、MPGE不属于同一类。使用H.264导出的视频格式为我们常用的视频格式MP4，音频格式则为AAC。

2. QuickTime

QuickTime是苹果公司创立的一种视频格式。QuickTime的出错率很低，兼容性很高，使用QuickTime格式导出的视频文件为MOV文件。在使用Premiere导出透明带通道的素材（Alpha透明通道素材）时，往往需要用到QuickTime格式。

2.5.5　实战：输出单帧图像

在Premiere Pro 2025中，可以选择视频序列的任意一帧，将其输出为一张静态图片，效果如图2-81所示。下面介绍输出单帧图像的操作方法。

图 2-81

01 启动Premiere Pro 2025，按快捷键Ctrl+O，打开素材文件夹中的"输出单帧图像.prproj"项目文件。进入工作界面后，可以看到"时间轴"面板中已经添加好的一段视频素材，如图 2-82所示。

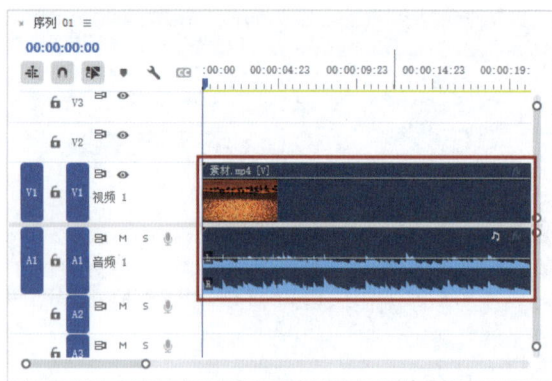

图 2-82

02 选择一个喜欢的画面，将时间指示器移动至00:00:06:05的位置，如图 2-83所示。

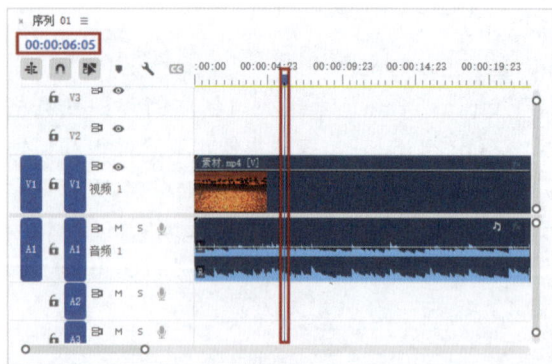

图 2-83

03 在"节目"监视器面板中单击"导出帧"按钮，即可打开"导出帧"窗口，如图 2-84 所示，输入"名称"为"封面"，选择导出帧"格式"为PNG，选择好在计算机中的存储路径，单击"确定"按钮，即可将该帧导出。

图 2-84

04 打开存储文件夹，即可找到刚导出的单帧图像，如图 2-85所示。

图 2-85

> **提示：** 本节案例主要介绍如何将剪辑中的帧导出来，关于"时间轴"面板中的相关操作会在后续章节中详细阐述。

2.5.6 实战：输出 MP4 格式影片

前文介绍了H.264的主要输出格式为MP4。由于MP4为我们日常输出视频的常用格式，本节将通过实际案例，介绍如何导出MP4格式视频，效果如图 2-86所示。下面介绍具体的操作方法。

图 2-86

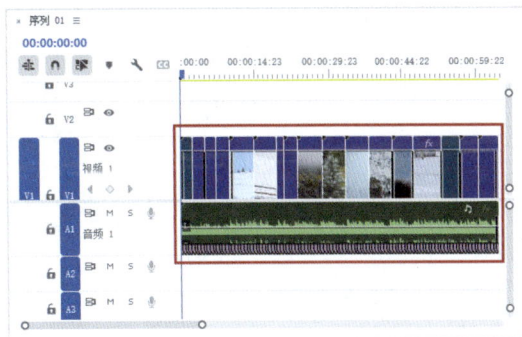

图 2-87

05 启动Premiere Pro 2025，按快捷键Ctrl+O，打开素材文件夹中的"输出单帧图像.prproj"项目文件。进入工作界面后，可以看到"时间轴"面板中已经完成了视频剪辑，如图 2-87所示。

06 单击"导出"选项，进入视频输出界面，如图2-88所示。设置格式为H.264，并设置一个影片名字为"冬至Vlog.mp4"，选择保存位置，即可单击右下角的"导出"按钮，将MP4视频导出。

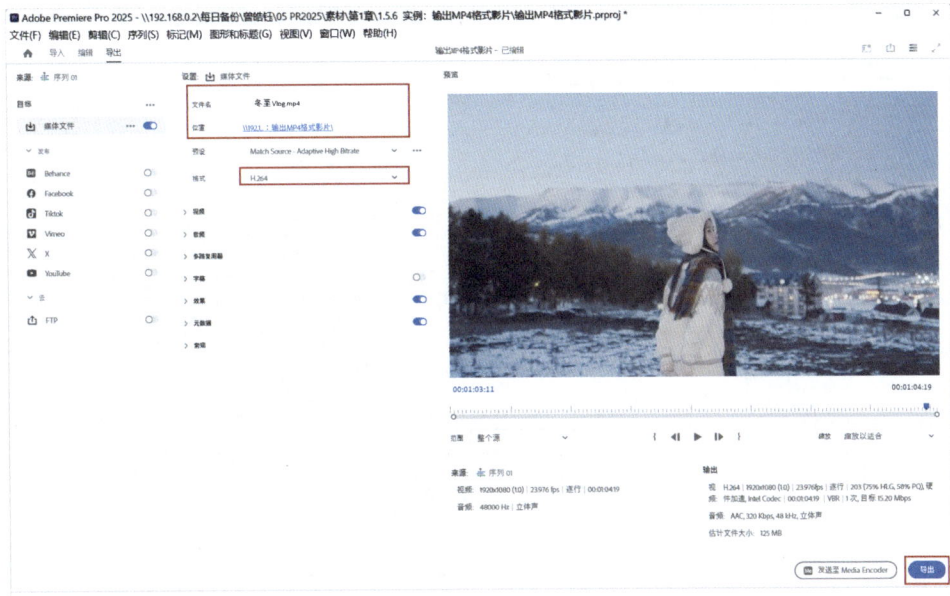

图 2-88

07 视频导出完成后，即可在视频保存位置找到该视频"冬至Vlog.mp4"，如图 2-89所示。

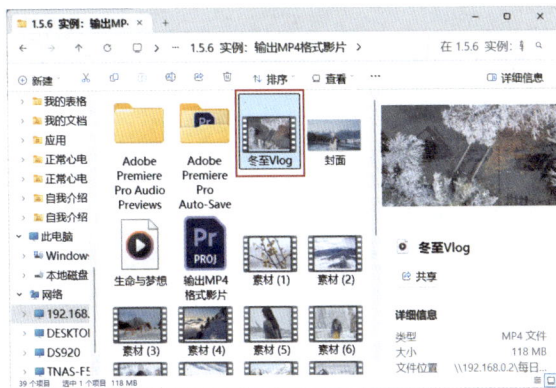

图 2-89

2.5.7　实战：夏日氛围感视频

前文中详细介绍了如何创建项目、导入素材、剪辑素材并输出素材，本节将对前文进行总结，介绍剪辑的完整流程，效果如图 2-90所示。下面介绍具体的操作方法。

图 2-90

01 启动Premiere Pro 2025，打开"新建项目"对话框，设置好项目名称和项目位置，取消勾选"跳过导入模式"复选框，如图 2-91所示，无须进行其余项目设置。单击"创建"按钮，即可进入素材导入界面，如图 2-92所示。

02 在"项目"面板中导入本节案例素材，并创建剪辑序列"序列 01"，如图 2-93所示。

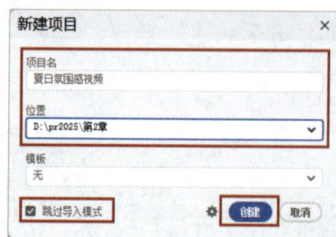

图 2-91

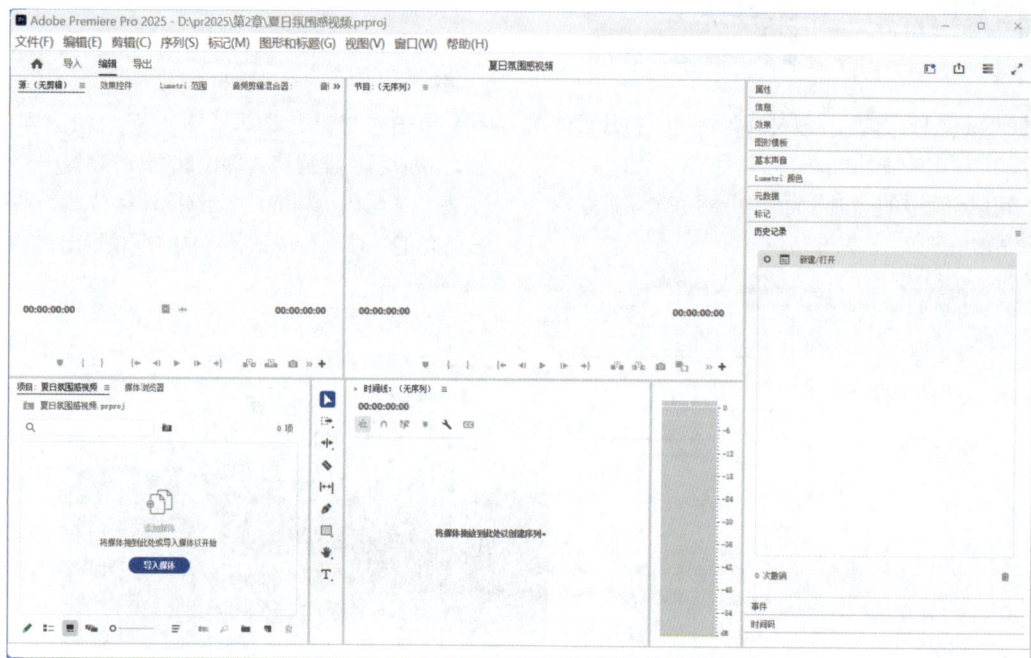

图 2-92

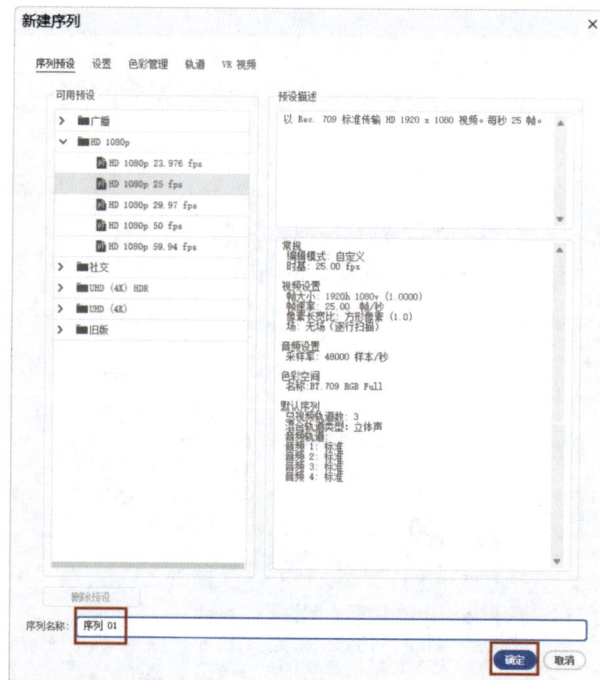

图 2-93

03 将"素材1.mp4"导入"时间轴"面板中，如图 2-94所示。

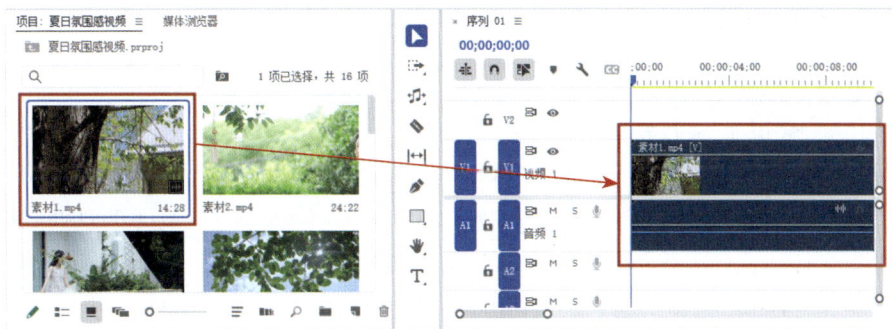

图 2-94

04 设置序列时可能会出现与素材大小不匹配的情况，此时单击"更改序列设置"按钮，序列即可与剪辑匹配，如图 2-95所示。

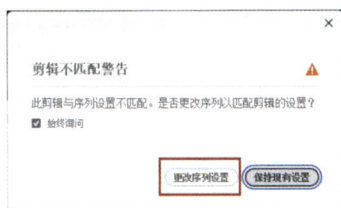

图 2-95

提示：读者也可以单击"保持现有设置"按钮，但由于序列与素材不匹配，需要选中素材后右击，在弹出的快捷菜单中执行"缩放为帧大小"命令。

05 由于"素材1.mp4"包含视频和音频，按快捷键Ctrl+L，取消视频和音频链接，如图 2-96所示。然后将音频素材删除，并添加背景音乐"夏日.mp3"，如图2-97所示。

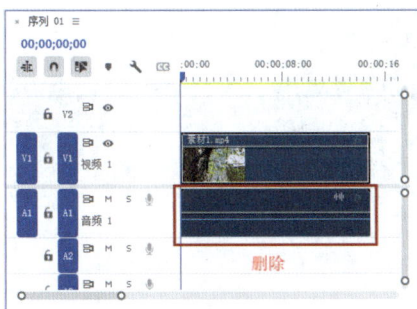

图 2-96

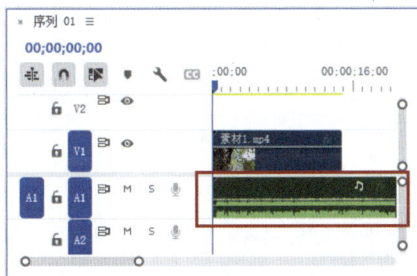

图 2-97

06 在"工具栏"中选择"选择工具"，并将"选择工具"移动至"素材1.mp4"的入点位置，向右移动00:00:01:06，如图 2-98所示，然后将裁剪完成后的"素材1.mp4"移动至时间线00:00:00:00的位置，如图2-99所示。

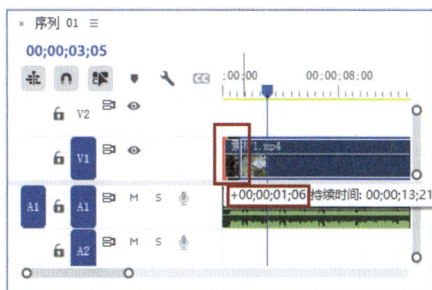

图 2-98

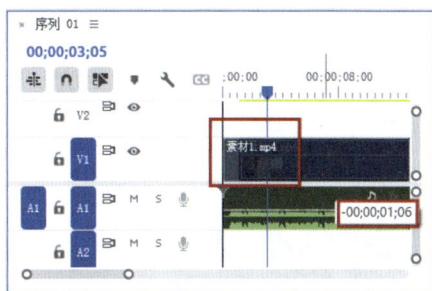

图 2-99

07 将时间指示器移动至00:00:03:05的位置，选择"剃刀工具（C）"，在此处对"素材1.mp4"进行切割，并将剩余部分删除，如图 2-100所示。

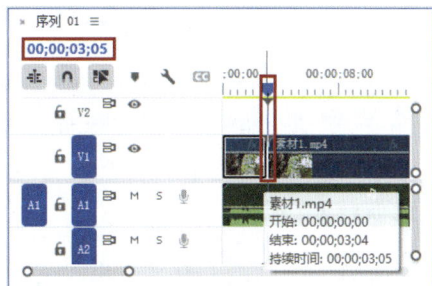

图 2-100

08 其余素材顺序和出入点设置如表 2-2所示，读者根据表 2-2进行裁剪。

表 2-2

序号	素材顺序	时间轴位置	入点和出点
1	素材2.mp4	00:00:03:05-00:00:05:25	00:00:06:10-00:00:08:29
2	素材14.mp4	00:00:05:25-00:00:08:05	00:00:00:00-00:00:02:09
3	素材4.mp4	00:00:08:05-00:00:10:26	00:00:00:06-00:00:02:26
4	素材5.mp4	00:00:10:26-00:00:13:22	00:00:02:02-00:00:04:27
5	素材6.mp4	00:00:13:22-00:00:16:04	00:00:01:23-00:00:04:04
6	素材7.mp4	00:00:16:04-00:00:20:16	00:00:01:11-00:00:05:22
7	素材8.mp4	00:00:20:16-00:00:23:21	00:00:05:13-00:00:08:17
8	素材3.mp4	00:00:23:21-00:00:26:23	00:00:00:28-00:00:03:29
9	素材9.mp4	00:00:26:23-00:00:30:03	00:00:00:27-00:00:04:06
10	素材10.mp4	00:00:30:03-00:00:34:02	00:00:00:16-00:00:04:14
11	素材11.mp4	00:00:34:02-00:00:36:19	00:00:01:09-00:00:03:25
12	素材12.mp4	00:00:36:19-00:00:39:00	00:00:00:00-00:00:02:10
13	素材13.mp4	00:00:39:00-00:00:41:17	00:00:00:25-00:00:03:11
14	夏日.mp3	00:00:00:00-00:00:41:17	00:00:00:00-00:00:41:17

09 完成上述操作后，单击"输出"选项，进入输出界面，设置好名称和存储位置后，单击"导出"按钮，如图 2-101所示。

图 2-101

第3章
视频素材的高级剪辑技巧

学习完Premiere Pro 2025剪辑基础知识后，我们不仅对视频剪辑这一概念有了初步的理解，也对Premiere Pro有了初步认识。我们会发现，随着科技的飞速发展，Premiere Pro也在不断优化，变得越来越成熟，使用起来也越发便捷。本章将深化Premiere Pro 2025知识内容，介绍剪辑使用技巧。通过这些技巧，我们会发现，原来用Premiere Pro出片，竟然可以如此简单。

3.1 标记的使用

标记主要用于提供剪辑和序列中的具体时间并为它们添加注释，这些标记可帮助使用者保持条理并与编者共享内容，它们是对剪辑或"时间轴"面板进行操作的。为剪辑添加的标记包含在原始媒体文件的元数据中，即在另一个项目中打开此剪辑时可以看到相同的标记。第2章介绍了标记的添加方法，读者可以结合第2章2.3节进行学习。

3.1.1 标记类型

标记主要分为以下4种类型。

- 注释标记：一种常规标记，用于标记名称、注释和持续时间。
- 章节标记：一种特殊标记，制作DVD或蓝光光盘时，Adobe Encore可以将它转换为常规章节标记。
- Web链接：一种特殊标记，支持多种视频格式（如QuickTime等），播放视频时可自动触发网页跳转。当导出序列以创建支持的格式的文件时，软件会将Web链接标记包含在文件中。
- Flash提示点：是Abode Flash使用的一种标记。将提示点添加到Premiere的"时间轴"

面板中，可以在编辑序列的同时准备Flash项目。

3.1.2 序列标记

第2章学习了如何在"源"监视器面板中添加标记点，本节则讲解如何直接在"时间轴"面板的序列中添加标记点。

打开素材箱中的剪辑素材，将时间指示器移至需要添加标记的位置，单击"时间轴"面板上的"添加标记"按钮▼（快捷键为M），"时间轴"面板的上方会显示一个绿色的标记，可将其作为一个视觉提醒，如图 3-1所示。另外，读者也可以在"节目"监视器面板中按M键进行标记，如图 3-2所示。

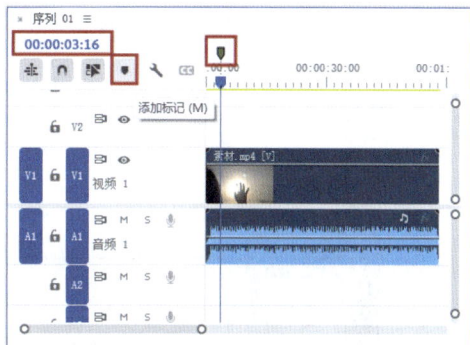

图 3-1

图 3-2

3.1.3　更改标记注释

有时剪辑项目过大，内容过多，标记点可能也偏多且类型多样。为了更有条理地进行剪辑，我们需要通过更改标记注释对标记点进行分类标记。

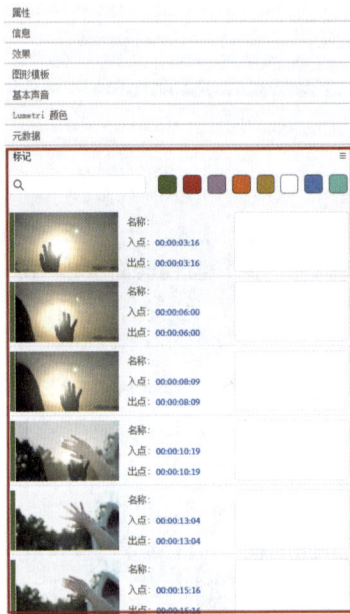

打开"标记"面板，在"标记"面板中，有一个按时间顺序显示的标记列表，当"时间轴"面板或"节目"监视器面板处于活动状态时，还会显示序列或剪辑的标记，如图3-3所示。如果在界面中找不到该面板，可以执行"窗口"|"标记"命令，如图3-4所示。

图 3-3

图 3-4

在"标记"面板中选择任意一个标记，按Delete键可以删除当前标记。也可以双击标记，打开"标记"对话框，单击"删除"按钮，如图3-5所示。

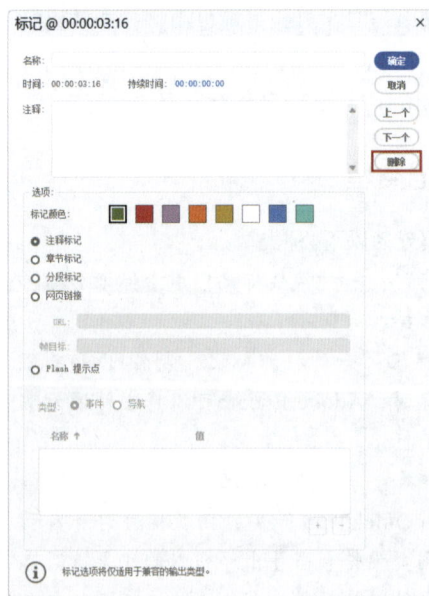

图 3-5

在"标记"窗口中更改持续时间，例如，将"持续时间"更改为00:00:05:00，即5s，在"注释"文本框中输入注释文字，然后单击"确定"按钮，即可完成标记的更改，如图3-6所示。此时，"时间轴"面板、"节目"监视器面板和"标记"面板中都有标记注释，如图3-7所示。

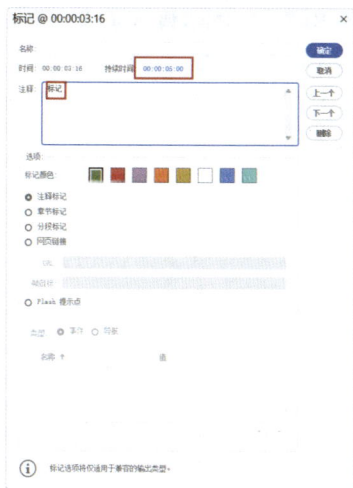

图 3-6　　　　　　　　　　　　　　　　　　　图 3-7

3.2 常见的素材编辑技巧

本节将讲解一些常见的素材编辑技巧，包括素材编组、替换素材、嵌套素材、提升与提取编辑、插入与覆盖编辑、定格视频画面等。

3.2.1　素材编组

操作时对多个素材进行编组，将多个素材文件转换为一个整体，可同时选择或添加效果。"链接（快捷键Ctrl+L）"功能可以将视频和音频链接在一起，方便同时编辑。不仅音频和视频能使用"链接（快捷键Ctrl+L）"功能，同一时间段不同轨道中的所有素材都能使用"链接（快捷键Ctrl+L）"功能，如图3-8所示。

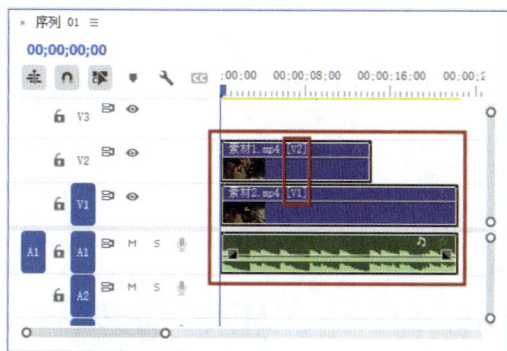

图 3-8

但同时同一轨道不同时间段的素材无法使用"链接（快捷键Ctrl+L）"功能，为了让素材能同时进行裁剪，可对素材进行编组处理。选中"时间

轴"面板中的所有素材，右击，在弹出的快捷菜单中执行"编组"命令，如图 3-9所示。这时可对所有素材进行统一裁剪，如图 3-10所示。

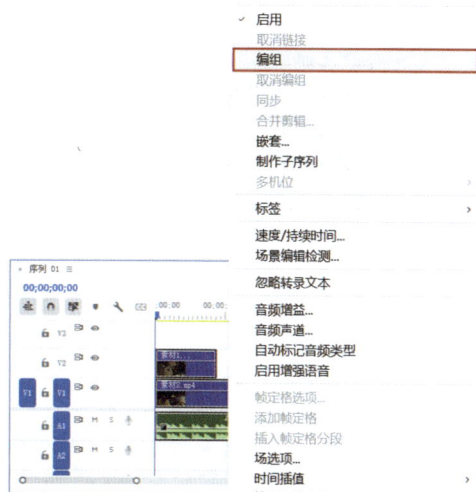

图 3-9

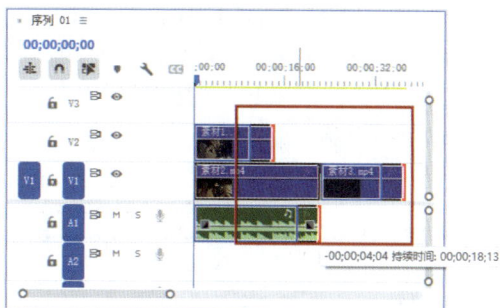

图 3-10

3.2.2　替换素材

在视频编辑过程中，会碰到素材已经添加了

49

一些属性，但突然发现素材不合适，需要更换新素材的情况。这时如果将素材直接删除，已经添加的属性也会跟着被删除，但"替换素材"功能可以在不更改已经添加的属性的情况下，替换原始素材文件，帮助用户提高工作效率。

在"项目"面板中选中"素材1.mp4"，右击，在弹出的快捷菜单中执行"替换素材"命令，如图 3-11 所示。然后在弹出的"替换素材"窗口中选择替换素材"素材2.mp4"，如图 3-12 所示。

图 3-11

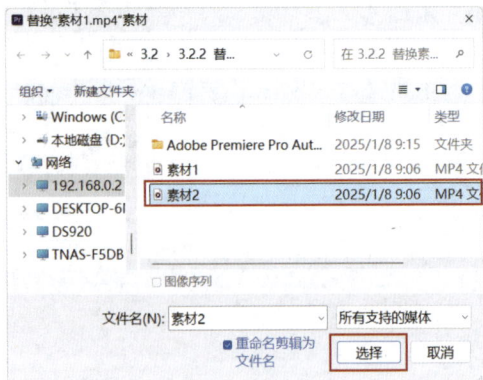

图 3-12

完成上述操作后，即可替换原有素材，如图 3-13 所示。

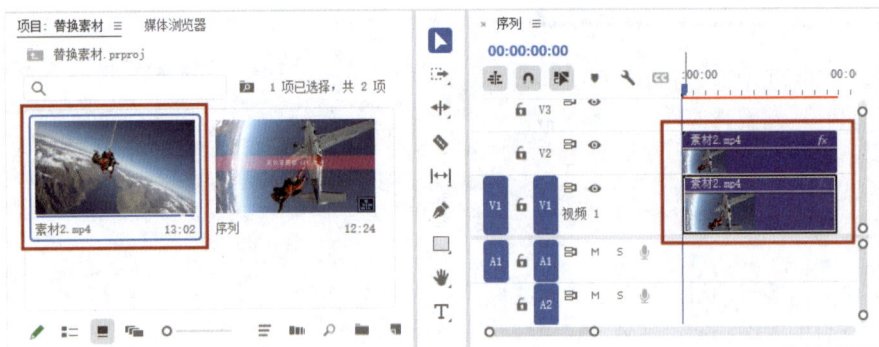

图 3-13

3.2.3 嵌套素材

"嵌套"可将多个剪辑合成一个完整的序列，以便更加快捷地进行编辑，或者由于某个素材效果需要叠加使用，也可用到"嵌套"功能。下面介绍操作方法。

在"序列 01"中选中"素材1.mp4"和"素材2.mp4"，右击，在弹出的快捷菜单中执行"嵌套"命令，将"名称"命名为"嵌套序列 01"，如图 3-14 所示。

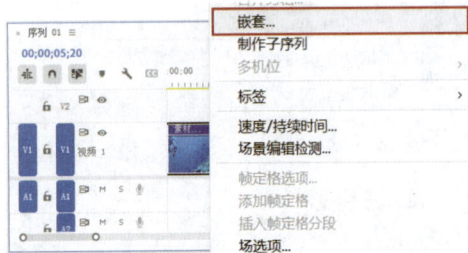

图 3-14

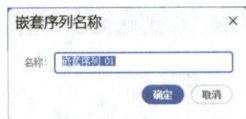

图 3-14（续）

然后会得到新的嵌套序列，如图 3-15 所示。另外，完成嵌套操作后，读者也可以在嵌套形成的序列中添加所需效果或执行其他剪辑操作。

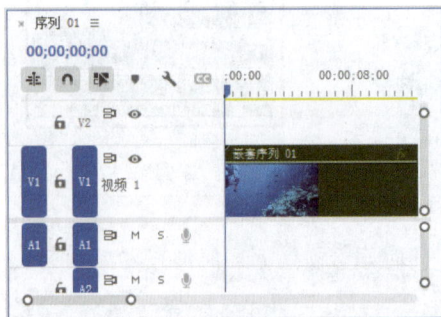

图 3-15

3.2.4 实战：提升与提取编辑

"提升"和"提取"功能位于"节目"监视器面板中，执行序列"提升"或"提取"命令，可从"时间轴"面板的序列标记处轻松移除素材片段。执行"提升"命令时，会从"时间轴"面板中提升出一个片段，然后在已删除素材的地方留下一段空白区域；执行"提取"命令时，会移除素材的一部分，后续素材前移填补空缺，因此不会有空白区域。下面介绍具体的操作方法。

01 启动Premiere Pro 2025，按快捷键Ctrl+O，打开素材文件夹中的"提升与提取.prproj"项目文件。

02 首先在"时间轴"面板中导入"素材1.mp4"，将时间线移动至00:00:05:00的位置，在"节目"监视器面板中单击"标记入点（I）"按钮，即可在此处添加入点，并在"时间轴"面板和"节目"监视器面板中体现。然后将时间指示器移动至00:00:17:00的位置，在"节目"监视器面板中单击"标记出点（O）"按钮，即可在此处添加出点，并在"时间轴"面板和"节目"监视器面板中体现，如图3-16所示。

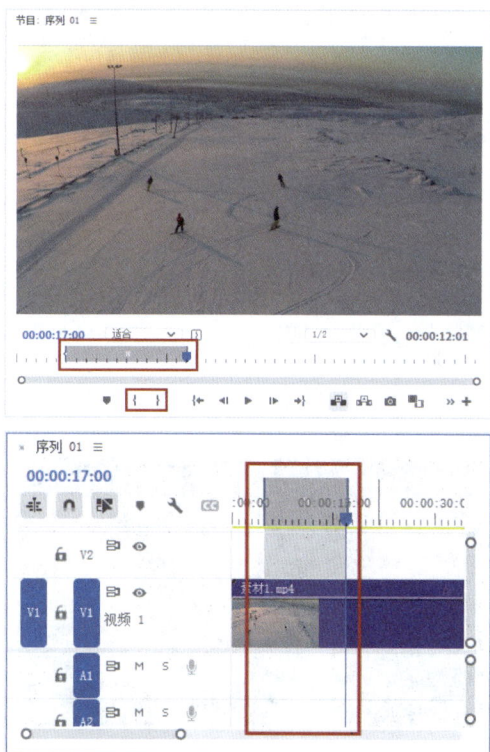

图 3-16

03 在"节目"监视器面板中单击"提升（；）"按钮，完成"提升"后，标记的出入点部分会消失，"节目"监视器面板中的画面变为黑色，如图3-17所示。

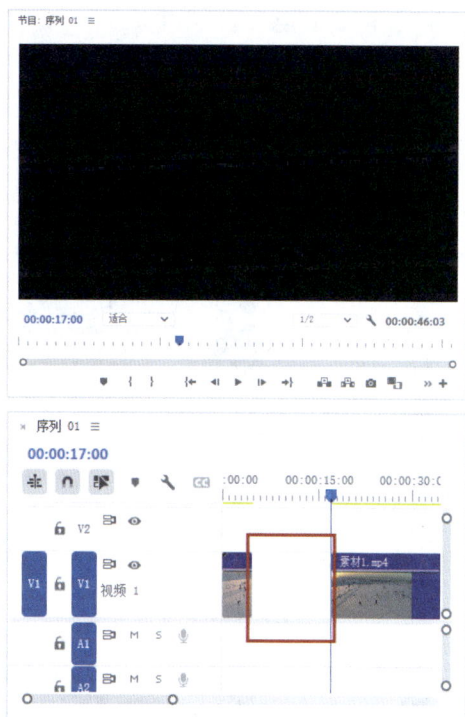

图 3-17

04 将"素材2.mp4"拖动至"素材1.mp4"空白处，然后将时间指示器移动至00:00:11:13的位置，单击"标记入点（I）"按钮，再将时间指示器移动至00:00:13:15的位置，单击"标记出点（O）"按钮，然后在"节目"监视器面板中单击"提取（'）"按钮，标记出入点的部分将删除，且剩余素材将向前填补被删除的时间区域部分，如图3-18所示。

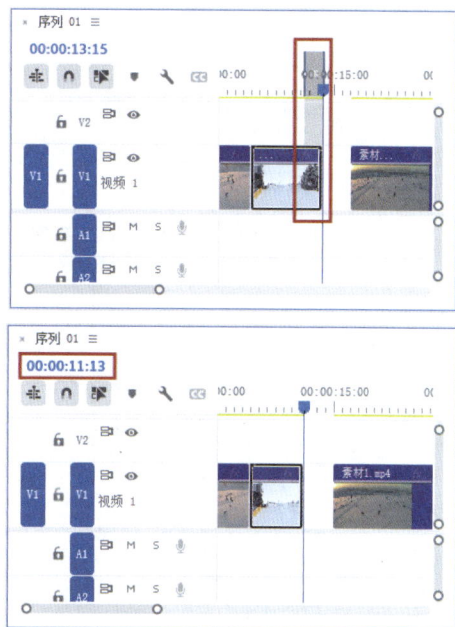

图 3-18

05 完成上述操作后，在空白区域添加"素材3.mp4"，并进行裁剪，如图 3-19所示。

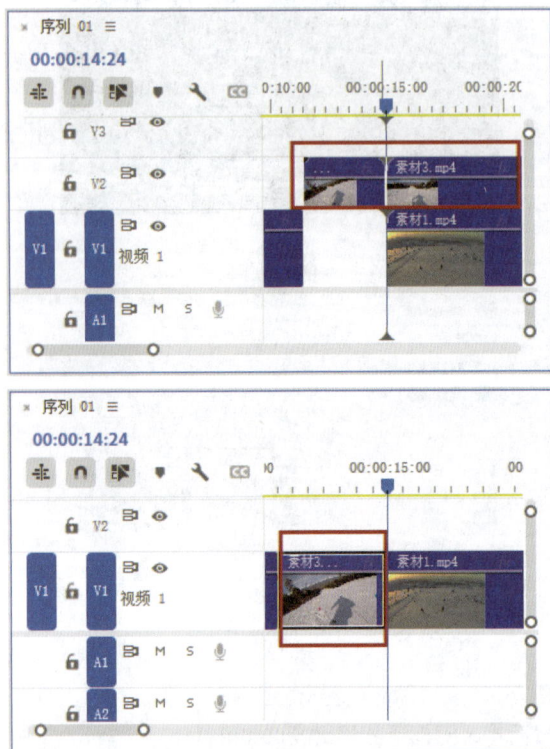

图 3-19

3.2.5　实战：插入与覆盖编辑

插入编辑是在特定时间指示器所在位置添加素材。该操作会使时间指示器之后的所有素材均向后顺延移动，以保证新素材顺利融入。覆盖编辑则是在时间指示器所在位置直接添加素材。若新素材与已有素材存在重叠部分，重叠部分将被新素材覆盖，原素材位置不变，进而实现对原有素材内容的替换或修正。下面分别讲解插入和覆盖编辑的操作。

01 启动Premiere Pro 2025，按快捷键Ctrl+O，打开素材文件夹中的"插入与覆盖编辑.prproj"项目文件，其中"时间轴"面板和"项目"面板中已经创建好序列并且导入素材。

02 选中并双击"素材3.mp4"，在"源"监视器面板中将时间指示器移动至00:00:00:29的位置，添加入点，将时间指示器移动至00:00:03:20的位置，添加出点，如图 3-20所示。

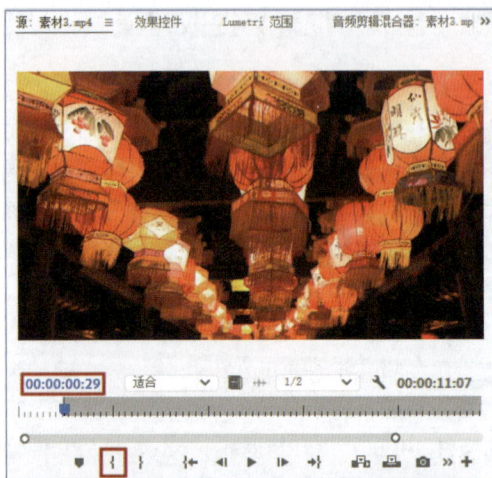

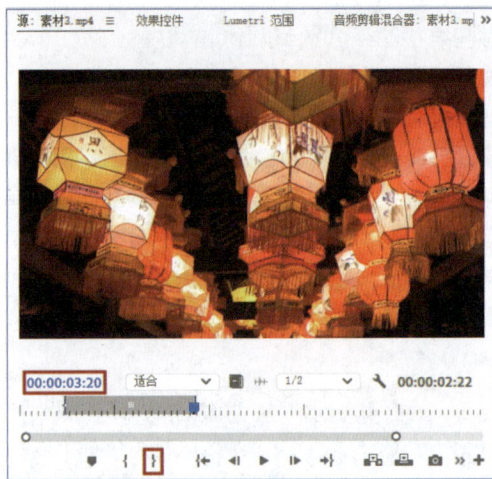

图 3-20

03 在"时间轴"面板中将时间指示器移动至00:00:06:00的位置，也是"素材2.mp4"结尾的位置，然后在"源"监视器面板中单击"插入（,）"按钮，即可将该片段插入至"时间轴"面板中，如图 3-21所示。

图 3-21

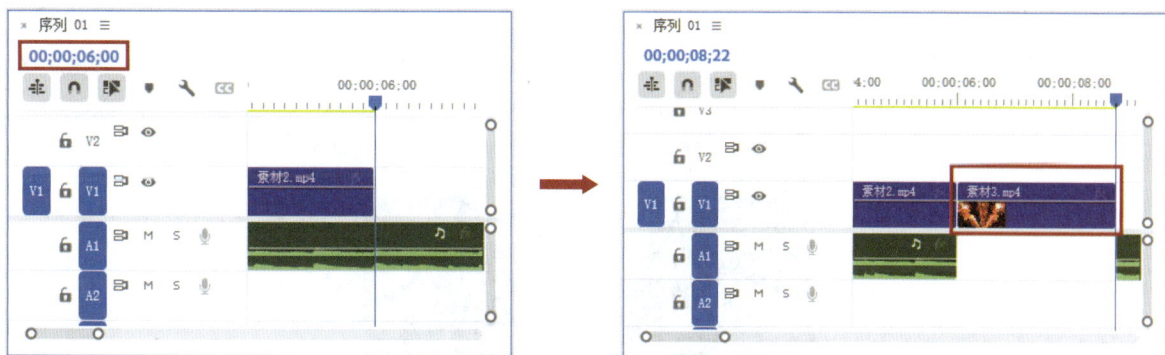

图 3-21（续）

04 在"源"监视器面板中插入素材后，该时间段会被切断，音频素材也会被切断。

05 添加完"素材3.mp4"后，将被切割后的音乐素材"灯笼.mp3"移动至00:00:06:00的位置，如图 3-22所示。

06 将"素材5.mp4"添加至"素材3.mp4"的后方，并将时间线移动至00:00:11:09的位置，用"剃刀"工具（C）将"素材5.mp4"和音乐素材"灯笼.mp3"多余的部分删除，如图 3-23所示。

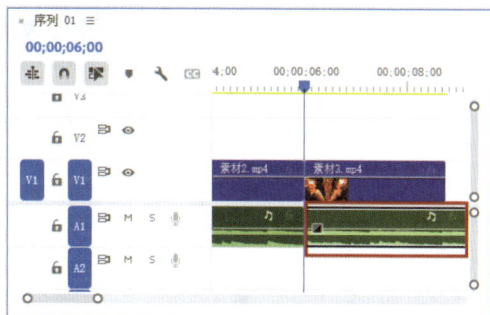

图 3-22

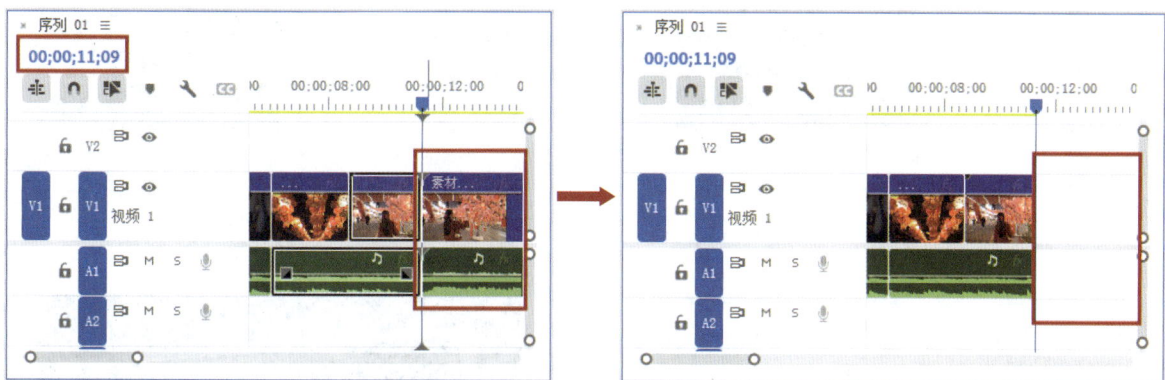

图 3-23

07 在"项目"面板中选中并双击"素材4.mp4"，使其在"源"监视器面板中显现，将时间指示器移动至00:00:01:15的位置，添加入点，然后将时间指示器移动至00:00:04:01的位置，添加出点，如图 3-24所示。

图 3-24

08 完成上述操作后，在"时间轴"面板中将时间指示器移动至00:00:08:22的位置，然后在"源"监视器面板中单击"覆盖（.）"按钮🖥，即可覆盖"素材5.mp4"，同时不会对音乐素材做出任何修改，如图 3-25 所示。

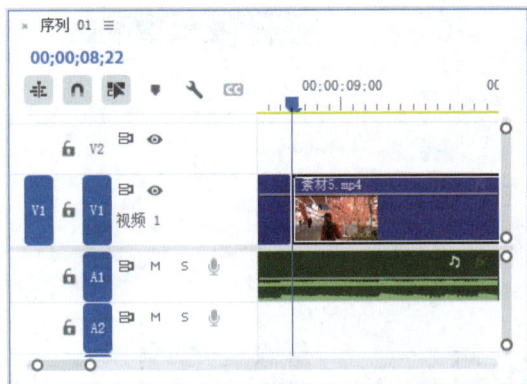

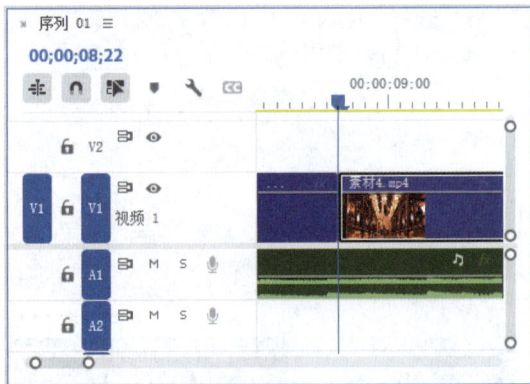

图 3-25

提示：Premiere Pro的"覆盖"功能可以替换"时间轴"面板中某个时间段内的素材片段。与"替换"功能不同的是，"覆盖"功能可以替换一个及以上的素材，主要在这个时间段内插入覆盖的内容，同时覆盖后原素材内容的效果将随着原素材的删除而删除。

3.2.6 实战：定格视频画面

在影视作品中，为了强调某一个主要人物或重要细节，有时会使运动镜头中的画面突然静止，这就是定格。本节通过制作模拟照片拍摄，介绍如何制作定格视频画面，效果如图 3-26所示。下面介绍具体的操作方法。

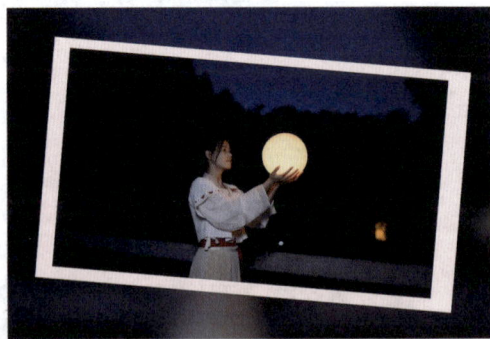

图 3-26

01 启动Premiere Pro 2025，按快捷键Ctrl+O，打开素材文件夹中的"定格画面.prproj"项目文件，其中"时间轴"面板和"项目"面板中已经创建好序列并且导入素材。

02 在"时间轴"面板中，将时间指示器移动至00:00:04:05的位置，或者选择自己喜欢的帧画面，选中"素材.mp4"，右击，在弹出的快捷菜单中执行"插入帧定格分段"命令，如图 3-27所示。

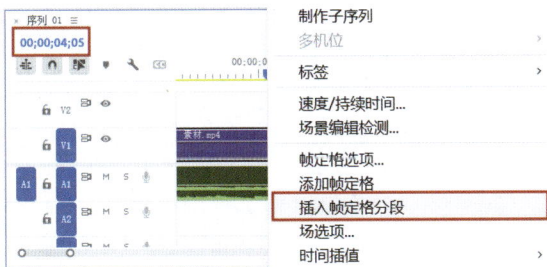

图 3-27

03 即可在该时间段添加"持续时间"为00:00:01:29的帧定格画面,如图 3-28所示,同时对同一时间段内的所有素材进行前后切割。

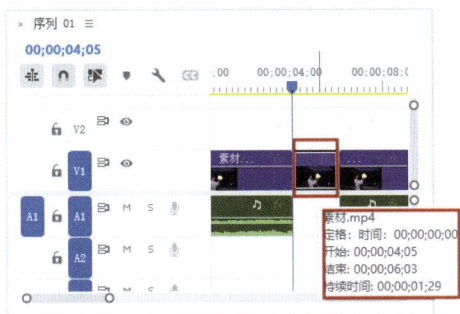

图 3-28

04 将帧定格画面移动至V2视频轨道,然后将切割后的素材前移,填补空隙,如图 3-29所示。

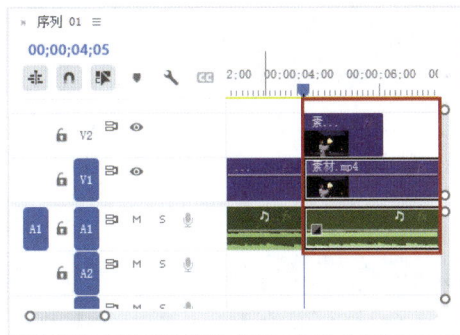

图 3-29

图 3-32

05 完成上述操作后,将时间轴移动至00:00:05:07的位置,选中"素材.mp4",右击,在弹出的快捷菜单中执行"添加帧定格"命令,如图 3-30所示,即00:00:05:07时间段后的"素材.mp4"均为00:00:05:07处的帧定格画面。

图 3-30

06 将00:00:04:05处的帧定格画面移动至00:00:05:07处,并在00:00:04:29处添加音效"机械 _ 佳能DOSD30(无焦点).mp3",如图 3-31所示。

图 3-31

07 将00:00:04:05处的帧定格画面缩小,如图 3-32所示。然后在"效果"面板中搜索"高斯模糊",为00:00:05:07处帧定格画面添加"高斯模糊"效果,并在"效果控件"面板中将"高斯模糊"选项中的"模糊度"更改为66.0,如图 3-33所示。

图 3-33

提示：还可以右击并在弹出的快捷菜单中执行"帧定格选项"命令，设置帧定格，如图 3-34所示。同时从最终效果和"定格画面.prproj"项目文件中可发现其中还制作了其他效果。由于本节案例主要是为了介绍如何制作定格效果，所以不对其余效果过多赘述。关于添加效果及"效果控件"面板的具体使用方法将在后面的内容中详细介绍。

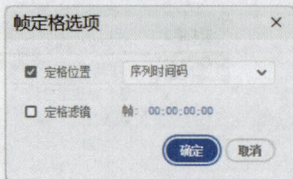

图 3-34

3.3
玩转变速剪辑

掌握速度变化技巧对提升剪辑作品的表现力至关重要，它能改变观众的时间感知并强化情绪传达。本节将介绍如何在Premiere Pro中调整速度，包括基础剪辑速度修改、比率拉伸工具的使用，以及高级时间重映射技术。通过实践，使读者学会根据视频内容和情感需求选择合适的变速策略，为短视频增添创意和动感。

3.3.1 更改剪辑的速度或持续时间

在Premiere Pro 2025中，更改素材的速度十分简单。选中需要调整的素材，右击，在弹出的快捷菜单栏中执行"速度/持续时间（快捷键Ctrl+R）"命令，如图 3-35所示，然后会弹出"剪辑速度/持续时间"窗口，如图 3-36所示，用户可以在该窗口中更改素材参数。

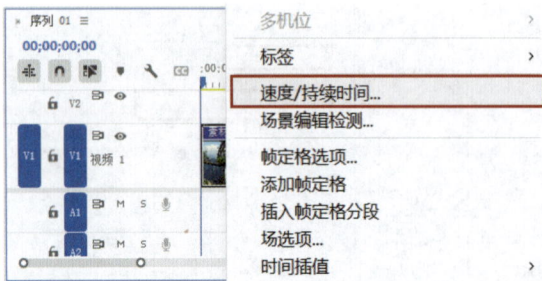

图 3-35

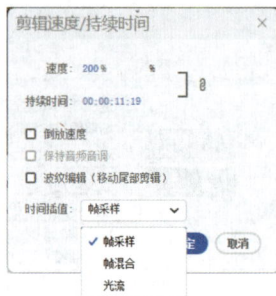

图 3-36

"剪辑速度/持续时间"的参数介绍如下。

● 速度：可直接输入数值更改素材的速度。

● 持续时间：与"速度"是联系在一起的，更改素材速度时，素材持续时间也会发生变化，可以根据持续时间辅助更改素材速度。或者单击"取消链接"按钮 ，按钮将会变成 ，这样"速度"和"持续时间"可以单独调整数值。

● 倒放速度：勾选"倒放速度"复选框，素材将进行倒放处理。倒放的速度由"速度"的数值决定。

● 保持音频音调：当需要对有音频的素材进行变速处理时，勾选"保持音频音调"复选框，声音不会随着视频的变速而在音色上发生改变。

● 波纹编辑（移动尾部剪辑）：勾选该复选框之后，当需要变速的素材由于速度变化导致时长变更，下一段素材会自动跟上，不会有空隙。

● 时间插值：包含"帧采样""帧混合""光流法"。"帧采样"是指直接抽取现有的帧来填补视频，这种渲染最快，但是视频不够流畅，是系统默认的效果。"帧混合"是指混合上下两帧，生成新的帧，会有动态模糊的效果。"光流法"是指根据前后帧推算移动轨迹，自动生成新的空缺帧。

3.3.2 比率拉伸工具

"比率拉伸工具（R）" 用于更改素材的速度，从而改变素材的时长。选择"比率拉伸工具（R）" ，在"时间轴"面板轨道中选择一段素材，将比率拉伸工具的光标对准素材尾部或开始处，向左拉伸素材将加快其播放速度，如图 3-37所示，向右拉伸素材将减慢其播放速度。对于一些需要简单处理变速的素材，可以直接使用"比率拉伸工具（R）" 进行调整。然而，一些需要特殊处理或精细化处理的素材，则需通过"剪辑速度/持续时间"窗口进行修改。

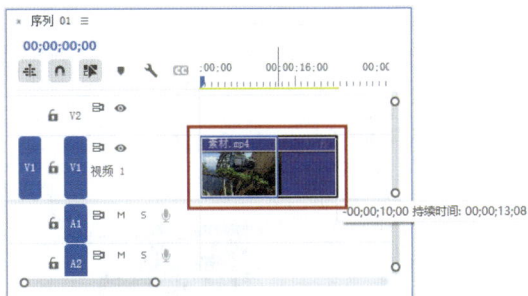

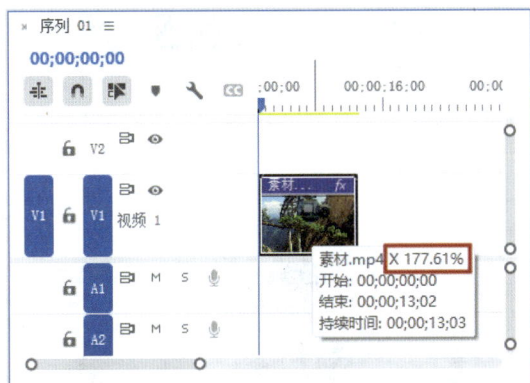

图 3-37

3.3.3　时间重映射

　　时间重映射是一种视频编辑操作，能改变视频片段的播放速度，既可以将正常速度的片段变慢，也能将慢的片段变快，通过添加速度关键帧还可制作出一个片段不同速度的效果。

　　在"时间轴"面板中，选中素材后右击，在弹出的快捷菜单中执行"显示关键帧"|"时间重映射"|"速度"命令，或者右击"时间轴"面板素材中的"fx"按钮，在弹出的快捷菜单中执行"时间重映射"|"速度"命令，此时"时间轴"面板中的素材将会切换至图 3-38 所示的状态。

图 3-38

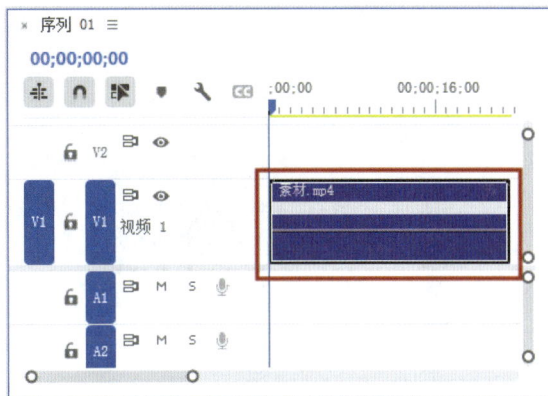

图 3-38（续）

　　确保"时间重映射"|"效果控件"面板中"速度"选项左侧的"切换动画"按钮 打开为蓝色，如图 3-39 所示。

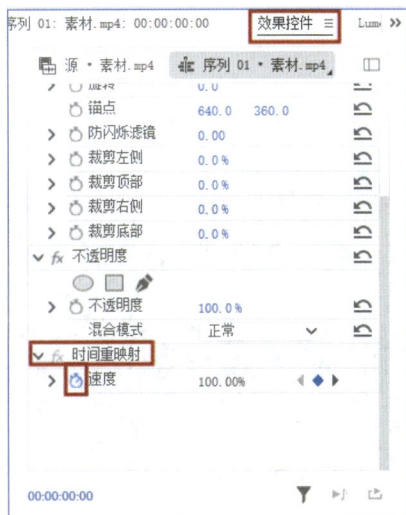

图 3-39

　　然后在"时间轴"面板中，直接上下拖动素材中的横线，调整素材的速度和持续时间，如图 3-40 所示。或者在横线上添加关键帧，设置曲线变速，如图 3-41 所示。

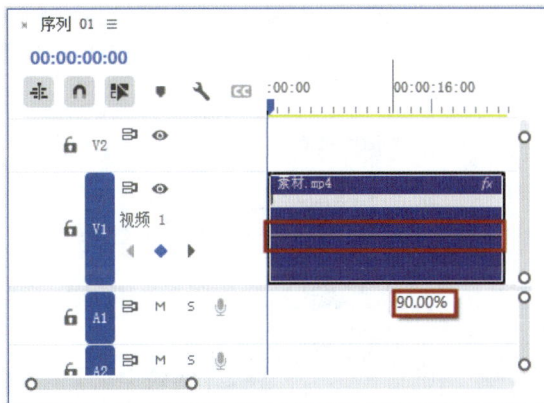

图 3-40

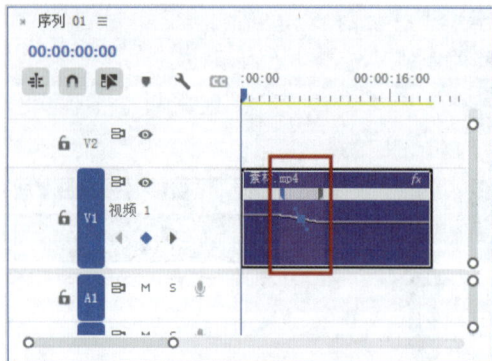

图 3-41

3.3.4　实战：制作慢动作卡点视频

慢动作卡点视频是短视频中常用的剪辑手法之一，通过慢动作强调画面内容，可以制作反转效果，也可以制作颜值类氛围感视频。本节将制作变装慢动作卡点视频，效果如图 3-42所示。下面介绍具体的操作方法。

图 3-42

01 启动Premiere Pro 2025，按快捷键Ctrl+O，打开素材文件夹中的"慢动作卡点视频.prproj"项目文件，其中"时间轴"面板和"项目"面板中已经创建好序列并且导入素材"素材1.mp4"和"世界终结（片段）.mp3"。

02 选中视频素材"素材1.mp4"，按快捷键Ctrl+R打开"剪辑速度/持续时间"窗口，将"速度"调整为200%，如图 3-43所示。

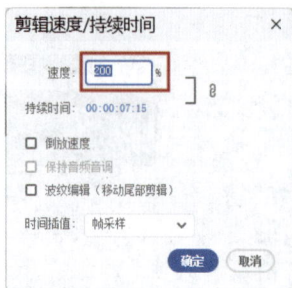

图 3-43

03 然后将时间指示器移动至00:00:05:15的位置，在"节目"监视器面板中单击"添加标记（M）"按钮 ，或者在不选中任何素材的情况下，单击"时间轴"面板中的"添加标记（M）"按钮 ，这样可以直接将标记添加在时间轴上，同时"节目"监视器面板中的时间线上也会显示标记点，如图 3-44所示。

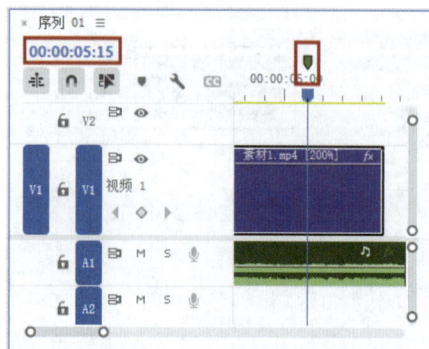

图 3-44

04 "时间轴"面板中时间指示器在00:00:05:15不变。在"项目"面板中双击"素材2.mp4"，观察"素材1.mp4"和"源"监视器面板中"素材2.mp4"画面中的人物位置和旋转方向，会发现二者旋转方向相反，但我们可通过后期剪辑使其旋转方向一致。

05 在"源"监视器面板中将时间指示器移动至00:00:06:11的位置，单击"标记入点（I）"按钮 ，然后单击"覆盖（.）"按钮 ，即可将"素材2.mp4"片段添加至"素材1.mp4"后，如图 3-45所示。

06 在"效果"面板中搜索"水平翻转"，如图 3-46所示，并将其添加至"素材2.mp4"中，"素材2.mp4"即旋转方向与"素材1.mp4"一致。由于"素材2.mp4"帧大小与"序列 01"和"素材1.mp4"不一致，选中"素材2.mp4"右击，在弹出的快捷菜单中执行"填充帧"命令，如图 3-47所示。

图 3-45

图 3-46

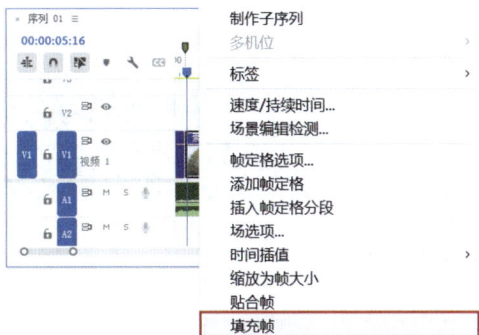

图 3-47

07 选中"素材2.mp4",右击"时间轴"面板素材中的"*fx*"按钮,在弹出的快捷菜单中执行"时间重映射"|"速度"命令,如图3-48所示。

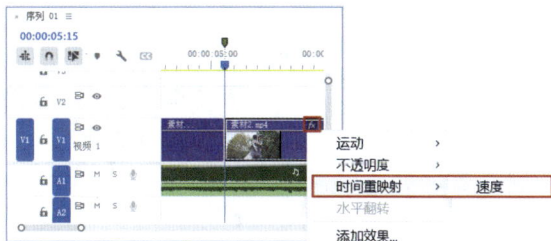

图 3-48

08 根据伴奏音乐"世界终结(片段).mp3",在工具栏中选择"钢笔"工具 ✐,在00:00:06:12处的横线上单击,即可添加关键帧,如图3-49所示。

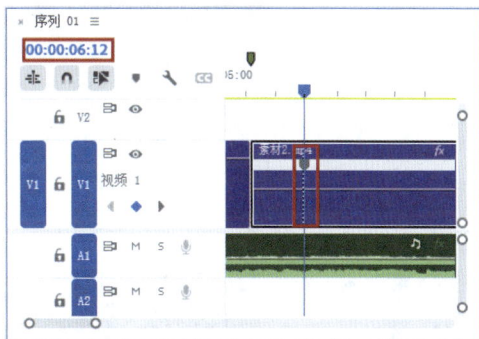

图 3-49

09 将关键帧左侧的横线向上移动,速度调整为200.00%,如图 3-50所示。将关键帧右侧的横线向下移动,速度调整为50.00%,如图 3-51所示。

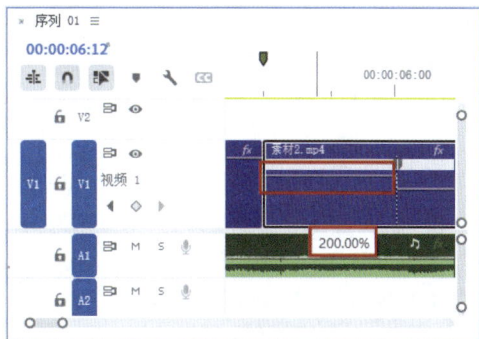

图 3-50

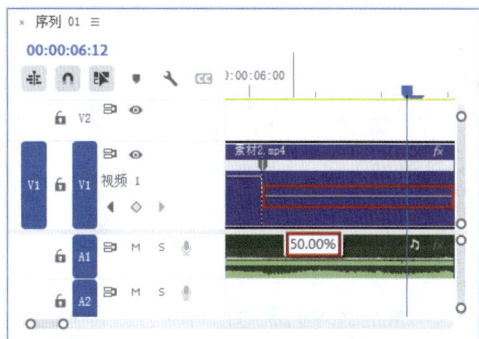

图 3-51

10 "时间重映射"关键帧由两个光标组成一个类似

箭头的形状，其可以分开。根据背景音乐"世界终结
（片段）.mp3"，确定慢动作时间点，将左侧的光标
移动至00:00:06:05的位置，如图 3-52所示。将右侧的
光标移动至00:00:07:03的位置，如图 3-53所示。

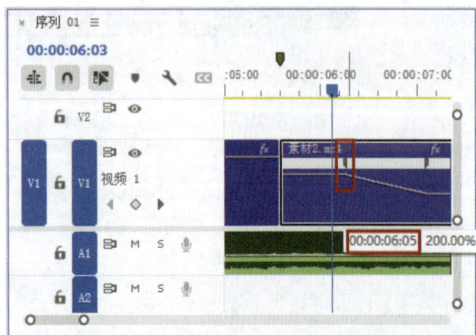

图 3-52

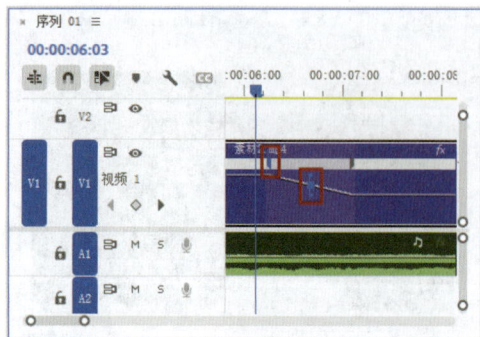

图 3-54

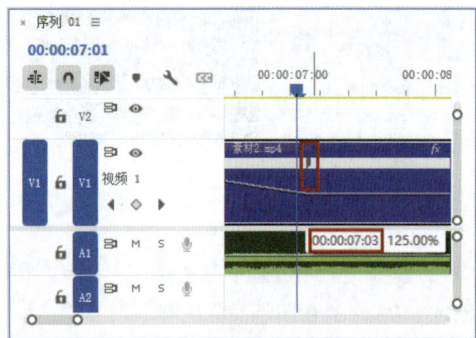

图 3-53

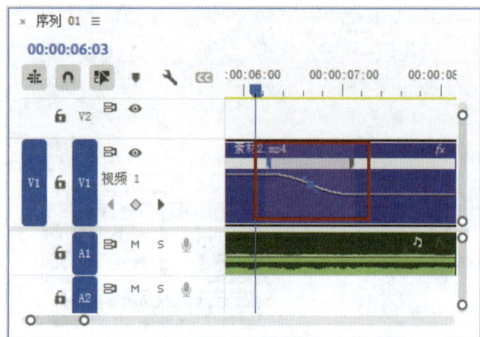

图 3-55

11 单击任意一侧光标，即可显示光标中间的蓝色扳
手的标记，如图 3-54所示，将蓝色扳手上方向左拉
动，即可将原本的直线变为流畅的曲线，如图 3-55
所示。

12 本案例是制作变装慢动作卡点视频，为了让"素
材1.mp4"和"素材2.mp4"前后衔接更流畅，在"效
果"面板中展开"视频过渡"|"溶解"选项，选择
"胶片溶解"效果，并将其拖动至"素材1.mp4"和
"素材2.mp4"中间位置，如图 3-56所示。

13 在"时间轴"面板中单击"胶片溶解"效果，即
可在"效果控件"面板中显示，将"持续时间"更改
为00:00:01:10，如图 3-57所示。

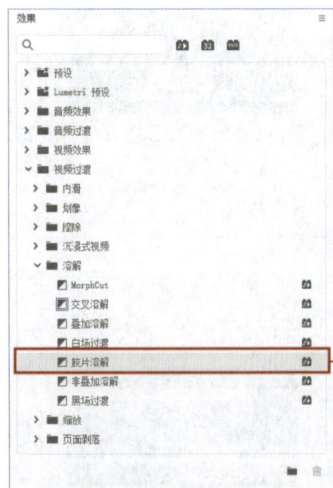
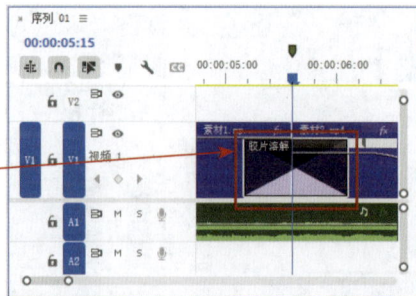

图 3-56

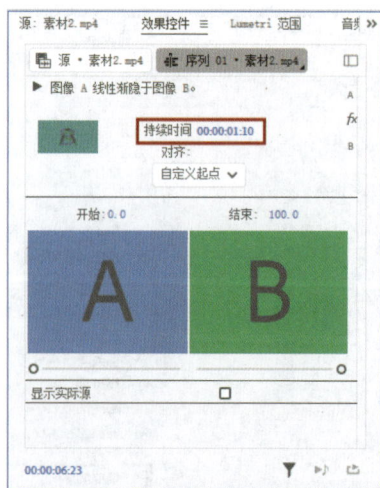

图 3-57

提示：本节案例结合了"关键帧""效果""效果控件"等面板运用知识，具体内容均将会在后文详细
讲解。

3.3.5　实战：制作曲线变速视频

曲线变速视频通过精确调整播放速度，打破传统匀速播放的单一性，让影像在时间流动中呈现出丰富的变化，其变化的不可预测性给观众带来强烈的视觉冲击。本节将通过曲线变速制作城市卡点视频，效果如图3-58所示。下面介绍具体的操作方法。

图 3-58

01 启动Premiere Pro 2025，按快捷键Ctrl+O，打开素材文件夹中的"曲线变速视频.prproj"项目文件，其中"时间轴"面板和"项目"面板中已经创建好序列，并且在"时间轴"面板中已经对素材进行了初步裁剪，如图3-59所示。

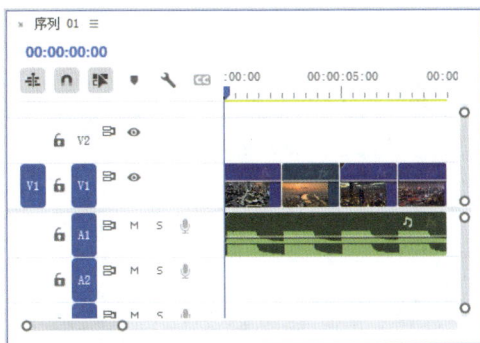

图 3-59

02 分别右击"时间轴"面板中所有视频素材的"*fx*"按钮，在弹出的快捷菜单中执行"时间重映射"|"速度"命令，如图3-60所示。

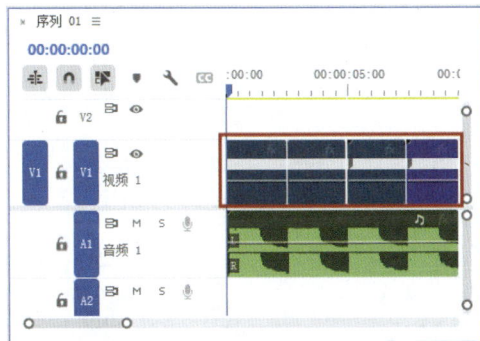

图 3-60

03 选中"素材1.mp4"，在00:00:00:10的位置用"钢笔"工具 ✏ 在此处添加关键帧，如图 3-61所示。然后在00:00:01:08处添加关键帧，如图3-62所示。

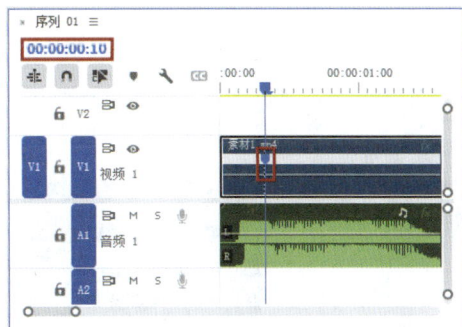

图 3-61

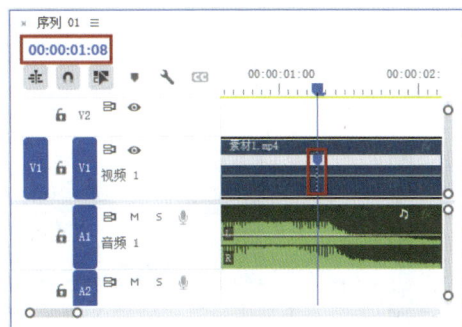

图 3-62

04 将两个关键帧左右两侧的横线向上移动，将速度调整至200.00%，如图 3-63所示。将中间的横线向下移动，将速度调整至60.00%，如图 3-64所示。

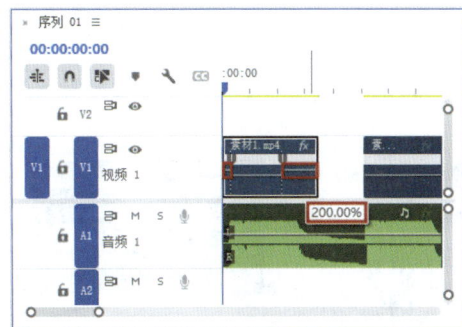

图 3-63

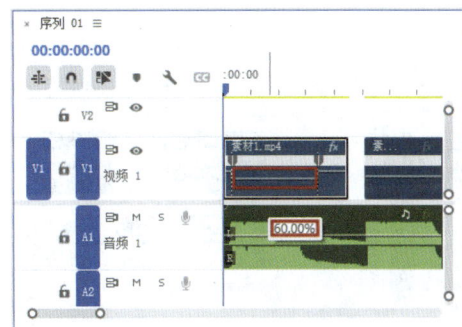

图 3-64

05 由于速度的变化，关键帧位置也会随之改变，将左侧关键帧的左侧光标移动至00:00:00:10的位置，将右侧的光标移动至00:00:00:20的位置，如图 3-65所示。

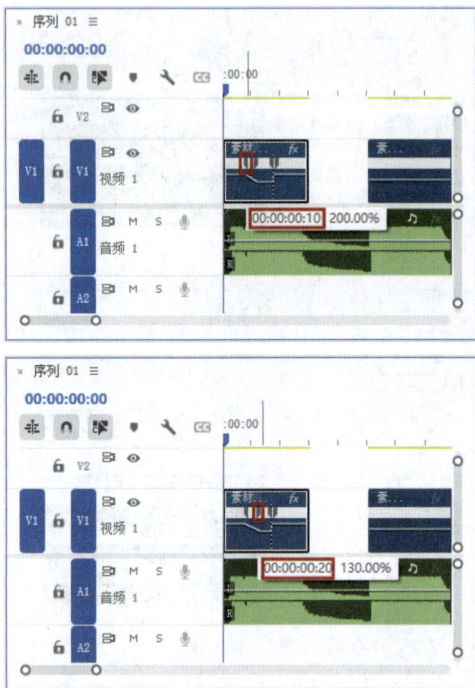

图 3-65

06 将右侧关键帧的左侧光标移动至00:00:01:10的位置，将右侧光标移动至00:00:01:22的位置，如图 3-66所示。

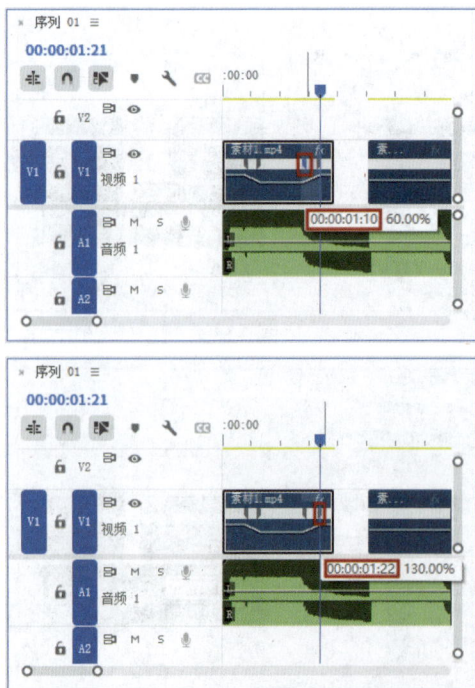

图 3-66

07 由于速度的调整会导致素材时长变化，将"素材.mp4"尾部延长至"素材2.mp4"开头，如图 3-67所示。然后选中关键帧光标，调整摇杆，将直线变为曲线，如图 3-68所示。

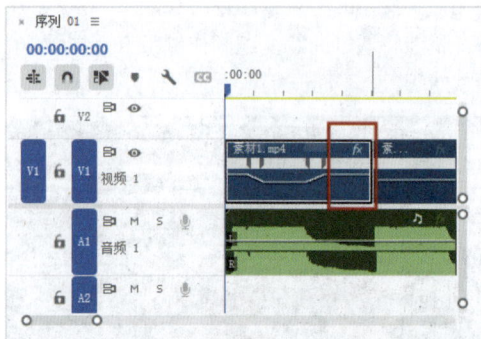

图 3-67

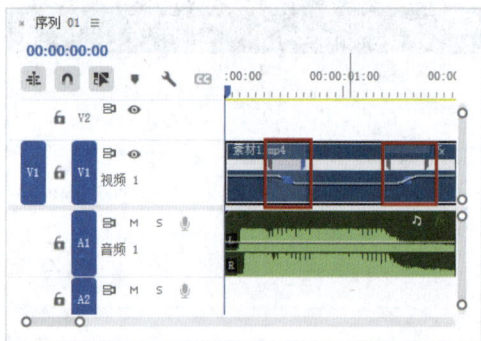

图 3-68

08 "素材1.mp4"曲线变速即制作完成。后续素材可根据上述方法进行曲线变速制作。

第 4 章
颜色的校正与调整

调色即色彩调整和校正，是后期制作的关键环节。它能提升画面元素的美感，并通过精细色彩调整实现元素与整体画面的和谐。这样，原本突兀的元素能更好地融入画面，营造协调的视觉氛围。

4.1
Premiere 视频调色工具

Premiere Pro 2025调色一般在"Lumetri 颜色"面板和"Lumetri范围"面板中完成。我们也可以在界面右上角单击"工作区"按钮，在下拉列表中选择"颜色"选项，以显示各类调色面板与工具，以便更直接地进行调色工作，如图 4-1所示。

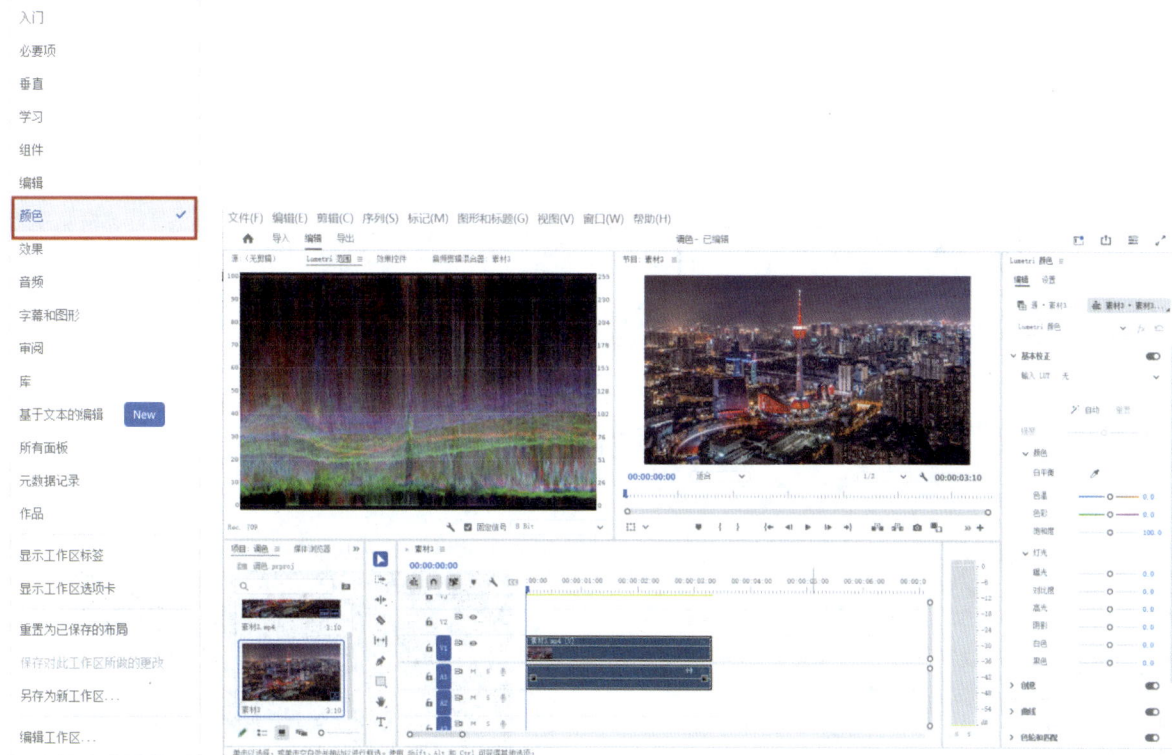

图 4-1

4.1.1 "Lumetri 颜色"面板

"Lumetri 颜色"面板是Premiere Pro的调色工具，一般会显示在工作界面的右侧，其中包含"基本校正""创意""曲线""色轮和匹配""HSL辅助""晕影"6部分，如图 4-2所示。我们可以执行"颜色"|"所有面板"|"效果"操作，在界面中打开"Lumetri 颜色"面板。

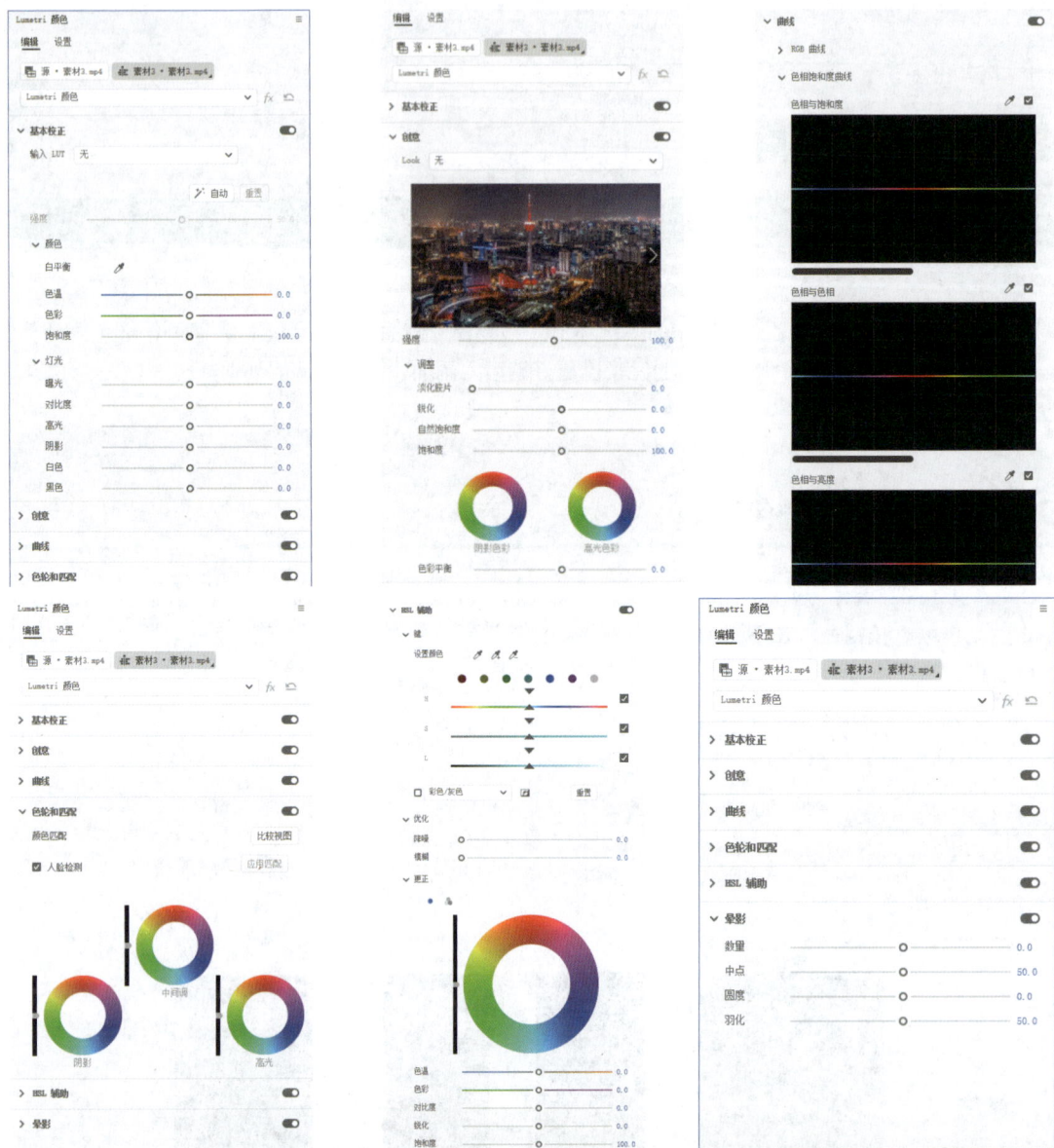

图 4-2

4.1.2　Lumetri 范围

　　"Lumetri 范围"面板能显示素材的颜色范围，也就是我们常说的颜色示波器。示波器是一种用于观察和测量电信号波形变化的精密电子仪器。其工作原理基于电子束的偏转和扫描技术，电信号输入后会被放大并转换成控制电子束偏转的电压信号，电子束偏转程度与信号电压幅度成正比，从而在屏幕上显示波形图像。在左上角打开"Lumetri 范围"工作面板，会显示默认颜色波形示波器（RGB），如图4-3所示。在Premiere Pro中，示波器分为多种类型，在"Lumetri范围"工作面板右击，即可切换示波器类型，如图4-4所示。

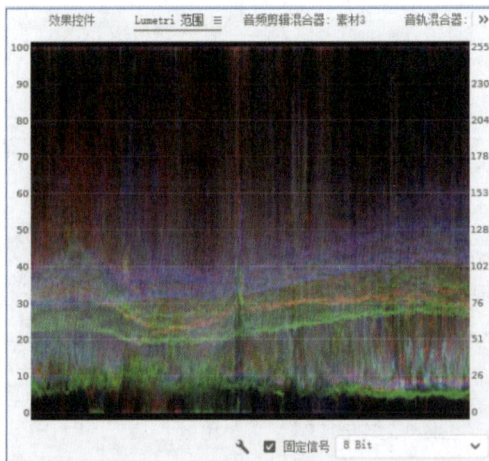

图 4-3

图 4-4

在Premiere Pro中示波器主要分为以下3种类型。

1. 波形示波器（RGB）

波形示波器显示图像的波形信息，包括RGB波形和亮度波形等。RGB波形示波器显示被覆盖的RGB信号，以提供所有颜色通道的信号级别的快照视图。亮度波形示波器显示-20~120的IRE值，可让用户有效地分析镜头的亮度并测量对比度比率。0代表纯黑，100代表纯白。将画面调暗，波形向下移动，波形集中在0附近，而100附近没有波形，如图 4-5所示，这样的画面为欠曝。提高曝光，波形向上偏移，如图 4-6所示，这样的画面为过曝。

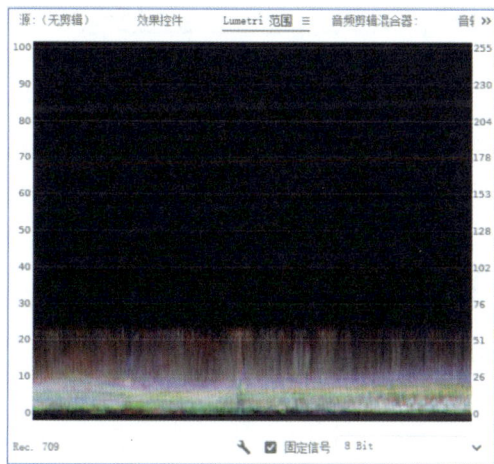

图 4-5

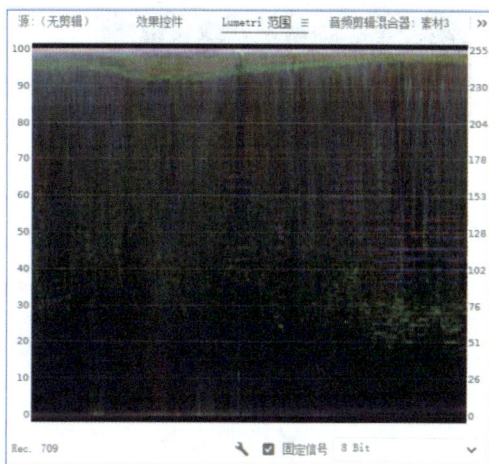

图 4-6

2. 分量示波器（RGB）

打开分量示波器，显示为红绿蓝三个通道的波形显示，可以更方便地观察画面中亮、中、暗的偏色情况。从中可看出中亮部中最高为红色和绿色波形，蓝色波形更接近暗部，用此画面呈现出偏红偏绿的特点，如图4-7所示。

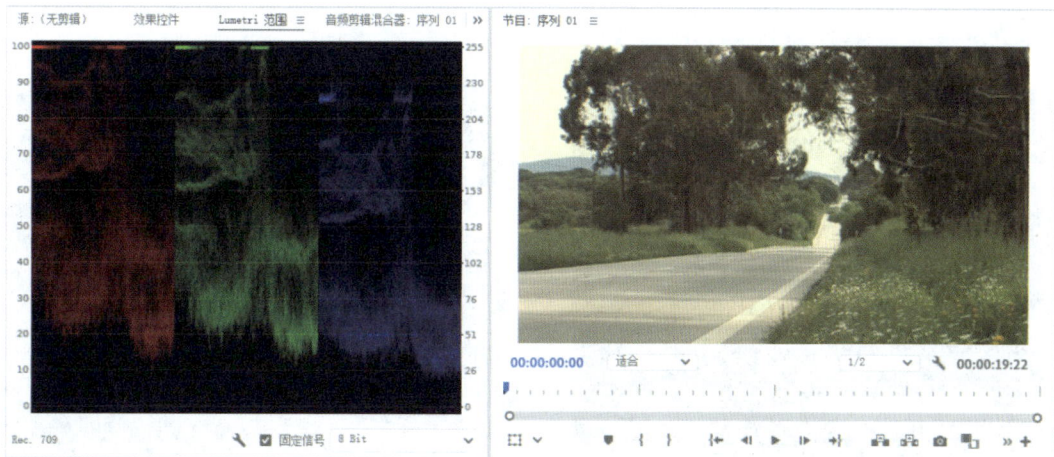

图 4-7

3. 矢量示波器

矢量示波器可以用来判断画面偏色和饱和度，通常以圆盘的方式显示色相和饱和度，可以理解为简化版的色盘，图上标明了红（R）、绿（G）、蓝（B）、黄（Yl）、品（Mg）和青（Gy）的位置，如图4-8所示。波形靠近哪种颜色，说明画面偏向哪种颜色，波形离中心点越远，那么画面饱和度就越高。从图中可以看出连着6个点画了个圈，圈内范围是安全范围，不能超过这个范围，否则会出现饱和度溢出。

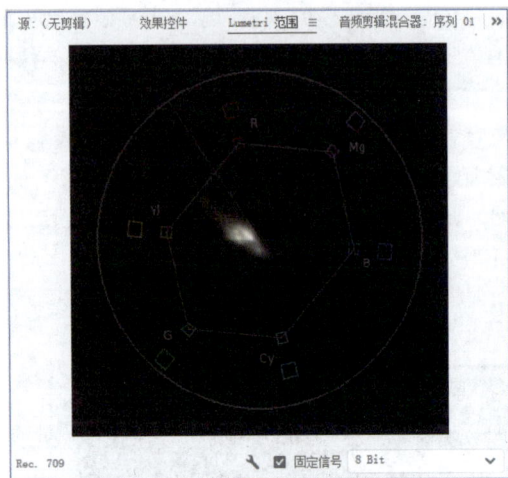

图 4-8

4.1.3 基本校正

"Lumetri 范围"面板的"基本校正"下的参数可以调整视频素材的色相（颜色和色度）和明亮度（曝光度和对比度），从而修正过暗或过亮的素材。

1. 输入LUT

LUT调色预设和平时使用的滤镜相似，但运作原理不同。LUT本质上是一种函数，每个像素的色彩信息经过LUT的重新定位后，就能得到一个新的色彩值。使用LUT预设作为起点对素材进行分类，后续还可以使用其他颜色控件进一步分级。

在"Lumetri 范围"面板的"基本校正"中打开"输入LUT"下拉列表，可以选择LUT预设选项，我们可以自定义从Photoshop中设置并导出LUT预设，也可以在互联网中找别人设置好的LUT预设，或者选择Premiere Pro 2025自带的预设效果，如图 4-9所示。

图 4-9

2. 颜色

通过"色温""色彩""饱和度""白平衡选择器"控件可以调整画面颜色。

□ 白平衡选择器

选择"吸管"工具 🖊️，单击画面中本身应该为白色的区域，从而自动调整白平衡，使画面呈现正确的白平衡关系，如图 4-10所示。

图 4-10

□ 色温

将该滑块向左（负值）拖曳，可以使素材画面偏冷；向右（正值）拖曳则可以使素材画面偏暖，如图 4-11所示。

图 4-11

❑ 色彩

将该滑块向左（负值）拖曳，可以为素材画面添加绿色；向右（正值）拖曳则可以为素材画面添加洋红色，如图 4-12 所示。

图 4-12

❑ 饱和度

将滑块向左（负值）拖曳，可以让素材画面变灰；向右（正值）拖曳则可以让素材画面色彩更加鲜艳，如图 4-13 所示。

图 4-13

3. 灯光

"灯光"属性中的参数用于调整素材画面的亮度和大体色彩倾向。

❑ 曝光

滑块向右（正值）拖曳，可以增加亮度值并扩展高光；向左（负值）拖曳可以降低亮度值并扩展阴影，如图 4-14 所示。

图 4-14

❑ 对比度

将该滑块向右（正值）拖曳，可以使中间调到暗区变得更暗；向左（负值）拖曳则可以使中间调到亮区变得更亮，如图4-15所示。

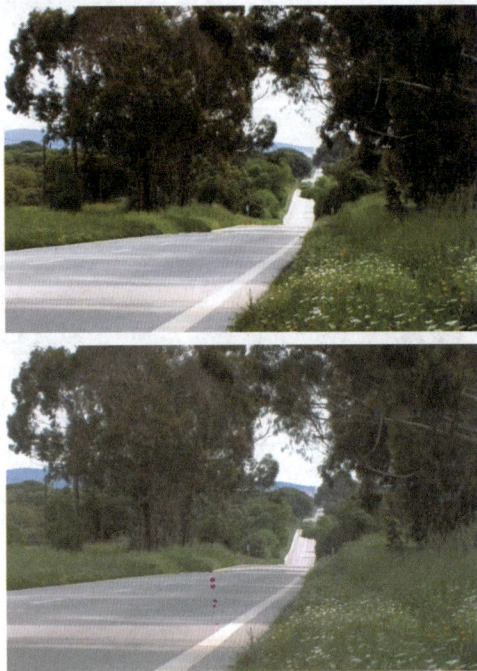

图 4-15

❑ 高光

将该滑块向右（正值）拖曳，可以在最小化修剪的同时使高光变亮；向左（负值）拖曳，可以使高光变暗，如图4-16所示。

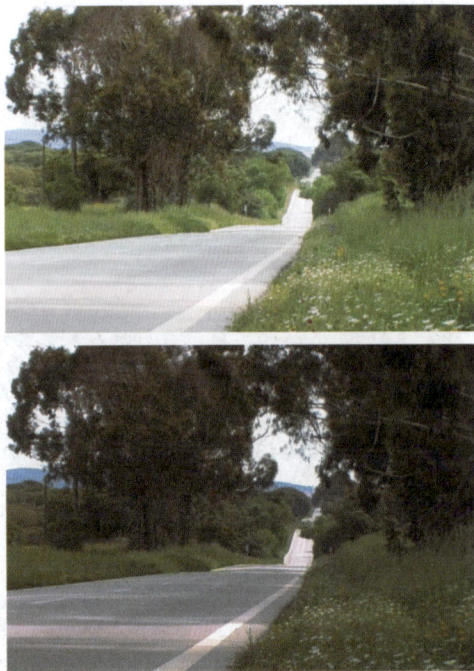

图 4-16

❑ 阴影

将该滑块向右（正值）拖曳，可以使阴影变亮并恢复阴影细节；向左（负值）拖曳，可以使阴影变暗并降低阴影细节，如图 4-17所示。

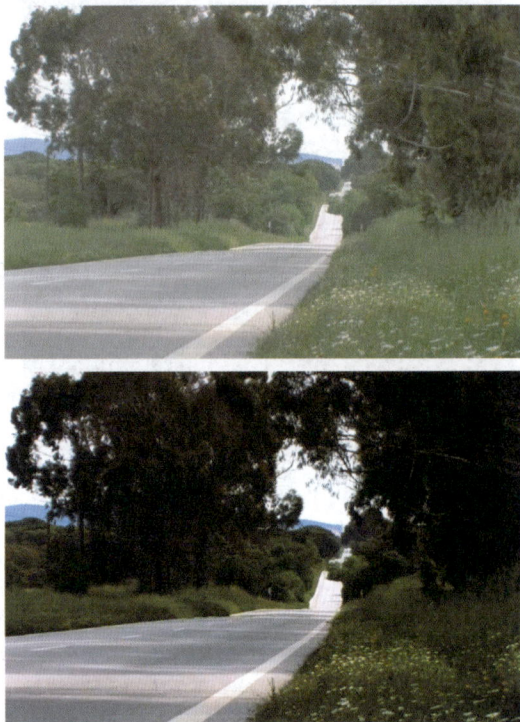

图 4-17

❑ 白色

将该滑块向右（正值）拖曳，可以增加画面中的白色部分，让画面变亮；向左（负值）拖曳，可以减少白色部分，让画面变暗。

❑ 黑色

将该滑块向右（正值）拖曳，可以减小阴影范围；向左（负值）拖曳，可以增加黑色范围。

4. 重置

单击该按钮，可以使所有参数还原为初始值。

5. 自动

单击该按钮，可以自动设置素材图像为最大化色调等级，即最小化高光和阴影。

4.1.4 创意

"创意"选项可以进一步拓展调色功能，包括Look和"调整"两个功能，如图 4-18所示。

图 4-18

1. Look

用户可以快速调用Look预设，其效果类似添加"滤镜"后的效果。用户可以通过调节"强度"参数，调节Look预设强度，如图 4-19所示。

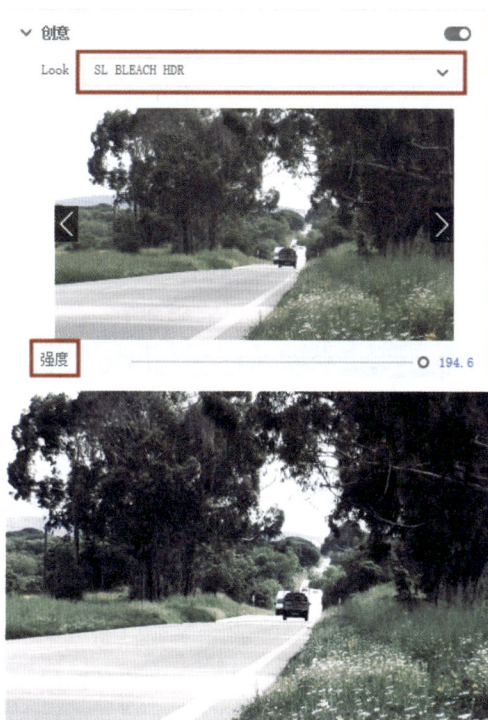

图 4-19

2. 调整

"调整"功能可以对画面进行进一步色彩调整，如图 4-20所示。

图 4-20

4.1.5　实战：落日调色

夕阳落日风格照片由于其美丽景象、治愈效果及氛围感十足，一直是人们喜爱的拍摄对象。本节案例通过"基本校正"功能完成落日调色视频，效果如图 4-21所示。下面介绍具体的操作方法。

初始

调色

图 4-21

01 启动Premiere Pro 2025，按快捷键Ctrl+O，打开素材文件夹中的"使用基本校正完成落日调.prproj"项目文件，其中"时间轴"面板和"项目"面板中已经创建好序列，并且在"时间轴"面板中已经添加了"素材.mp4"，并对其进行裁剪，如图 4-22 所示。

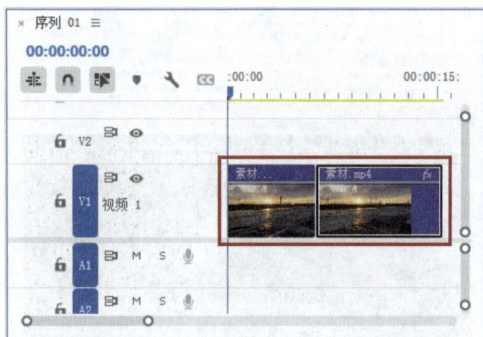

图 4-22

02 选中"素材.mp4"裁剪后的第二部分，打开"Lumetri 颜色"面板，并展开"基本校正"选项，根据画面调整颜色。落日调色主要是将画面色温变得更黄，色彩变得更紫，原画偏暗，色彩比较杂糅，所以可以适当提高"对比度"和"曝光"，具体参数设置如图 4-23所示。

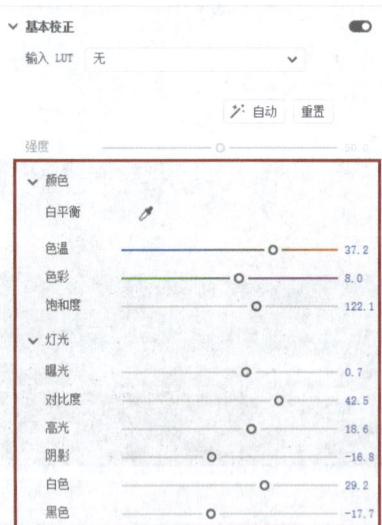

图 4-23

4.1.6 实战：使用曲线调色

曲线调色可以对视频的亮度、对比度和色彩进行精细调整。调整曲线形状可改变图像亮度区域的色彩和亮度，控制画面色调和氛围。本案例对曲线调色进行详细介绍，效果如图 4-24所示。下面介绍具体的操作方法。

初始

调色

图 4-24

01 启动Premiere Pro 2025，按快捷键Ctrl+O，打开素材文件夹中的"曲线调节小清新人像调色.prproj"项目文件，其中"时间轴"面板和"项目"面板中已经创建好序列，并且在"时间轴"面板中已经添加了"素材.mp4"，并对其进行裁剪。选中"素材.mp4"裁剪后的第二部分，首先进行基本校正，由于画面偏灰，所以提高"饱和度"和"对比度"，如图 4-25所示。

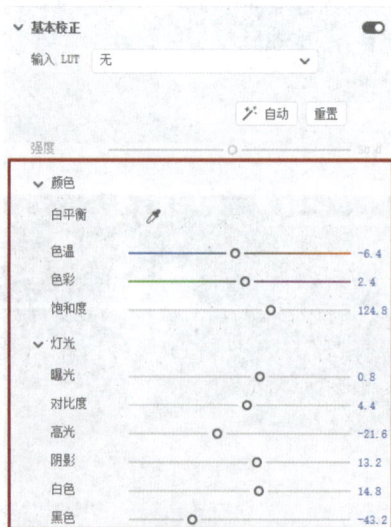

图 4-25

02 然后展开"曲线"选项，可发现"曲线"包括"RGB曲线"和"色相饱和度曲线"，如图 4-26所示。

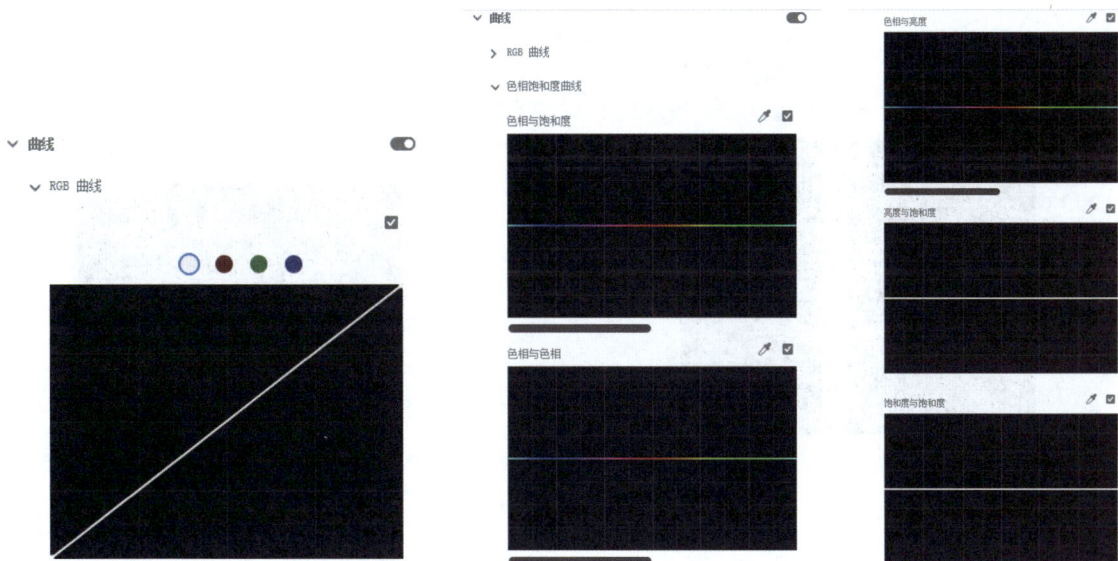

图 4-26

03 首先展开"RGB曲线"选项。RGB曲线分别有白色、红色、绿色、蓝色4条曲线，对应调整画面中的相应颜色通道改变画面亮度，右上角代表高光，左下角代表阴影，曲线上方的颜色圆圈代表在调整什么通道。例如，提升红色曲线的亮部，可以让画面的亮部更偏向红色；降低蓝色曲线的暗部，可以减少画面暗部的蓝色调；白色就是三个颜色通道合起来的值。

04 选择白色曲线，将光标移动至直线上会出现类似钢笔的光标，在直线上单击即可添加点。在左下方和右上方添加点，将暗部稍稍压暗，亮部稍稍提亮，如图 4-27所示。

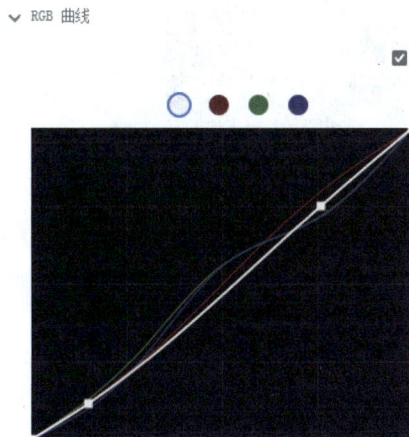

∨ RGB 曲线

图 4-27

05 选择红色曲线，在左下方和右上方添加点，将暗部稍稍向下移动，亮部稍稍向上移动，如图 4-28所示。

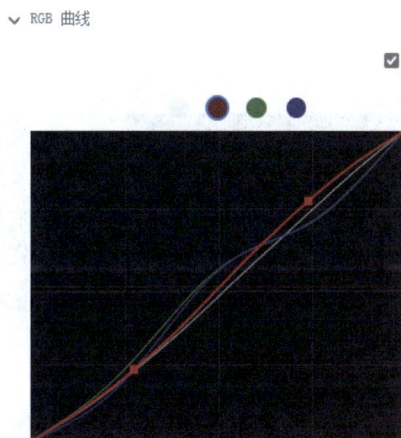

∨ RGB 曲线

图 4-28

06 分别选择绿色和蓝色曲线，在左下方、中间和右上方添加点，将暗部和亮部稍稍向下移动，中间部分向上移动，如图 4-29所示。

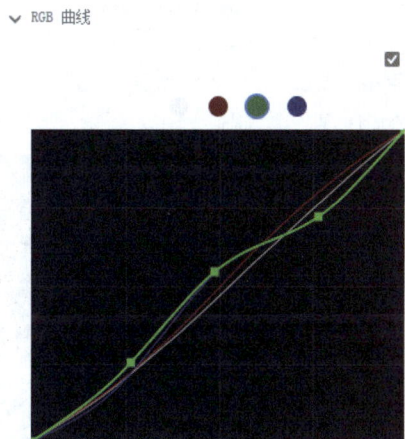

∨ RGB 曲线

图 4-29

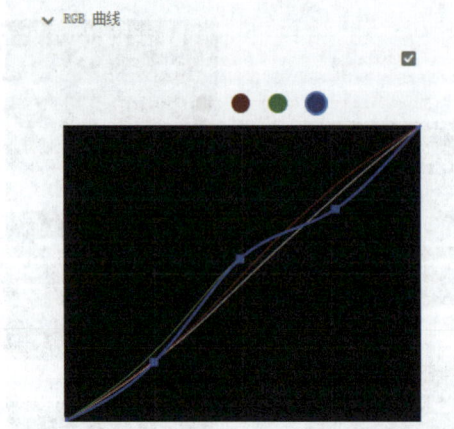

图 4-29（续）

07 展开"色相饱和度曲线"选项，首先调整"色相与饱和度"曲线。"色相与饱和度"曲线对特定颜色进行色彩饱和度的调整，X轴为颜色，Y轴为饱和度。

08 本节案例需要改变画面中的绿色饱和度，单击颜

色"吸管"工具 ，在"节目"监视器面板中吸取需要调整的颜色，即在"曲线"面板中自动添加点，然后可以在面板中进行色彩参数调整，如图 4-30所示。

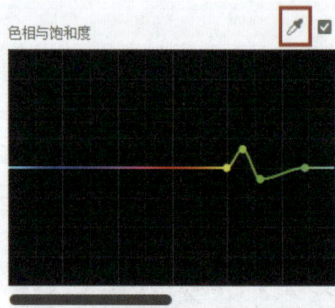

图 4-30

09 "色相与色相"曲线是Premiere Pro中调色非常实用的功能，其可以更改画面颜色。选中"色相与色相"右上角的"吸管"工具 ，在画面中分别吸取树叶的颜色、暗部颜色、人物皮肤颜色和西瓜颜色进行调整，如图 4-31所示。

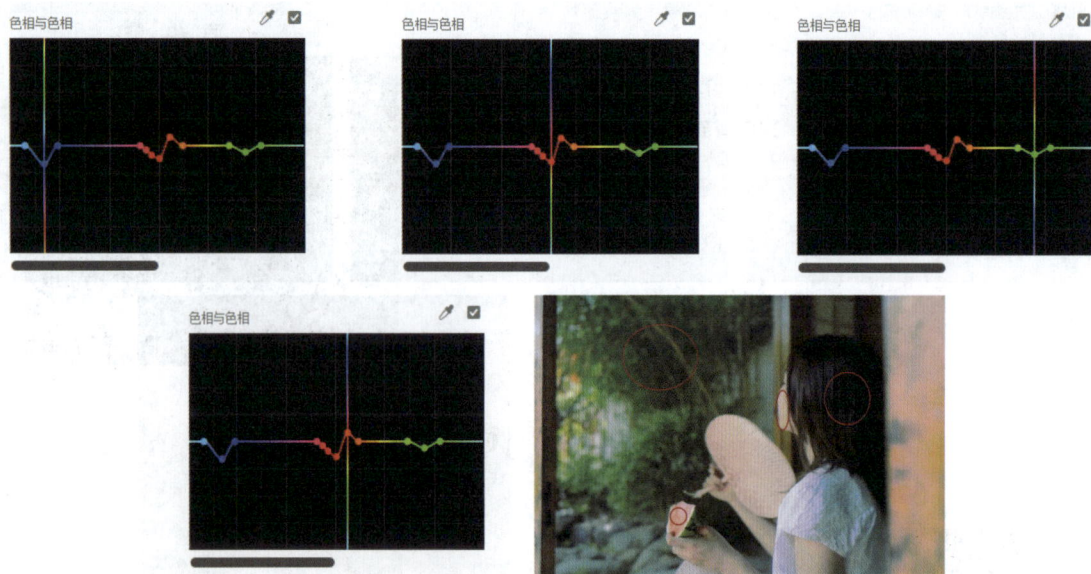

图 4-31

10 "色相与亮度"曲线可以调整画面颜色和亮度，X轴为颜色，Y轴为亮度，向下增加暗度，向上增加亮度。选中"色相与亮度"曲线右上角的"吸管"工具 ，提取画面中西瓜、人物皮肤和绿叶的颜色，如图 4-32所示。

图 4-32

⓫ "亮度与饱和度"曲线根据图像的色调来调整图像的饱和度。选中"亮度与饱和度"曲线右上角的"吸管"工具 ✐，选中画面中绿色部分和房梁部分，适当提高饱和度，如图4-33所示。

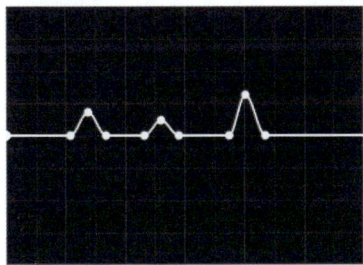

图4-33

提示："亮度与饱和度"曲线可以选择性地操纵图像饱和度，但由于在"基本校正"中已经对饱和度进行了调整，所以本案例不再进行该功能的调整。

4.2
视频的调色插件

在影视后期制作过程中，为了追求更好的视觉效果，经常需要为画面中的人物进行磨皮美肤处理，去掉人物面部皮肤的暗斑、粗糙、痘痘等问题，Beauty Box插件均可快速修复。随着手机拍摄技术的提升，人们用手机视频来记录生活的点点滴滴越来越普遍。但在晚上或者光线微弱的环境中，拍摄出来的视频就会出现噪点，此时可以用Neat Video插件来消除这些噪点。Mojo II 是一个非常实用的视频调色插件，可以在视频后期处理中让画面调色呈现好莱坞影片的效果。这个插件最大的特点就是可以实现快速预览，即可以快速调出好莱坞风格色调。下面详细介绍这些插件的使用方法。

4.2.1　人像磨皮：Beauty Box

Beauty Box插件是一个使用面部检测技术自动识别皮肤颜色并创建遮罩的插件，可以同时安装到Premiere Pro和After Effects中。下载并正确安装Beauty Box插件后，即可在"效果"面板中查看，如图4-34所示。选中"Beauty Box"效果，并将其拖至视频素材上，Beauty Box插件将自动识别视频素材中的人物皮肤，可以在"效果控件"面板中调节具体参数，并进行磨皮处理，如图4-35所示。

图4-34

图4-35

最终效果对比如图4-36所示。

原图

磨皮后

图 4-36

4.2.2 降噪：Neat Video

Neat Video插件拥有优异的降噪技术和高效率的渲染能力，支持多个GPU和CPU协同工作，降噪效果和处理速度都非常优秀，可以快速减少视频中的噪点。

在"效果"面板中找到"视频效果"|"Neat Video"|"Reduce Noise v5（SR）"效果，如图4-37所示，并拖至视频素材上。

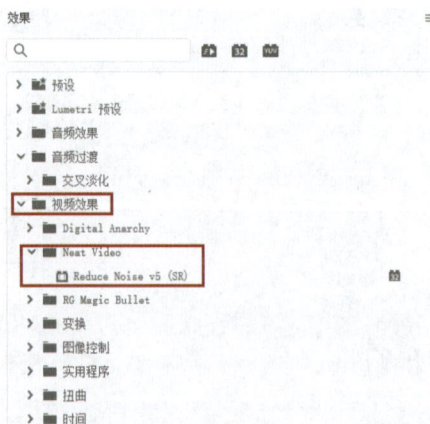

图 4-37

在"效果控件"面板中找到"Reduce Noise v5（SR）"效果控件，单击Prepare按钮，如图4-38所示，即可出现Build按钮，如图4-39所示。

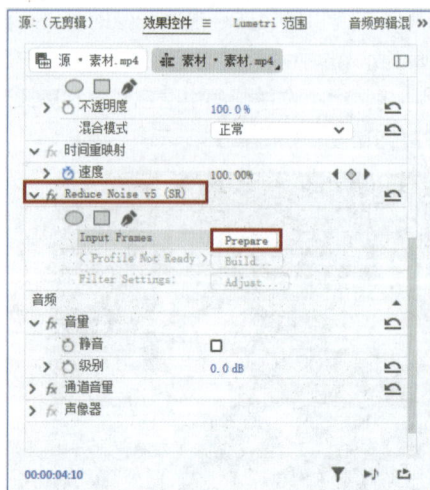

图 4-38

图 4-39

单击Build按钮，即可出现噪点处理窗口。单击左上角的"Auto Profile"选项卡，如图 4-40所示，插件将自动框选噪点，单击Apply按钮，即可消除噪点，如图4-41所示。

图 4-40

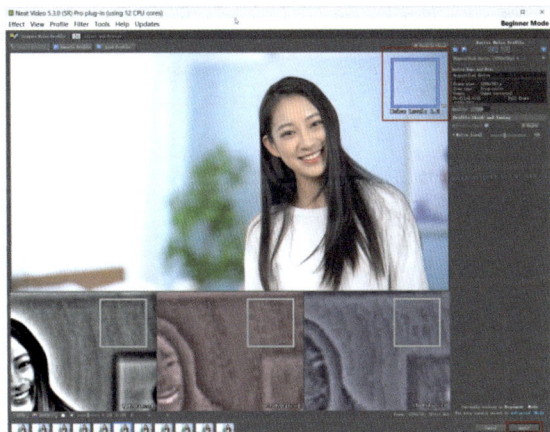

图 4-41

4.2.3　调色：Mojo Ⅱ

　　Mojo Ⅱ插件会自动调整颜色，让视频剪辑呈现出青绿色的色调。用户可以在"效果控件"面板中展开Mojo Ⅱ属性，进行更加精细的调整。

　　打开"效果"面板，找到"RG Magic Bullet"|"Mojo Ⅱ"效果，如图 4-42所示，并将其拖至视频素材上。

　　此时，"节目"监视器面板中的画面色调立即发生了变化。下面讲解几个重要的参数。在"效果控件"面板中找到"Mojo Ⅱ"并将其展开。

　　我的素材是：指当前素材类型，不同素材类型色调各不相同，默认状态下为"平坦"，如图 4-43所示。

图 4-42　　　　　　　　　　　　　　　　　　　图 4-43

　　预设：可以自由选择预设，选择不同的预设，下方的参数也将有相应的变化，默认状态为Mojo。

　　Mojo：指色调对比。当将Mojo调整到最大时，画面的色调对比会更加强烈。参数变更后，"预设"将自动变为"无"，如图 4-44所示。

图 4-44

　　强化：将该数值调至最大时，画面对比度效果更加明显，如图 4-45所示。

　　漂白："漂白"数值越大，画面颜色越淡，饱和度越低，如图 4-46所示。

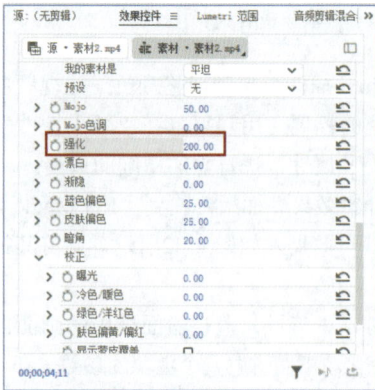

图 4-45

图 4-46

渐隐：数值越大，画面颜色越淡，灰度值越高，适合制作复古特效，如图 4-47 所示。

图 4-47

校正：可以对画面进行基本色彩校正，如图 4-48 所示。

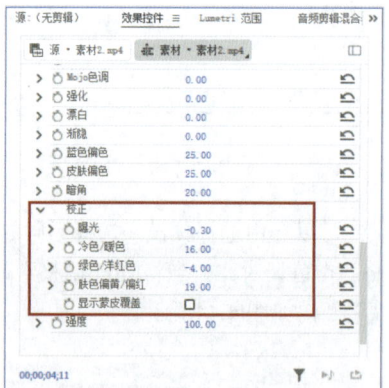

图 4-48

4.3
视频调色技巧

学习Premiere Pro基础调色后，本节进一步讲解常用调色技巧，包括颜色校正器的使用、混合模式调色和实战案例讲解。

4.3.1　局部调色

在Premiere Pro 2025版本中取消了"过时"效果选项，局部调色则分为"HSL 辅助"调色和遮罩调色。

1. "HSL 辅助"调色

"Lumetri 颜色"面板（或"效果控件"面板）中，"HSL 辅助"模块提供了二级调色功能，可以针对剪辑上特定的颜色或亮度范围进行精确的调整，如图 4-49所示。

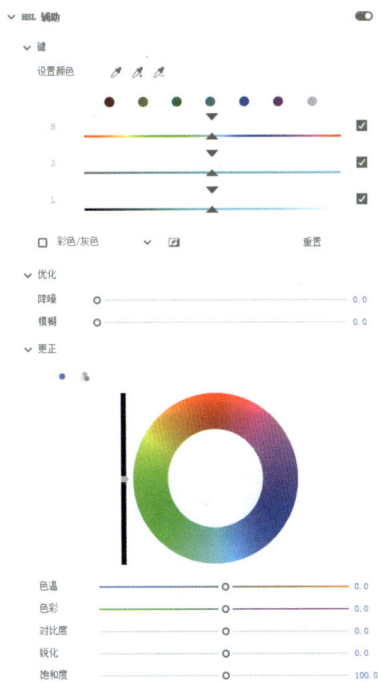

图 4-49

通过选择特定的色相、饱和度和亮度范围，可以对画面的局部区域进行独立的颜色校正，如调整肤色、更改对象颜色、修复光源等。

01 在"时间轴"面板中选中需要调色的素材，在"Lumetri 颜色"面板中的"HSL 辅助"选项中用"设置颜色"工具✐吸取需要调整的白色，勾选"显示蒙版"复选框，选择"彩色/灰色"选项，如图 4-50所示。

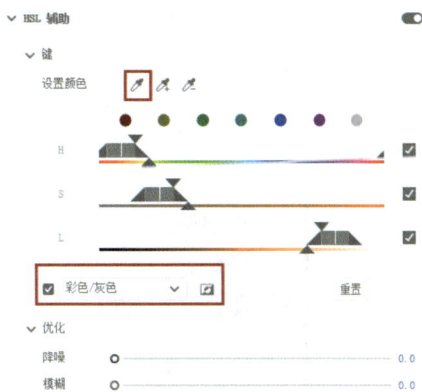

图 4-50

02 然后根据"节目"监视器面板中的画面，用"添加颜色"工具✐将白色全部吸取出来，如图 4-51所示。

图 4-51

提示：多余的颜色可以用"移除颜色"工具✐移除

03 完成上述操作后，在"更正"选项中更改吸取颜色，如图 4-52所示。完成后取消勾选"显示蒙版"

复选框，即局部调色完成，如图 4-53 所示。

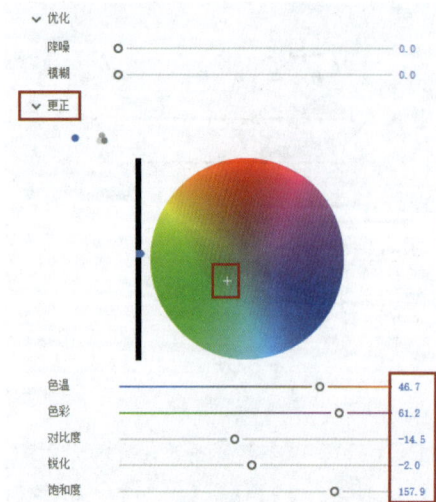

图 4-52

图 4-53

2. 遮罩调色

"遮罩调色"是通过添加遮罩达到局部调色效果，下面介绍操作方法。

01 在"效果"面板中搜索"Lumetri 颜色"效果，

将其添加至素材中，即可在"效果控件"面板中显示"Lumetri 颜色"效果控件，如图 4-54 所示。

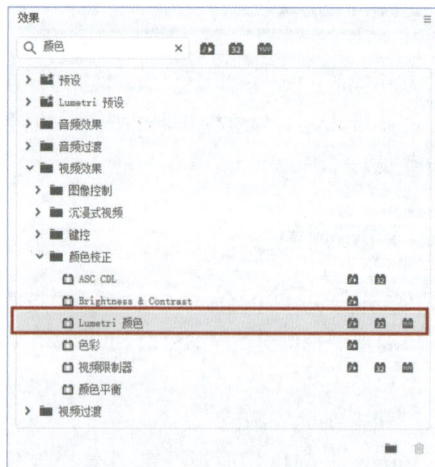

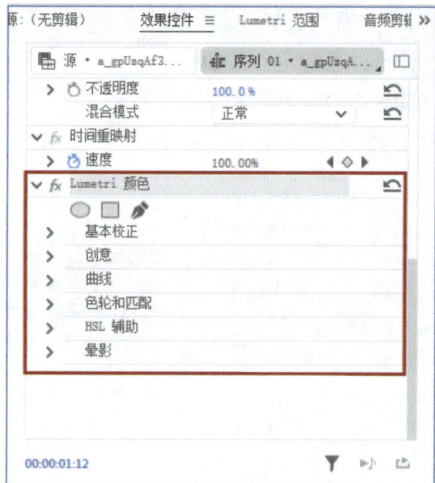

图 4-54

02 在"效果控件"面板中单击"Lumetri 颜色"选项下的"创建椭圆形蒙版"按钮◯，即可生成遮罩"蒙版（1）"，如图 4-55 所示。

图 4-55

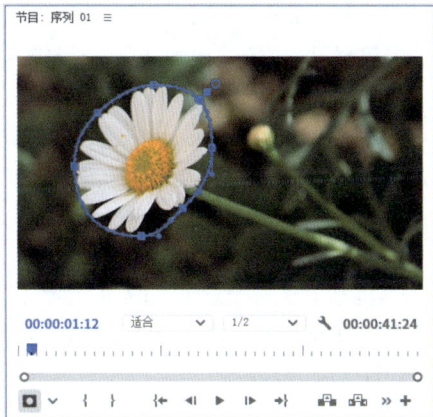

图 4-55（续）

03 展开"色轮和匹配"选项，调整中间调，即在画面中会看到明显的颜色变化，如图 4-56所示。

图 4-56

4.3.2　混合模式调色

混合模式的主要作用是可以用不同的方法将上方图像的颜色值与下方图像的颜色值进行混合。将一种混合模式应用于某一图层时，在此图层或下方的任何图层上都可以看到混合模式的效果。Premiere Pro中的色彩混合模式和Photoshop中的色彩混合模式基本相同，如图 4-57所示。

混合模式的具体选项及效果分类如图 4-58所示。

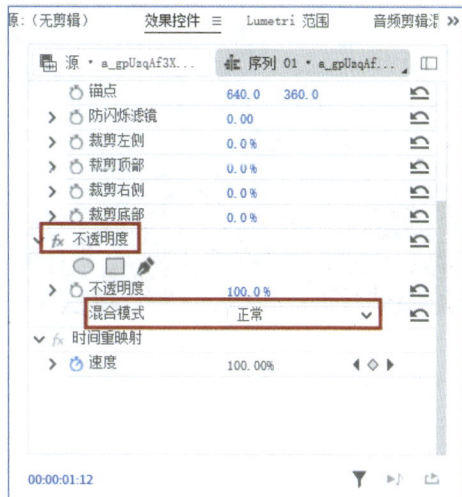

图 4-57

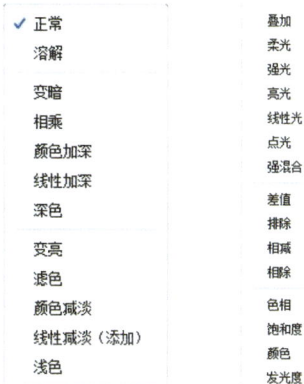

图 4-58

4.3.3　实战：解决曝光问题

剪辑时，可能会发现一幅画面过亮，这可能是由于拍摄环境因素，如强烈阳光下或室内灯光不合理，以及相机设置不当，如错误的曝光参数等原因导致画面出现曝光问题，但这都可以通过后期剪辑进行调整。本案例通过"Lumetri颜色"窗口和"Lumetri范围"面板介绍如何调整画面亮度，效果如图 4-59所示。下面介绍具体的操作方法。

图 4-59

图 4-59（续）

01 启动Premiere Pro 2025，按快捷键Ctrl+O，打开

文件夹中的"解决曝光问题.prproj"项目文件，进入工作界面，素材已添加至"时间轴"面板的序列中。

02 在"项目"面板中选中"素材.mp4"，右击并在弹出的快捷菜单中执行"修改"|"颜色"命令，在弹出来的"修改剪辑"窗口中选中"覆盖媒体色彩空间：Rec.709"单选按钮，如图 4-60所示。

03 选中"素材.mp4"，在左侧打开"Lumetri范围"面板，观察"波形示波器（RGB）"，可以发现波形集中在100附近，由此可知该画面过曝，如图 4-61所示。

图 4-60

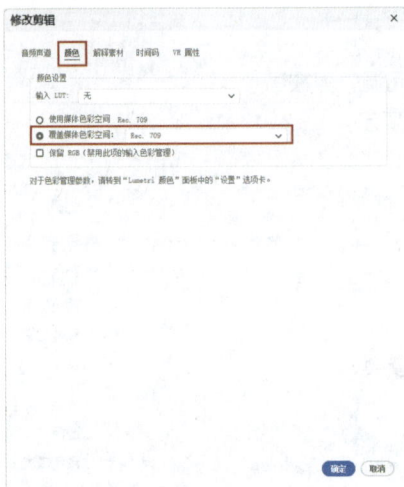

图 4-61

04 在右侧打开"Lumetri颜色"窗口，首先打开"曲线"|"色相饱和度曲线"窗口，调整"色相与亮度"曲线，用"吸管"工具🖊在"节目"监视器面板中吸取天空、山体颜色，适当调暗，如图 4-62所示。

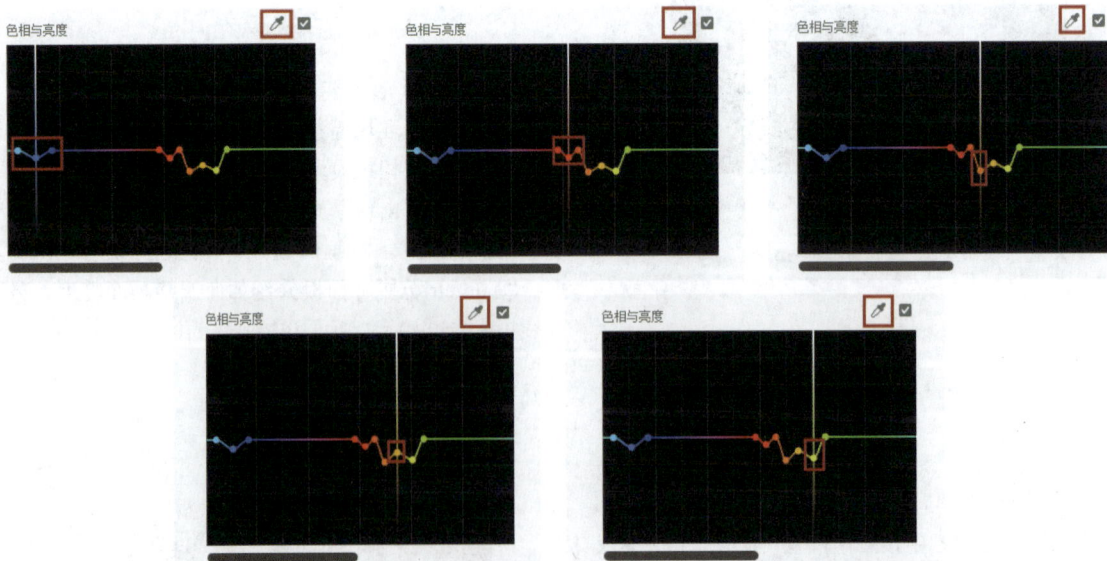

图 4-62

05 展开"曲线"选项，在"RGB曲线"窗口中选择白色曲线，该曲线为综合调整画面的明暗度，向左侧拖动画面将变亮，向右侧拖动画面将变暗。在白色曲线的亮部添加一个标记点，在暗部添加两个标记点，均稍微向右移动，如图 4-63所示。

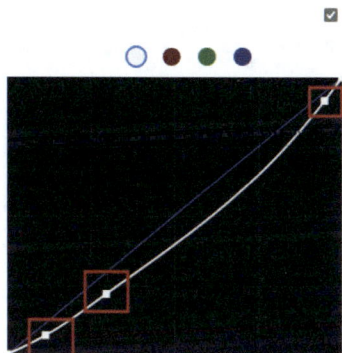

图 4-63

06 展开"基本校正"选项，根据画面进行调整，如图 4-64所示。

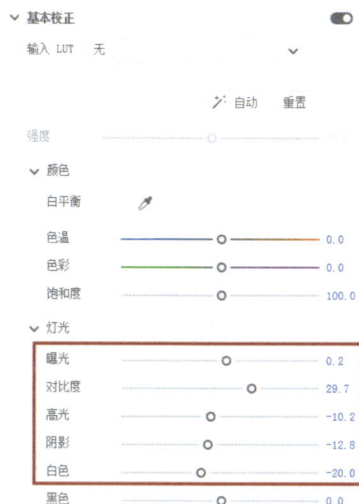

图 4-64

07 完成上述操作后，再打开"Lumetri范围"面板，观察"波形示波器（RGB）"，可以发现波形向下移动，如图 4-65所示。

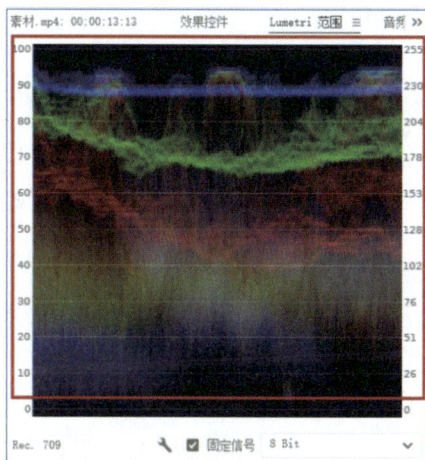

图 4-65

4.3.4　实战：匹配色调

Premiere Pro中的匹配色调，可以让剪辑师更快地对视频进行调色处理。下面通过一个案例视频，讲解如何使用匹配色调功能，效果如图 4-66所示。下面介绍具体的操作方法。

图 4-66

01 启动Premiere Pro 2025软件，打开项目文件"匹配色调.prproj"，进入剪辑界面，素材已添加至"时间轴"面板的序列中。

02 选中"素材.mp4"，在"Lumetri 颜色"面板中打开"色轮和匹配"选项，单击"比较视图"按钮，会出现"应用匹配"按钮，如图 4-67所示。在"节目"监视器面板中移动"参考"画面下的滑块，调整参考画面位置，如图 4-68所示。

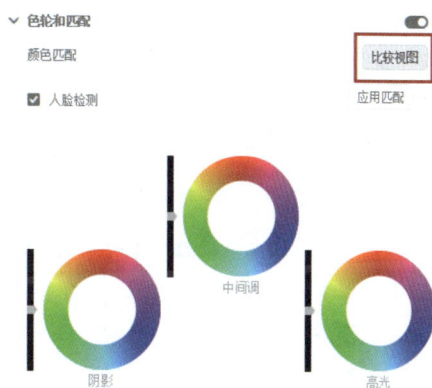

图 4-67

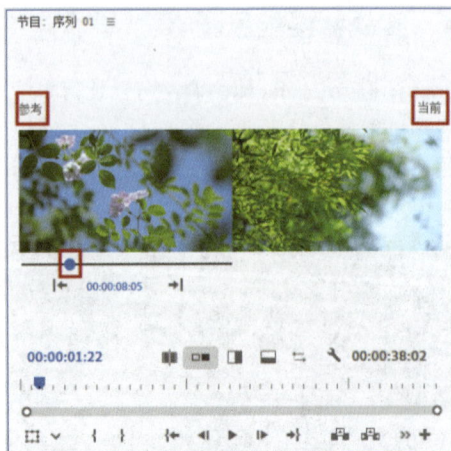

图 4-68

03 单击"应用匹配"按钮，则整个"素材.mp4"画面将会根据该参考画面进行自动颜色匹配，如图 4-69所示。

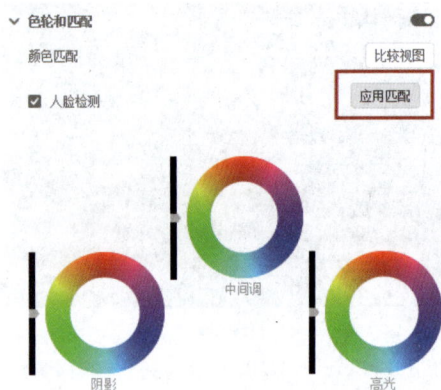

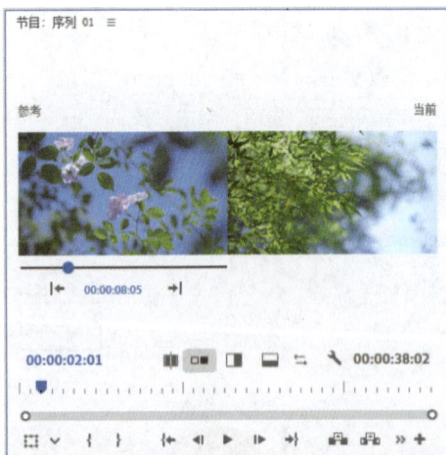

图 4-69

04 若对有些画面匹配后的颜色不满意，可用"剃刀工具（C）" 将其单独裁切出来，在"Lumetri 颜色"面板中对其进行调整，如图 4-70所示。

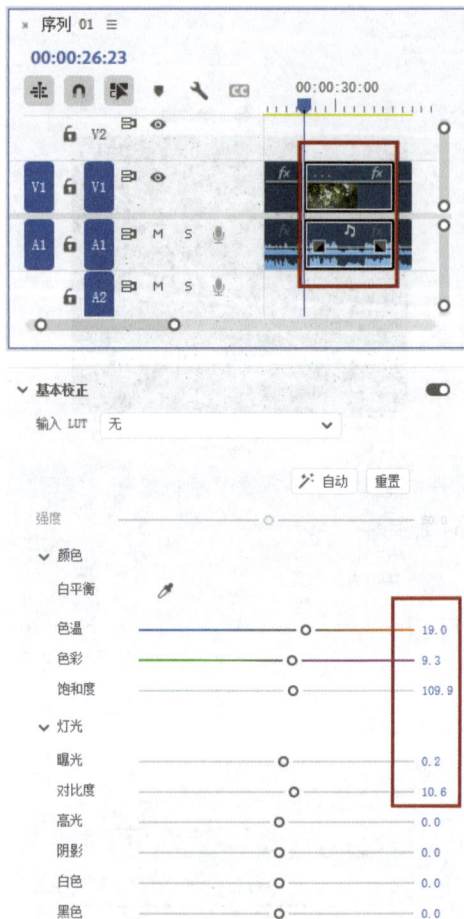

图 4-70

4.4 课后习题

本节将通过两个案例对本章内容进行总结，并帮助读者检验学习成果，也能帮助读者更好地掌握视频调色的技巧。

4.4.1　实战：赛博朋克城市夜景调色

赛博朋克色调通过高饱和色彩和光影对比，塑造未来感，能营造出科技与反乌托邦交织的视觉风格，它在影视、游戏、摄影领域广受欢迎，应用广泛，其要点在于赛博朋克色调偏绿、蓝、黄和粉。本节案例将制作赛博朋克城市夜景调色视频，效果如图 4-71所示。下面介绍具体的操作方法。

图 4-71

01 启动Premiere Pro 2025软件，打开项目文件"赛博朋克城市夜景调色.prproj"，进入剪辑界面，素材已添加至"时间轴"面板的序列中。

02 选中"素材.mp4"，在"Lumetri 颜色"面板中展开"曲线"选项，在"色相与饱和度"曲线中，用颜色"吸管"工具 🖊 吸取画面中的蓝色和红色，并适

当提高饱和度，如图 4-72所示。

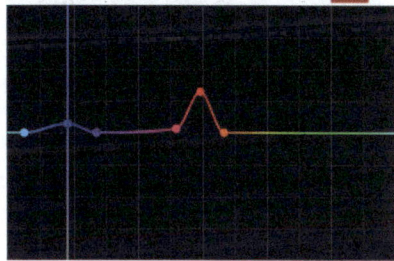

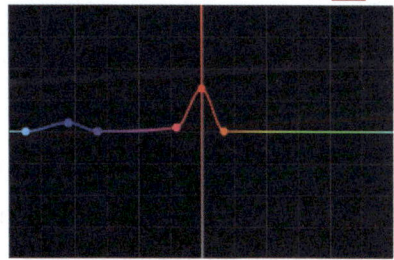

图 4-72

03 在"色相与色相"曲线中，调整画面颜色变蓝、变粉，如图4.73所示。

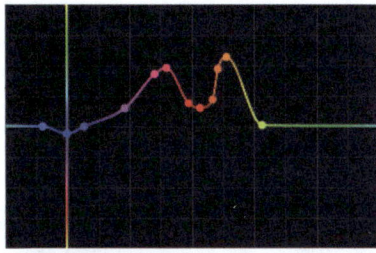

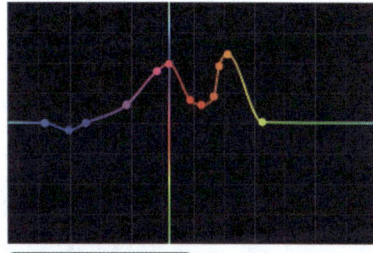

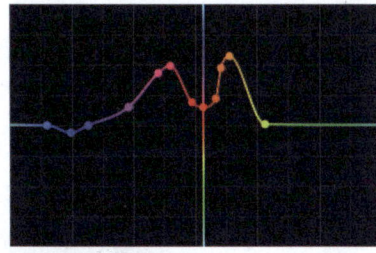

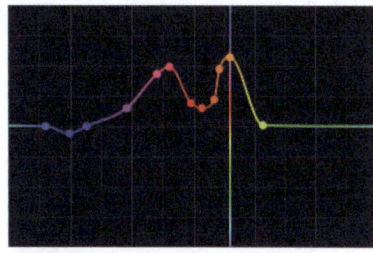

图 4-73

04 在"色相与亮度"曲线中，将画面中蓝和粉色亮度调高，如图 4-74所示。

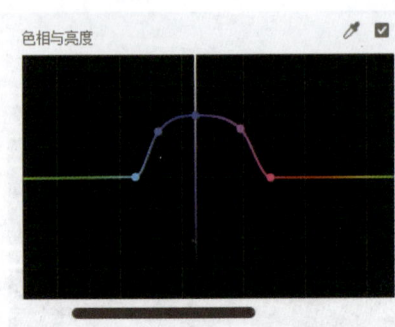

图 4-74

05 完成上述操作后，展开"基本校正"选项，对画面进行整体修改，具体参数设置如图 4-75所示。

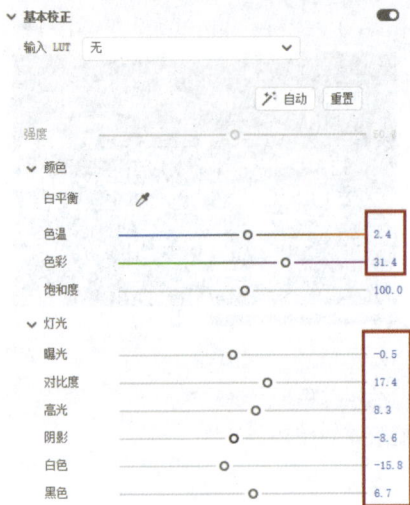

图 4-75

4.4.2 实战：复古街景调色

复古色调是模拟上世纪影像色调的一种滤镜风格，由于现代生活节奏快、压力大，复古色调能让人在快节奏中寻得宁静与归属感，唤起美好回忆，在摄影、影视、短视频领域应用广泛，深受大众喜爱。本节案例将制作一个复古街景视频，效果如图 4-76所示。下面介绍具体的操作方法。

图 4-76

图 4-76（续）

01 启动Premiere Pro 2025软件，打开项目文件"复古街景.prproj"，进入剪辑界面，素材已添加至"时间轴"面板的序列中。

02 由于本节在剪辑时有多个素材，为了更好地统一调色，在"项目"面板中右击，在弹出的快捷菜单中执行"新建项目"|"调整图层"命令，创建一个调整图层，如图 4-77所示。

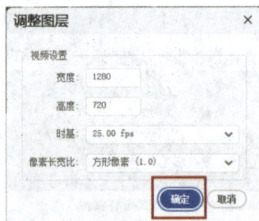

图 4-77

03 创建调整图层后，将其添加至"时间轴"面板V2视频轨道中，并与视频素材结尾对齐，如图 4-78所示。

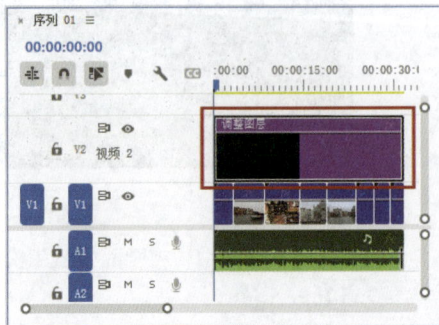

图 4-78

04 将"杂色""残影"效果添加至调整图层中，根据画面调整"杂色数量"为24%、"残影时间（秒）"为-0.010、"残影数量"为1、"起始强度"为0.30、"衰减"为2.40、"残影运算符"选择"最小值"，如图 4-79所示。

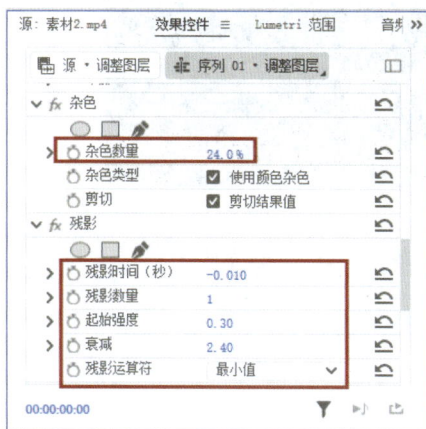

图 4-79

05 再添加"高斯模糊""钝化蒙版"效果至调整图层中，设置"高斯模糊"效果控件中的"模糊度"为10.0，"钝化蒙版"效果控件中的"数量"为215.0、"半径"为31.000、"阈值"为0.50，如图 4-80所示。

图 4-80

06 完成上述操作后，在"不透明度"效果控件中将"混合模式"更改为"滤色"，如图 4-81所示。

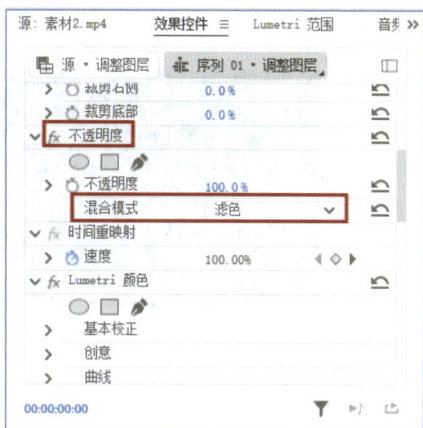

图 4-81

07 在"Lumetri 颜色"面板中展开"基本校正"选项，对画面色彩进行基础调节，具体参数设置如图 4-82所示。

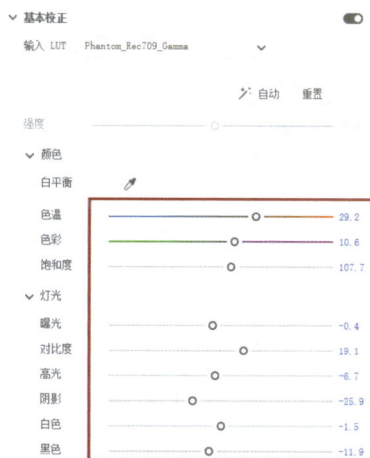

图 4-82

08 展开"曲线"选项，在"RGB曲线"选项中进行曲线调节，根据画面做适当调整，将画面中部调暗，并加重红色和蓝色，具体调整如图 4-83所示。

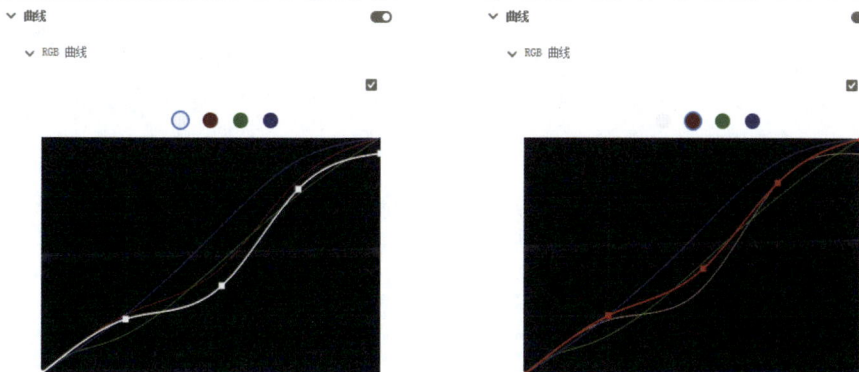

图 4-83

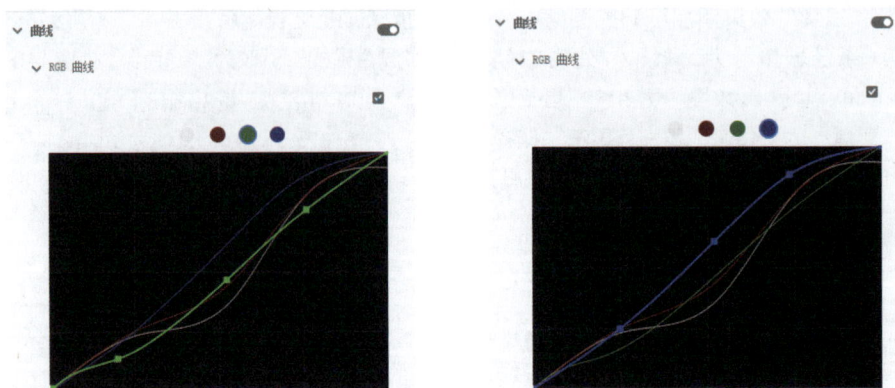

图 4-83（续）

09 完成上述操作后，为了更好地模拟老电视的效果，为视频添加黑色边框。单击"矩形"工具 ▣，在画面左侧绘制一个颜色为黑色的矩形，具体参数设置如图 4-84所示。

图 4-84

10 设置完成后，选中"形状01"，右击，在弹出的快捷菜单中执行"复制"命令，然后再右击并在弹出的快捷菜单中执行"粘贴"命令，在下面复制粘贴一个"形状01"，再将复制"形状01"的位置调整至右侧，具体参数设置如图 4-85所示。

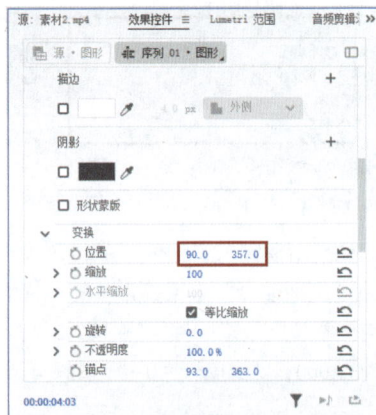

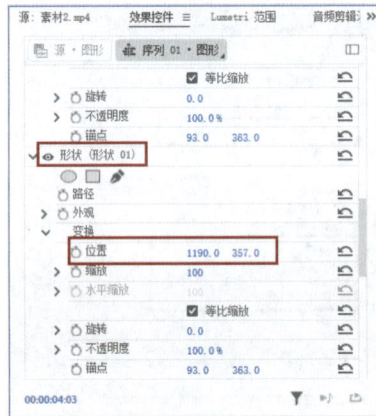

图 4-85

第5章
关键帧动画

关键帧是动画的基础，它确定了对象在特定时刻的属性，如位置、大小等。在Premiere Pro中，通过设定关键帧并调整它们的属性，可以实现平滑的动画效果。计算机自动插值生成的帧称为"过渡帧"或"中间帧"。在Premiere Pro 2025中，通过为素材的运动参数添加关键帧，可以产生基本的位置、缩放、旋转和不透明度等动画效果，还可以为已经添加至素材的视频效果属性添加关键帧，营造丰富的视觉效果。

5.1
认识关键帧

5.1.1 认识关键帧

影片由连续图像组成，每幅图像称为一帧，是动画的最小单位。在时间轴上，帧是一格或标记。PAL制式为每秒25帧，NTSC制式为每秒30帧。关键帧是动画中的时间点，表现运动或变化至少需要两个关键帧，中间帧由计算机自动生成。

在Premiere Pro中，用户可以通过设置动作、效果、音频及多种其他属性参数来制作出连贯的动画效果。图 5-1所示为在Premiere Pro 2025中设置缩放和位置关键帧后的图像效果。

图 5-1

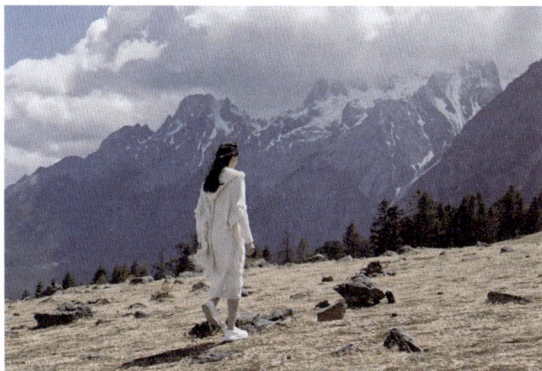

图 5-1（续）

5.1.2 关键帧设置原则

在Premiere Pro中设置关键帧时，遵循以下几项原则能够有效提升工作效率。

- 使用关键帧创建动画时，可在"时间轴"面板或"效果控件"面板中查看并编辑关键帧的属性。在"时间轴"面板中编辑关键帧，适用于只具有一维数值参数的属性，如素材的不透明度和音频音量；"效果控件"面板则更适合二维或多维数值参数的设置，如位置、缩放或旋转等。
- 在"时间轴"面板中，关键帧数值的变化会以图像的形式进行展现，因此可以更加直观地分析关键帧数值随时间变化的趋势。在"效果控件"面板中也可以图像化显示关键帧，一旦某个属性的关键帧功能被激活，便可以显示其数值及其速率图。
- 在"效果控件"面板中可以一次性显示多个属性的关键帧，但只能显示所选素材片段；"时间轴"面板则可以一次性显示多个轨道、多个素材的关键帧，但每个轨道或素材仅显示一种属性。
- 音频的关键帧可以在"时间轴"面板或"音频剪辑混合器"面板中调节属性。

5.1.3 默认效果控件

效果的控制都需要在"效果控件"面板中进行，在"效果控件"面板中默认的控件有3个，分别是运动、不透明度和时间重映射。

1. 运动效果控件

"运动"效果选项较多，与以前版本不同，Premiere Pro 2025将"裁剪"效果直接添加至"效果控件"面板"运动"选项中，这样用户无须从"效果"面板中添加"裁剪"效果，让剪辑更加方便，如图5-2所示。

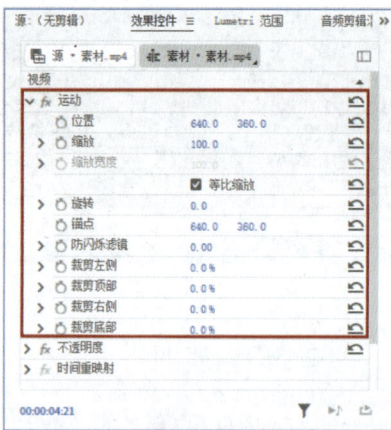

图 5-2

"运动"控件说明如下。

- 位置：通过设置该参数可以使素材图像在"节目"监视器面板中进行移动，参数后的两个值分别表示帧的中心点在画面上的X和Y坐标值，如果两个值均为0，则表示帧图像的中心点在画面左上角的原点处。

- 缩放："缩放"数值为100时，代表图像为原大小。参数下方的"等比缩放"复选框默认为勾选状态，若取消勾选，则可分别对素材进行水平拉伸和垂直拉伸。在视频编辑中，设置的缩放动画效果可以用于视频的开场，或实现素材中局部内容的特写，这是视频编辑中常用的运动效果之一。

- 旋转：设置"旋转"参数时，将素材的锚点设置在不同的位置，其旋转的轴心也不同。对象在旋转时将以其锚点作为旋转中心，用户可以根据需要对锚点位置进行调整。

- 锚点：即素材的轴心点，素材的位置、旋转和缩放都是基于锚点来进行操作的。通过调整参数右侧的坐标数值，可以改变锚点的位置。此外，在"效果控件"面板中选中"运

动"栏，即可在"节目"监视器面板中看到锚点，如图5-3所示，并可以直接拖动改变锚点的位置。锚点是以帧图像左上角为原点的坐标值，所以在改变位置的值时，锚点坐标是相对不变的。

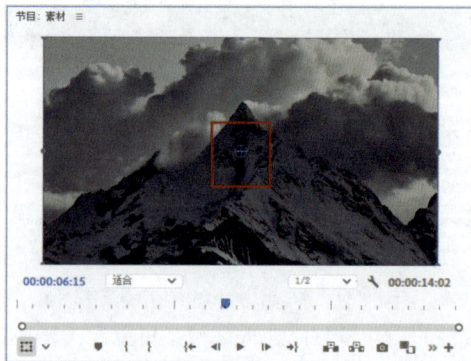

图 5-3

- 防闪烁滤镜：对处理的素材进行颜色的提取，减少或避免素材中画面闪烁的现象。

2. 不透明度控件

"不透明度"效果控件包括不透明度和混合模式两个设置，如图5-4所示。

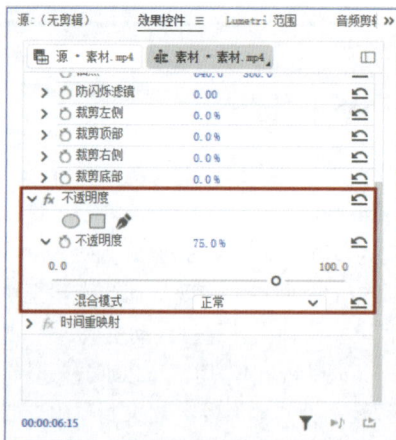

图 5-4

"不透明度"参数说明如下。

- 不透明度：该参数可用来设置剪辑画面的显示，数值越小，画面越透明。通过设置不透明度关键帧，可以实现剪辑在序列中显示或消失、渐隐渐现等动画效果，常用于创建淡入淡出效果，使画面过渡自然。

- 混合模式：用于设置当前剪辑与其他剪辑混合的方式，与Photoshop中的图层混合模式相似。混合模式分为普通模式组、变暗模式组、变亮模式组、对比模式组、比较模式组和颜色模式组6个组，共27个模式。

3. 时间重映射

"时间重映射"的选项为速度，通过速度关键帧的添加，可以进行变速调节。第3章3.3节讲述"变速剪辑"时，提到了如何通过添加关键帧改变素材速度，并且制作平滑的曲线效果。这是Premiere Pro剪辑中常用的关键帧技巧之一，如图5-5所示。

图 5-5

5.2 创建关键帧

为了让读者对关键帧的添加和制作有一个系统的基础认识，本节通过实战案例对"效果控件"面板3个默认效果从关键帧如何添加、如何移动、如何修改、如何复制4个维度进行讲解。

5.2.1 关键帧的添加

关键帧的添加方法有很多，我们可以在"时间轴"面板中用"钢笔（P）"工具✐直接添加关键帧，也可以在"效果控件"面板中添加关键帧，或者在"属性"面板中添加关键帧。下面详细讲解常用效果关键帧的添加方法。

1. 不透明度

01 启动Premiere Pro 2025软件，打开项目文件"关键帧的添加.prproj"，进入剪辑界面，素材已添加至"时间轴"面板的序列中。

02 添加不透明度关键帧有两种方法。第一种，在"效果控件"面板中单击"显示/隐藏时间轴视图"按钮▭，即可打开"时间轴视图"，并找到"不透明度"选项。在"时间轴"面板中移动时间指示器

至00:00:01:10位置处，单击"不透明度"选项左侧的"切换动画"按钮⏱，该按钮即变为蓝色⏱，同时会显示"添加/移除关键帧"按钮◇和关键帧速度曲线，第一次单击"不透明度"的"切换动画"按钮⏱会自动添加关键帧，同时在"时间轴视图"中显示关键帧，如图 5-6所示。

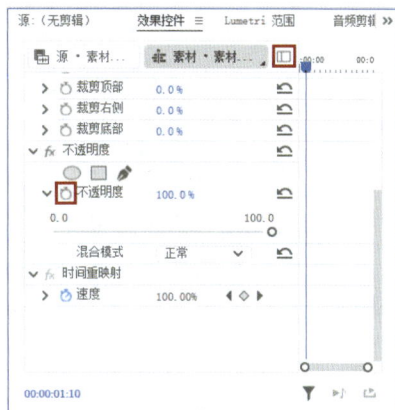

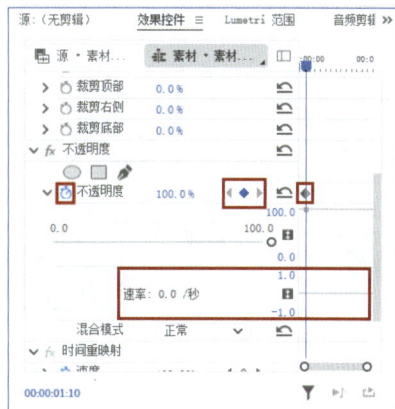

图 5-6

03 再将时间指示器移动至00:00:02:15的位置，在"效果控件"面板中单击"添加/移除关键帧"按钮◇，按钮即变为蓝色◆，然后将参数调整至50.00%，如图 5-7所示。不透明度关键帧的制作完成。

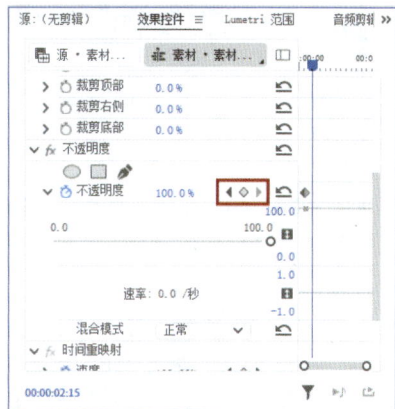

图 5-7

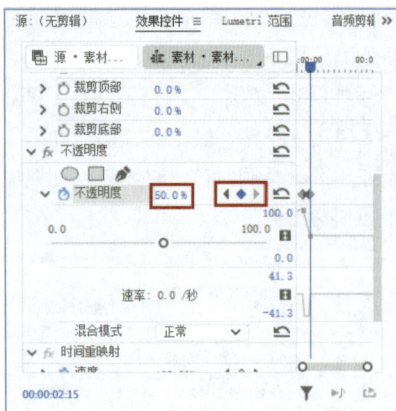

图 5-7（续）

04 第二种，完成步骤03后可以看到"时间轴"面板中素材中的横线变成了有坡度变化的横线，同时自动添加了两个点，如图 5-8所示，由此可知，这根线代表着视频素材的不透明度。我们可以直接在"时间轴"面板中为素材添加"不透明度"关键帧，这样可以大大减少视频剪辑的时间，让剪辑变得更快捷。

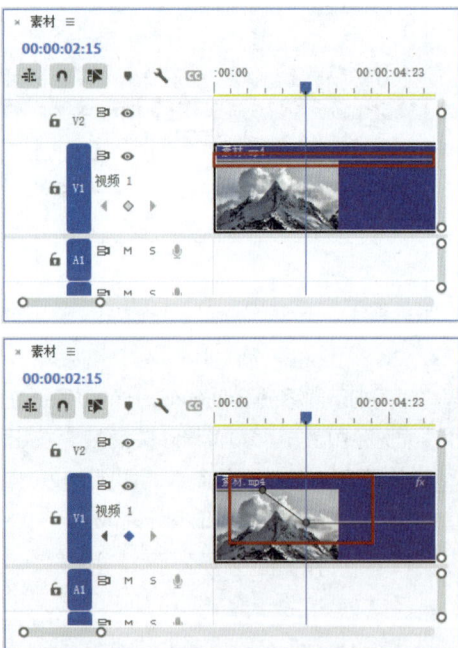

图 5-8

05 首先，单击"钢笔（P）"工具 ✎，然后，将"钢笔（P）"工具 ✎移动至需要添加关键帧的位置00:00:04:00，在此处的线上单击，即可添加关键帧，同时左侧"添加/移除关键帧"按钮 ◇会变蓝 ◆，如图 5-9所示。添加关键帧后，单击"选择工具（V）"▶，长按关键帧后面的横线，拖动横线向上或向下移动，即可更改"不透明度"参数，将横线调整至透明度为75.00%，如图 5-10所示。

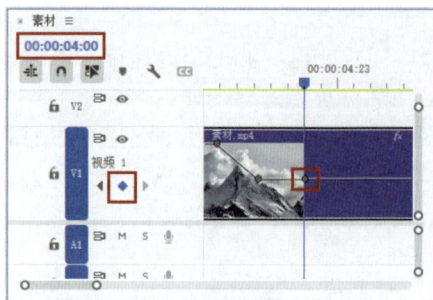

图 5-9

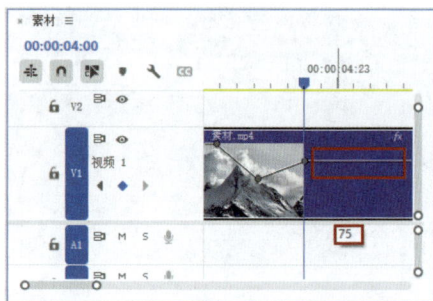

图 5-10

提示： 在"时间轴"面板中通过移动关键帧调整透明度可能导致关键帧位置移动，移动关键帧后面的横线则会保证关键帧位置不变。

06 第三种，将时间指示器移动至00:00:05:08的位置，打开"属性"面板，单击"不透明度"添加关键帧按钮 ◇，该按钮变蓝 ◆，将参数更改为100%，如图 5-11所示。

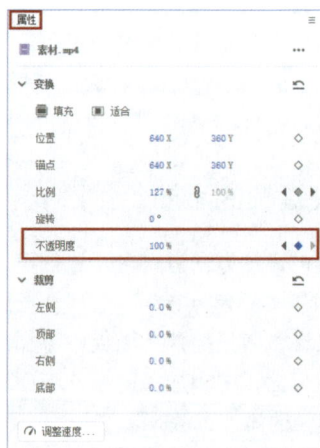

图 5-11

2. 运动

01 了解了如何添加"不透明度"关键帧后，会对关键帧的添加有了基础认识和了解，其余关键帧设置原理基本一致。

02 将时间指示器移动至00:00:05:00的位置，在此处单击"缩放"效果左侧的"切换动画"按钮 ◔，该按钮即变为蓝色 ◔，同时会自动添加关键帧 ◇，如

图 5-12所示。再将时间指示器移动至00:00:05:20的位置，再添加一个"缩放"关键帧，将参数更改为150.0，如图 5-13所示。

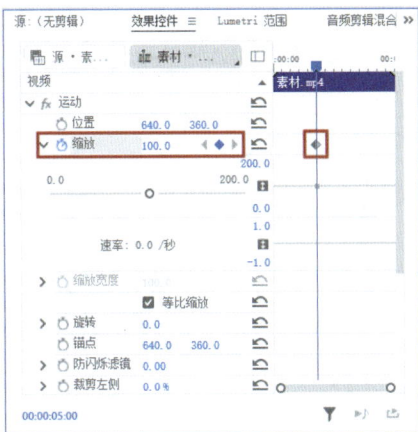

图 5-12

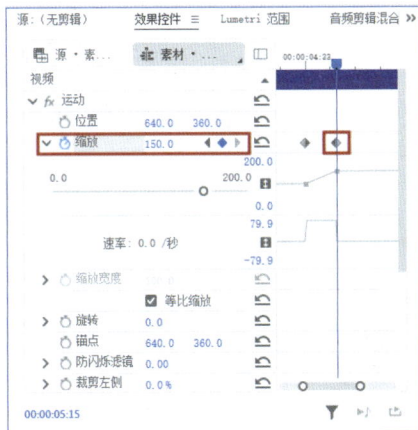

图 5-13

03 完成"缩放"关键帧操作后，"节目"监视器面板中的画面也会发生改变，如图 5-14所示。

图 5-14

04 再单击"缩放"效果的"切换动画"按钮 ○ 后，我们还可以在"节目"监视器面板中放大或缩小"素材.mp4"画面内容，直接自动添加"缩放"关键帧。将时间指示器移动至00:00:06:15的位置，在"节目"监视器面板中单击"素材.mp4"画面，并将"节目"监视器面板画面预览缩小，可以发现"素材.mp4"画面周围有一个长方形框架，如图 5-15所示。将光标移动至任意四角，长按鼠标左键即可放大或缩小画面。将"素材.mp4"画面缩小至与"节目"监视器面板预览框一致即可，也就是"素材.mp4"画面"缩放"为100.0，如图 5-16所示。

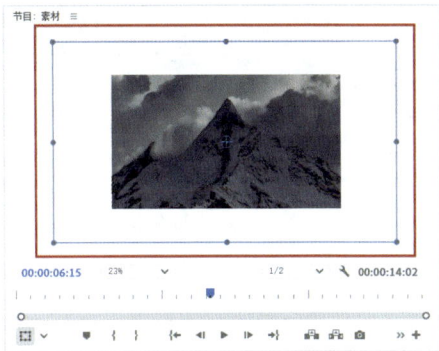

图 5-15

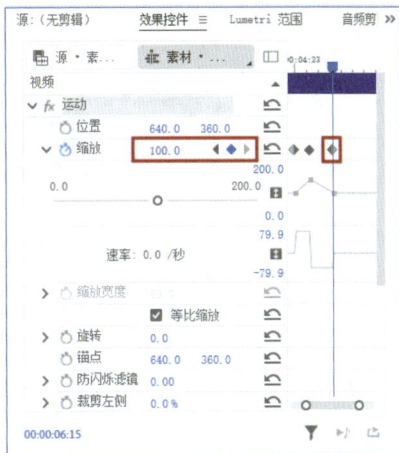

图 5-16

05 同样，我们也可以在"时间轴"面板的素材上体现"运动"效果关键帧。在"时间轴"面板中选中素材，右击并在弹出的快捷菜单中执行"显示关键帧"|"运动"命令，即可看到菜单栏中包含了全部"运动"效果，如图 5-17所示。或者右击"时间轴"面板素材中的"*fx*"按钮，并在弹出的快捷菜单中执行"运动"命令，也能打开"运动"效果菜单栏。

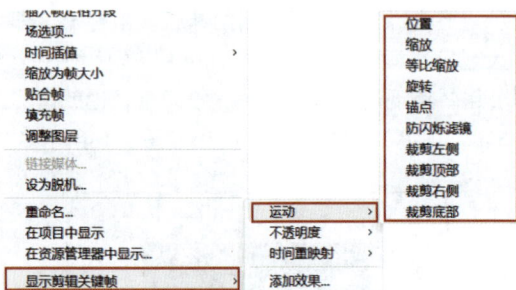

图 5-17

06 右击"时间轴"面板素材中的"*fx*"按钮，在弹出的快捷菜单中执行"运动"|"缩放"命令，如图 5-18所示。

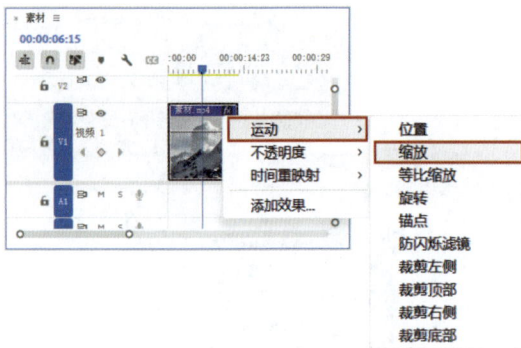

图 5-18

07 即可打开"缩放"素材显示，其中横线在下方，之前添加的关键帧也会在其中显现，如图 5-19所示。

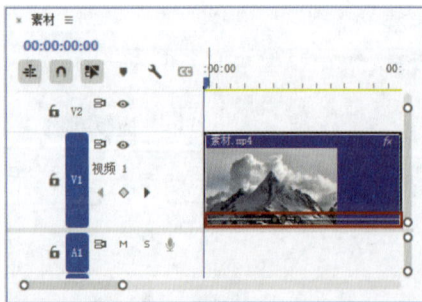

图 5-19

> 提示：由于在"时间轴"面板中添加"缩放"关键帧不方便进行参数调整，所以更推荐读者在"效果控件"面板和"节目"监视器面板中进行参数调整。

08 将时间指示器移动至00:00:00:00的位置，打开"属性"面板，"比例"代表"缩放"，添加"比例"关键帧，将参数更改为150%，如图 5-20所示。再将时间指示器移动至00:00:00:20的位置，添加"比例"关键帧，将参数更改为100%，如图 5-21所示。

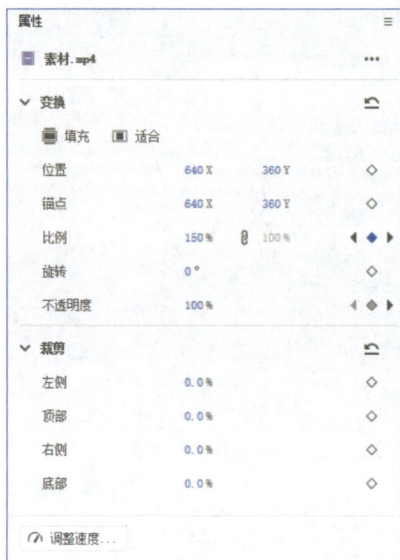

图 5-20

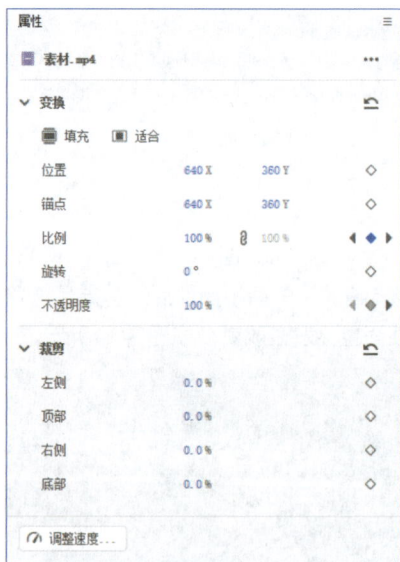

图 5-21

3. 时间重映射

在"时间重映射"效果面板中，单击添加关键帧按钮◇，即可在"效果控件"面板中添加"时间重映射"关键帧，其设置与在"时间轴"面板中设置一致。将时间指示器分别移动至00:00:07:15和00:00:08:10的位置，在"效果控件"面板中单击"时间重映射"添加关键帧按钮◇，如图 5-22所示。

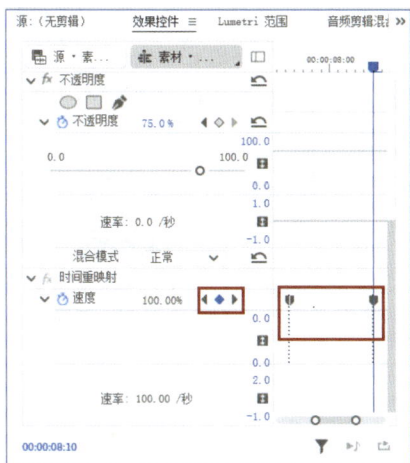

图 5-22

由于"时间重映射"效果的特殊性，我们无法在"效果控件"面板和"属性"面板中进行具体参数设置。添加完关键帧后，我们可以根据第3章3.3节内容，在"时间轴"面板中进行具体参数调整，设置中间速度为70.00%、两侧速度为130.00%，如图 5-23所示。

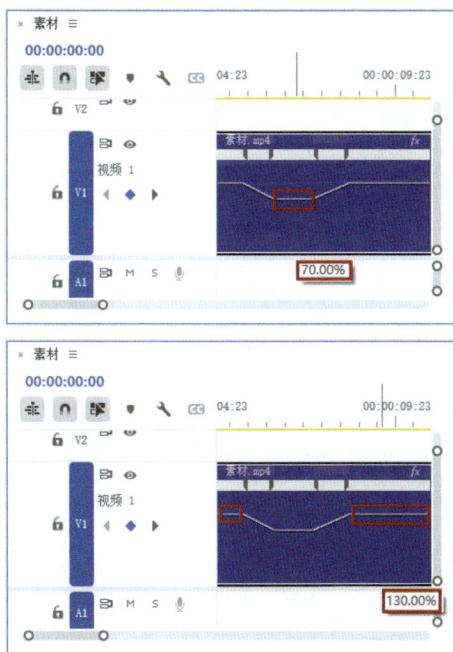

图 5-23

5.2.2 实战：关键帧的移动

添加关键帧后，想要移动关键帧的位置，有以下几种方法可以完成此操作。

01 启动Premiere Pro 2025软件，打开项目文件"关键帧的移动.prproj"，进入剪辑界面，素材已添加至"时间轴"面板的序列中。

02 当只需移动一个关键帧时，可以直接在"时间轴"面板中使用"选择工具（V）" ▶ 拖动关键帧的位置。长按"时间轴"面板中第一个时间重映射关键帧的第二个光标，将其移动至00:00:03:06的位置，如图 5-24所示。

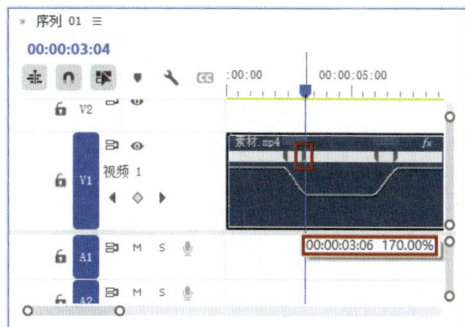

图 5-24

03 或者在"效果控件"面板中，展开已经制作完成的关键帧效果，将时间指示器移动至00:00:03:05的位置，按住00:00:03:04处的"位置"关键帧，将其移动至00:00:03:05的位置，如图 5-25所示。

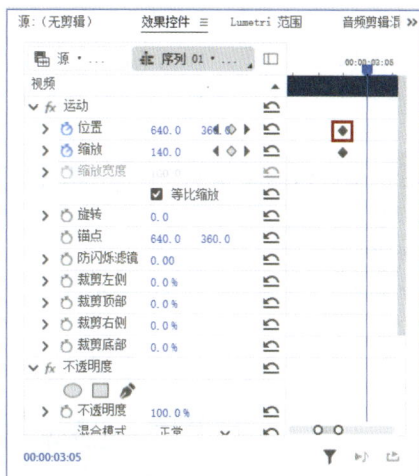

图 5-25

04 除了移动单个关键帧，在Premiere Pro中还可以一次性移动多个关键帧，该项操作在"效果控件"面板中完成。

05 框选00:00:06:00和00:00:06:22处的"位置""缩放"关键帧，如图 5-26所示，接着将框选中的关键帧向右拖动至00:00:06:06和00:00:07:03处，即完成多个关键帧的移动操作，如图 5-27所示。

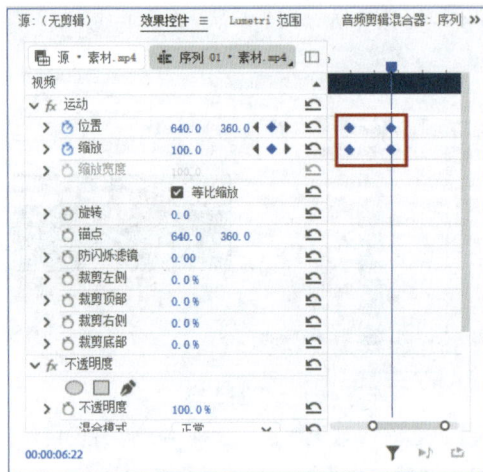

图 5-26

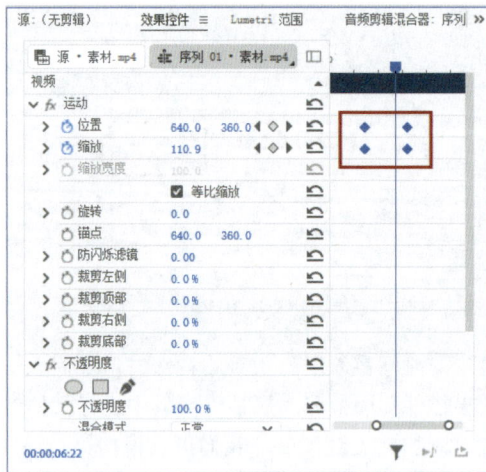

图 5-27

5.2.3　实战：关键帧的删除

在实际操作过程中，我们可能会在素材中无意添加了一些不必要的关键帧，这些关键帧不仅没有实际作用，还会使动画变得复杂。因此，我们必须删除这些多余的关键帧。下面介绍几种常用的删除关键帧的方法。

01 启动Premiere Pro 2025软件，打开项目文件"关键帧的删除.prproj"，进入剪辑界面，素材已添加至"时间轴"面板的序列中。

使用快捷键快速删除关键帧。

02 在"时间轴"面板或"效果控件"面板中，框选前面3列关键帧，然后按Delete或Backspace键即可，如图5-28所示。

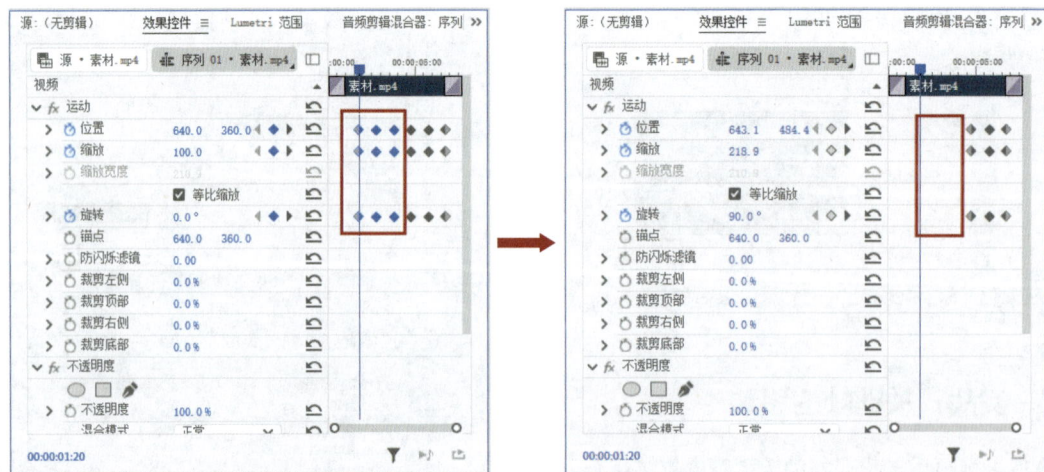

图 5-28

使用"添加/移除关键帧"按钮删除关键帧。

03 在"效果控件"面板中，将时间指示器移动至第四列关键帧，然后单击已启用的"添加/移除关键帧"按钮◆，按钮变为灰色◇，即可删除关键帧，如图 5-29所示。

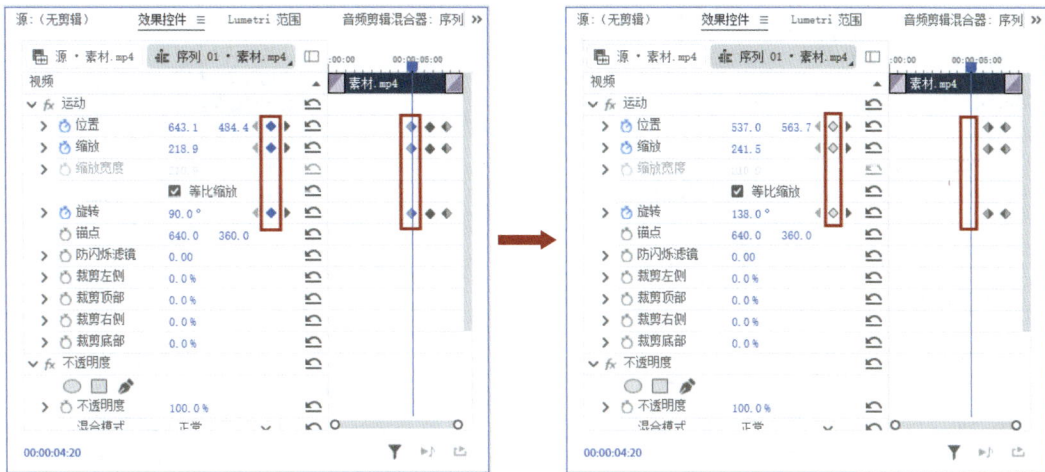

图 5-29

在快捷菜单中清除关键帧。

04 在"效果控件"面板中，选中剩余关键帧，右击，在弹出的快捷菜单中选择"清除"选项，即可删除所选关键帧，如图 5-30所示。

图 5-30

5.2.4　关键帧的复制

关键帧的复制有多种方法，本节简单介绍3种方法。

- 使用Alt键复制：在"效果控件"面板中选择需要复制的关键帧，然后按住Alt键将其向左或向右拖曳进行复制。
- 使用快捷键复制：使用"选择"工具▶，在"时间轴"面板中或者"效果控件"面板中，单击选中需要复制的关键帧，然后按快捷键Ctrl+C复制。接着将时间指示器移至相应位置，按快捷键Ctrl+V粘贴。
- 在快捷菜单中复制：在"效果控件"面板中右击需要复制的关键帧，在弹出的快捷菜单中选

择"复制"选项。再将时间指示器移动到合适位置并右击，在弹出的快捷菜单中选择"粘贴"选项，此时复制的关键帧会出现在播放指示器所处位置。

5.3
关键帧插值

关键帧的插值，简而言之，是在动画制作或视频编辑过程中，计算机在两个或多个已知的关键帧之间自动计算并填充未知数据（即中间帧）的过程。这些中间帧的生成使得动画或视频中的属性变化（如位置、颜色、透明度等）能够平滑过渡，从

而增强视觉效果的真实感和连贯度。在Premiere Pro中，关键帧插值主要分为两大类，如图 5-31所示。一般情况下，系统默认使用线性插值。

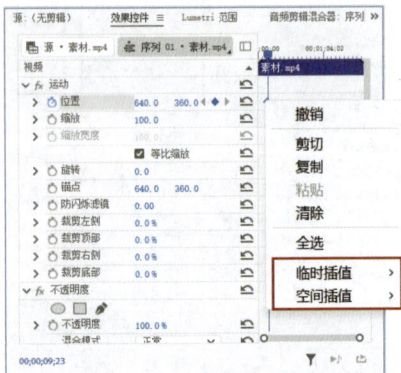

图 5-31

5.3.1 临时插值

临时插值关注于时间属性的变化。在临时插值中，可以对进出关键帧的方式进行精确调整，如设置缓入缓出效果，以改变属性数值随时间变化的速率，使动画过渡更加自然。启动Premiere Pro 2025，创建好项目和序列，在"节目"监视器面板中绘制一个矩形，如图 5-32所示。临时插值快捷菜单如图 5-33所示，下面对各选项进行具体介绍。

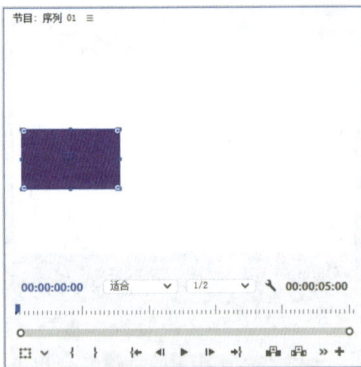

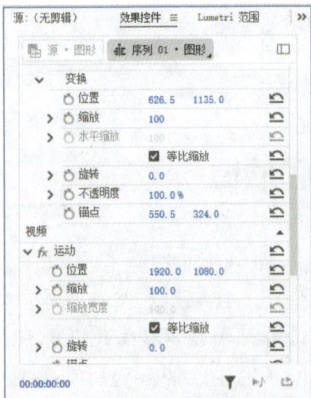

图 5-32

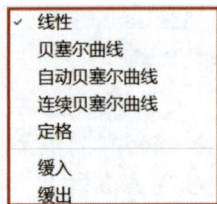

图 5-33

1. 线性

"线性"插值是指在两个关键帧之间创建统一的变化率，使动画看起来具有机械效果，但变化较为均匀。首先在"效果控件"面板中打开"运动"|"位置"选项的"切换动画"按钮 ，将在左侧的矩形移动至右侧，形成两个"位置"关键帧，展开关键帧速度曲线，如图 5-34所示。此时自动默认插值为"线性"，选中关键帧，则关键帧由灰色变为蓝色 ，同时关键帧速度曲线会出现蓝色的摇杆，如图 5-35所示。

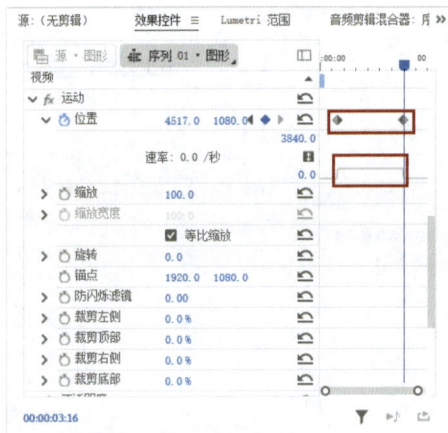

图 5-34

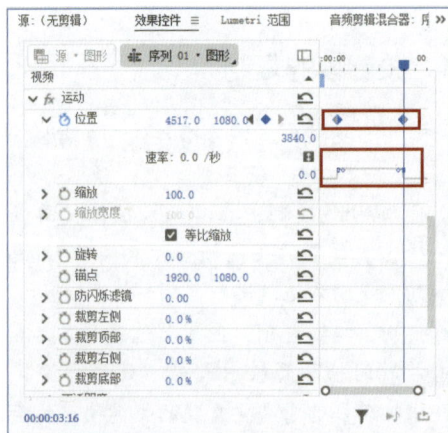

图 5-35

2. 贝塞尔曲线

通过调整贝塞尔曲线的控制点来控制属性变化的速率和形状，实现更加自然和流畅的动画效果。

框选"时间轴视图"中的关键帧，在快捷菜单中执行"临时插值"|"贝塞尔曲线"命令后，关键帧状态变为 𝕀，并且可在"时间轴视图"中通过拖动两侧手柄调节矩形运动速度，如图 5-36 所示。将两侧手柄向上拖动，形成一个向上的弧形，该弧形会让矩形在运动过程中，中间的位置运动速度放缓，两头速度较快，如图 5-37 所示。

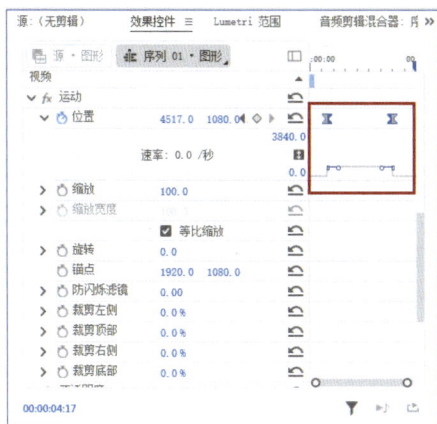

图 5-36

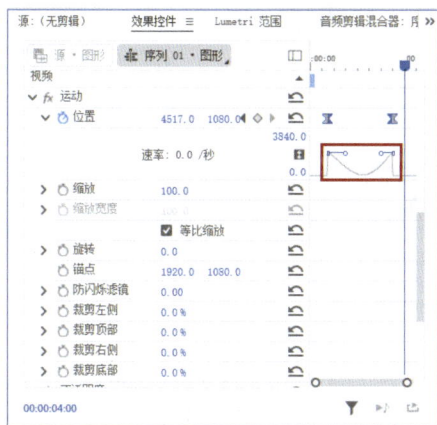

图 5-37

3. 自动贝塞尔曲线

"自动贝塞尔曲线"插值可以调整关键帧的平滑变化速率。框选"时间轴视图"中的关键帧，在快捷菜单中执行"临时插值"|"自动贝塞尔曲线"命令后，关键帧状态变为 ◖，Premiere Pro 会自动生成与之匹配的贝塞尔曲线，如图 5-38 所示。

4. 连续贝塞尔曲线

在自动贝塞尔曲线的基础上移动"时间轴视图"中的关键帧速度曲线手柄，圆形关键帧 ◖ 会自动变为漏斗形状 𝕀，如图 5-39 所示，这时插值会自动变为"连续贝塞尔曲线"。相对于其他类型的插值方法（如线性、自动贝塞尔曲线等），连续贝塞尔曲线允许用户更细致地调整关键帧之间的曲线形

状，以实现更加平滑和自然的动画效果。

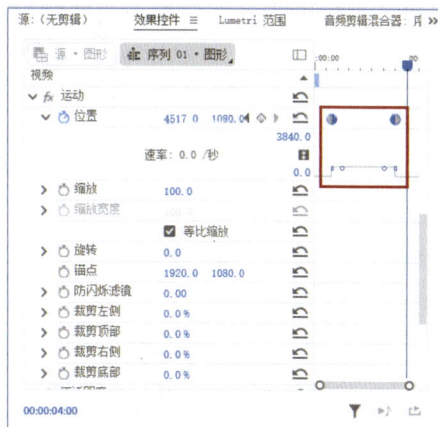

图 5-38

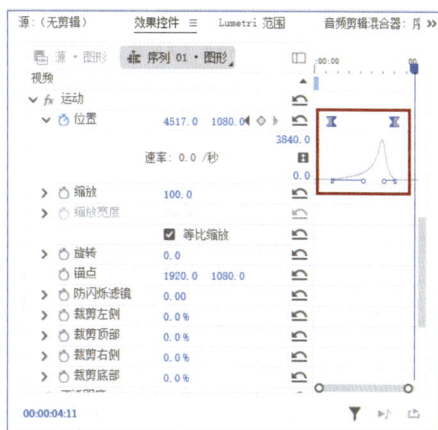

图 5-39

5. 定格

其他关键帧插值会让画面中元素有一个很明显的运动轨迹，"定格"插值则是从一个点直接跳跃到另一个点，其中的运动轨迹则消失了。框选"时间轴视图"中的关键帧，在快捷菜单中执行"临时插值"|"定格"命令后，关键帧状态变为 ◖，如图 5-40 所示。

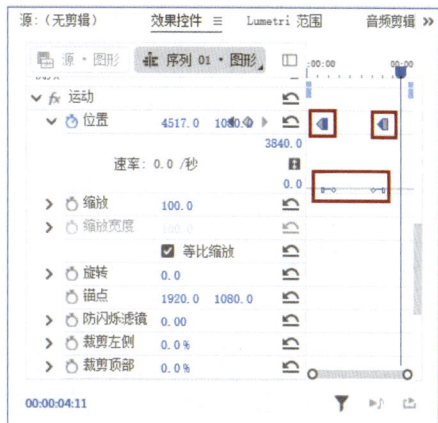

图 5-40

6. 缓入和缓出

"缓入"插值可以减慢进入关键帧的值变化。速率曲线节点前面将变成缓入的曲线效果，如图 5-41 所示。当拖动时间线播放动画时，动画在进入该关键帧时速度逐渐减缓，消除因速度波动大而产生的画面不稳定感。

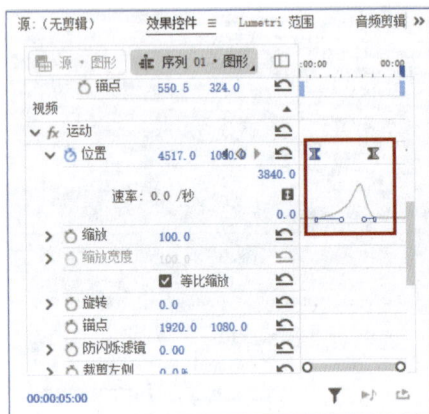

图 5-41

"缓出"插值可以逐渐加快离开关键帧的值变化。速率曲线节点后面将变成缓出的曲线效果，如图 5-42 所示。当播放动画时，可以使动画在离开该关键帧时速率减缓，同样可消除因速度波动大而产生的画面不稳定感。

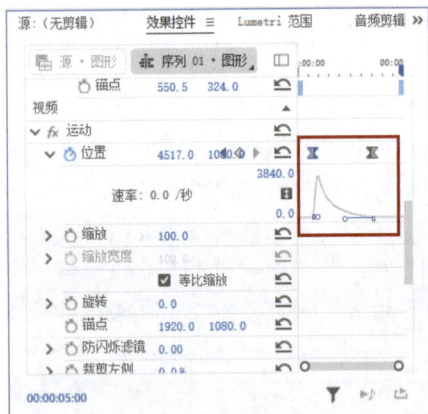

图 5-42

"缓入"和"缓出"插值一同使用是剪辑中常用的关键帧设置插值的剪辑方法，能让画面中元素的运动轨迹更加丝滑。

5.3.2　空间插值

空间插值在动画处理图层的空间属性，如位置和旋转时，至关重要。它让用户能够调整关键帧间属性变化的路径和形状，例如，通过线性插值实现均匀变化，或用贝塞尔曲线插值达到平滑复杂

的过渡效果，通常用于处理"位置"关键帧。启动 Premiere Pro 2025，创建好项目和序列，在"节目"监视器面板中绘制一个圆形，如图 5-43 所示。空间插值快捷菜单如图 5-44 所示，下面对各选项进行简单介绍。

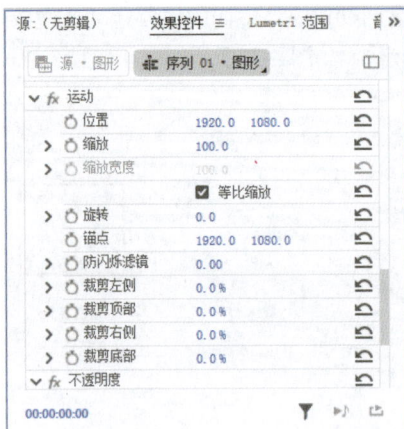

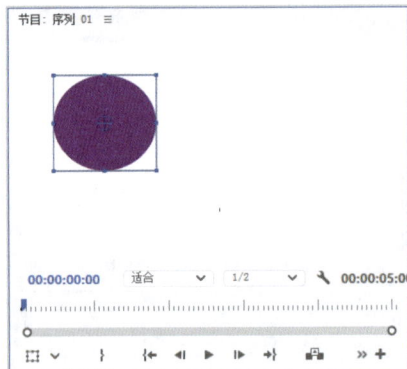

图 5-43

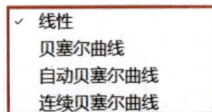

图 5-44

1. 线性

框选"形状 01"|"变换"|"位置"效果中的关键帧，右击并在弹出的快捷菜单中执行"空间插值"|"线性"命令。在"节目"监视器面板中则会出现圆形的运动轨迹虚线，如图 5-45 所示。

❑ 特点

关键帧之间的运动呈直线变化，速度均匀。

过渡较为生硬直接，没有加速或减速的过程。

❑ 适用场景

当需要精确控制运动的速度和方向，且不希望有任何平滑过渡效果时，可以使用"线性"插值。例如，机械运动的模拟或者需要严格按照特定轨迹移动的物体。

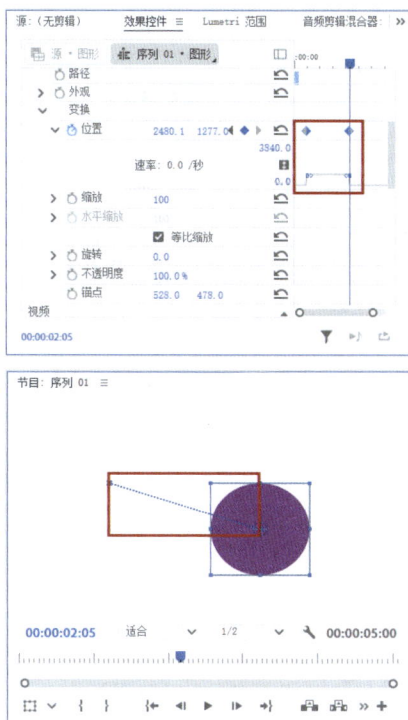

图 5-45

2. 贝塞尔曲线

框选"形状01"|"变换"|"位置"效果中的关键帧，右击并在弹出的快捷菜单中执行"空间插值"|"贝塞尔"命令。在"节目"监视器面板中调整虚线中的小手柄，将虚线绘制成"S"曲线，则可将圆形直线运动轨迹改为"S"运动轨迹，但是首尾位置不变，如图5-46所示。

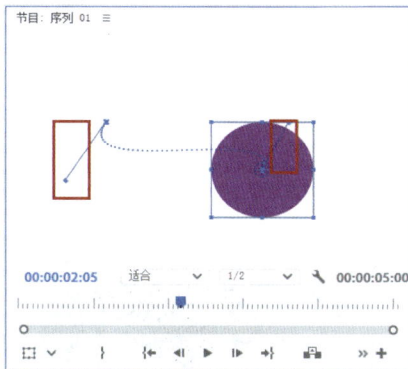

图 5-46

❏ 特点

提供了更多的控制选项，可以调整关键帧两侧的手柄来改变运动的速度和加速度。可以创建平滑的加速和减速效果，使运动更加自然。手柄可以单独控制本侧曲线，另一侧不受影响。

❏ 适用场景

人物或物体的自然运动模拟，如行走、跑步等，

需要有起步、加速、减速和停止的过程。制作动画效果时，想要创造出更加细腻和富有变化的运动轨迹。

3. 自动贝塞尔曲线

框选"形状01"|"变换"|"位置"效果中的关键帧，右击并在弹出的快捷菜单中执行"空间插值"|"自动贝塞尔"命令。与"临时插值"中的"自动贝塞尔"类似，Premiere Pro会自动匹配合适的贝塞尔曲线，如图5-47所示。

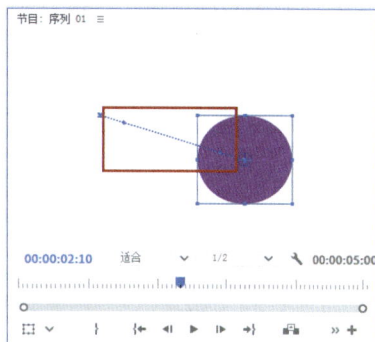

图 5-47

4. 连续贝塞尔曲线

框选"形状01"|"变换"|"位置"效果中的关键帧，右击并在弹出的快捷菜单中执行"空间插值"|"连续贝塞尔"命令。在"节目"监视器面板中调整虚线中的小手柄，将虚线绘制一个完美的"S"曲线，圆形将会根据"S"轨迹运动，如图 5-48所示。同时与"临时差值"一致，当设置"自动贝塞尔曲线"后，调整手柄，空间插值将会自动变为"连续贝塞尔曲线"。

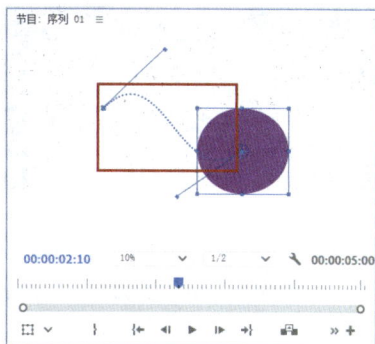

图 5-48

❏ 特点

与贝塞尔曲线插值不同的是，手柄控制一侧曲线，另一侧曲线同时会计算最佳弧度。自动调整相邻关键帧的手柄，以确保运动的连贯性。

❏ 适用场景

当需要多个关键帧之间的运动无缝连接，且不希望出现明显的转折或突变时，非常适合使用连续

贝塞尔曲线插值。例如，长镜头的动画跟踪或者复杂的物体运动路径。

5.4
关键帧的应用

关键帧是我们剪辑时不可缺少的工具。学习了完整的关键帧基础知识介绍后，需要结合实战案例进一步理解关键帧如何应用。

5.4.1 实战：玫瑰花颜色渐变效果

颜色渐变是一种常用的剪辑方法，应用领域广泛。本节案例将结合第4章内容制作一个玫瑰花颜色由黑白至五彩缤纷的效果，介绍如何添加Lumetri颜色关键帧，效果如图 5-49所示。下面介绍具体的操作方法。

图 5-49

01 启动Premiere Pro 2025软件，打开项目文件"玫瑰花颜色渐变.prproj"，进入剪辑界面，素材已添加至"时间轴"面板的序列中。

02 在"效果"面板中搜索"Lumetri 颜色"效果，将其添加至素材中，即可在"效果控件"面板中显示"Lumetri 颜色"效果控件，如图 5-50所示。

03 在"Lumetri 颜色"效果控件中展开"HSL 辅助"选项，用"设置颜色"工具 🖊将画面中的玫瑰花主体颜色红色吸取出来，勾选"显示蒙版"复选框，选择"彩色/灰色"选项，即可根据"节目"监视器面板中的画面，并用"添加颜色"工具 🖊，将整个玫

瑰花吸取出来，如图 5-51所示。

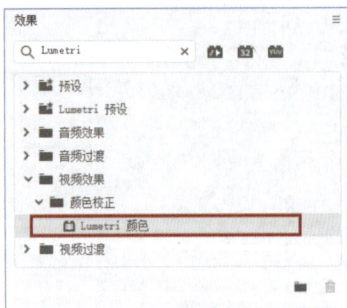

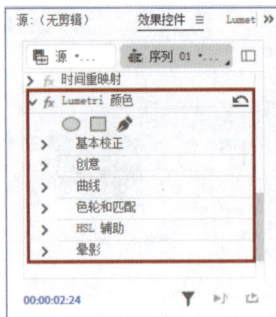

图 5-50

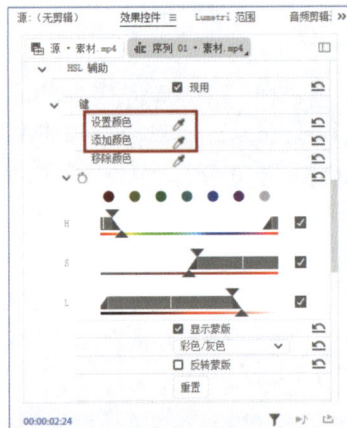

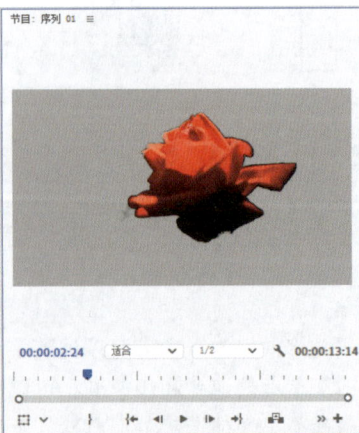

图 5-51

04 然后光标向下滑动，展开"更正"选项，在其中进行颜色设置。

05 将时间指示器移动至00:00:05:11的位置，在此处单击"饱和度"选项的"切换动画"按钮 🕐，将自动在该时间点添加关键帧，同时参数维持100.0不变，如图5-52所示。再将时间指示器移动至00:00:03:17的位置，在此处再添加一个"饱和度"关键帧，将参数更改为0.0，如图5-53所示。此时玫瑰花颜色渐变则制作完成。

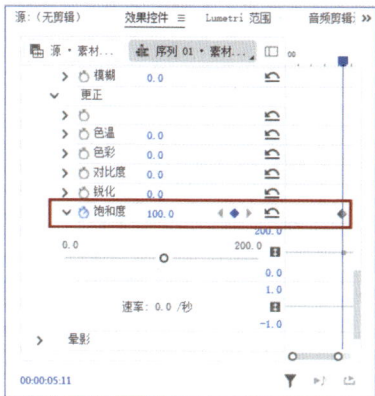

图 5-52

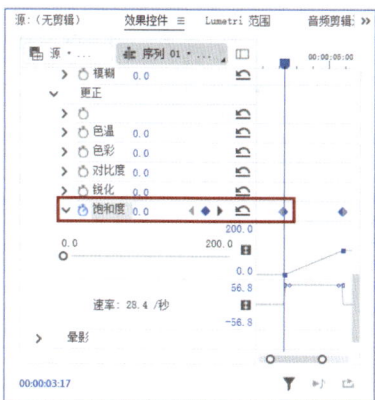

图 5-53

06 为了让颜色渐变更加丝滑，框选"饱和度"关键帧，右击并在弹出的快捷菜单中执行"缓入"和"缓出"命令，如图 5-54所示。

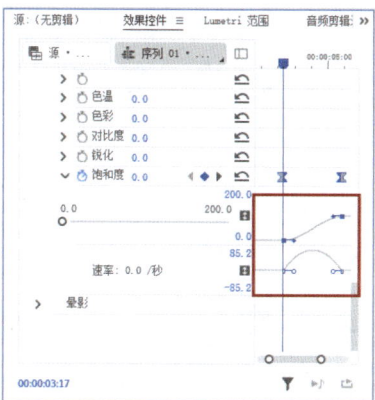

图 5-54

07 完成上述步骤后，需要取消勾选"显示蒙版"复选框，如图 5-55所示。

图 5-55

提示：在吸取物体颜色时，有时因为画面同一种或者类似的颜色不止一处，如果只想吸取一个区域的颜色，可以添加蒙版将物体框选出来，如图5-56所示。

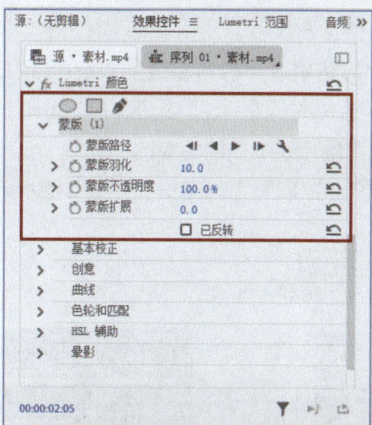

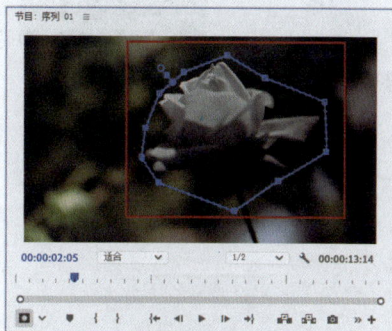

图 5-56

5.4.2 实战：使用关键帧调节音量

在很多视频剪辑中，音量的调整并非只是单纯地调大或者调小音量，也不只是在首尾添加"音频过渡"效果，很多时候需要在一些时间段制作一个音量变化的效果。本节案例将制作一个有人声台词和背景音乐的氛围感视频，通过调节人声和背景音乐音量，介绍如何使用关键帧调节音量。下面介绍具体的操作方法。

01 启动Premiere Pro 2025软件，打开项目文件"关键帧调节音量.prproj"，进入剪辑界面，所有素材"素材.mp4"和"台词.mp3"已添加至"时间轴"面板中，如图5-57所示。

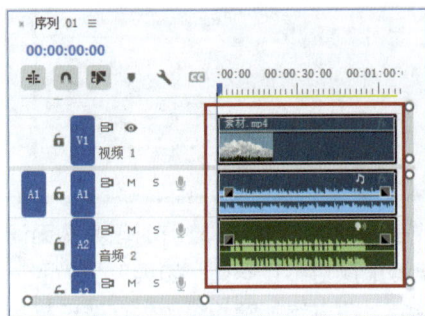

图 5-57

02 音频素材默认显示关键帧为音量，移动中间的横线则可调整音量大小。使用"钢笔（P）"工具✒在00:00:04:21的位置添加音量级别关键帧，如图5-58所示。然后将时间指示器移动至00:00:05:21的位置，在"音量"效果控件面板的"级别"选项中添加关键帧，将参数调整为-8.0dB，如图5-59所示。

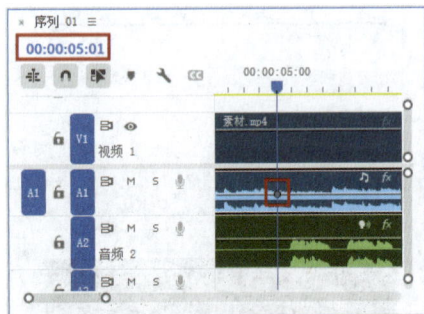

图 5-58

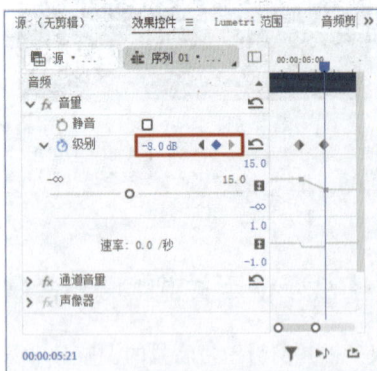

图 5-59

03 完成上述操作后，将人声"台词.mp3"的音量级别在"效果控件"面板中调整至5.0dB，如图5-60所示，这样人声和背景音乐更加适配。

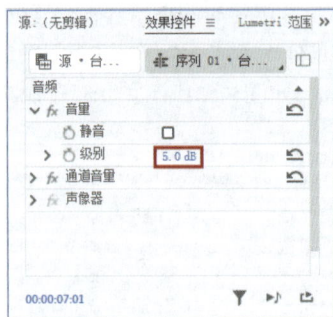

图 5-60

04 将时间指示器移动至00:00:54:12的位置，也是人声将要结束的位置，在此处添加"音量"|"级别"关键帧，参数维持-8.0dB不变，再将时间指示器移动至00:00:54:27的位置，在此处再添加一个"音量"|"级别"关键帧，参数为0.0dB，如图5-61所示。

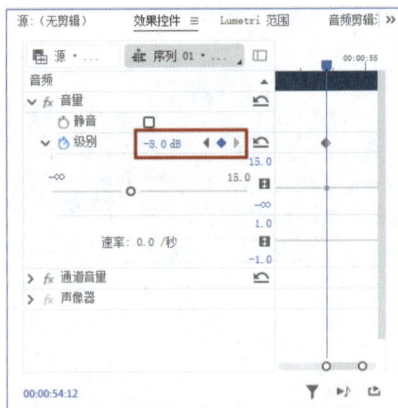

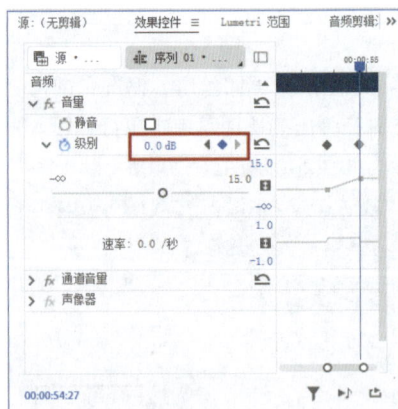

图 5-61

5.4.3 实战：制作电影帷幕拉开效果

电影帷幕拉开效果是视频开场中常见的视觉效果，操作过程相对简单。本节将通过一个具体案例

来展示如何制作电影帷幕拉开效果，效果如图 5-62
所示。下面介绍具体的操作方法。

图 5-62

01 启动Premiere Pro 2025，按快捷键Ctrl+O，打开
项目文件"电影帷幕拉开.prproj"。进入工作界面
后，可以看到"时间轴"面板中已经添加好素材。

02 选中"素材.mp4"，在"效果控件"面板中找到
"裁剪顶部"和"裁剪底部"选项，将时间指示器移
动至00:00:01:07的位置，在此处单击"裁剪顶部"和
"裁剪底部"的"切换动画"按钮⊙，自动添加关键
帧，且参数保持不变，如图 5-63所示。然后将时间指
示器移动至00:00:00:00的位置，再添加"裁剪顶部"
和"裁剪底部"关键帧，将参数均更改为50.0%，如
图 5-64所示，电影帷幕拉开效果即制作完成。

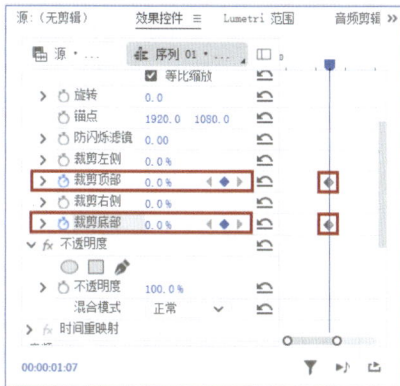

图 5-63

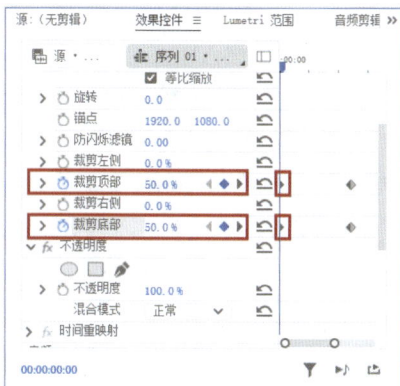

图 5-64

5.4.4 实战：制作旋转开场效果

旋转开场是社交平台发布视频时常用的一种开
场方式，可应用于旅游Vlog中。本节案例介绍如何
通过关键帧制作旋转开场的效果，效果如图 5-65所
示。下面介绍具体的操作方法。

图 5-65

01 启动Premiere Pro 2025软件，打开项目文件"制
作旋转开场.prproj"，进入剪辑界面，其中已经将需
要剪辑的素材排列在"时间轴"面板中，如图 5-66
所示。

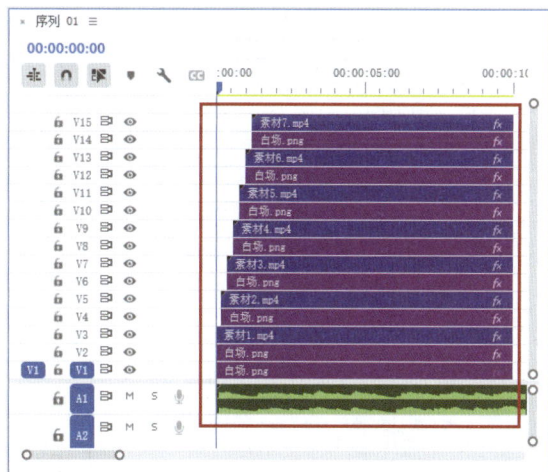

图 5-66

02 选中"素材1.mp4"将时间指示器移动至
00:00:00:00的位置添加"旋转""裁剪顶部""裁
剪底部"关键帧，数值不变，如图 5-67所示。然后
将时间指示器移动至00:00:03:05的位置再添加"旋
转""裁剪顶部""裁剪底部"关键帧，将"旋转"
更改为360°、"裁剪顶部"更改为25.0%、"裁剪
底部"更改为25.0%，如图 5-68所示。

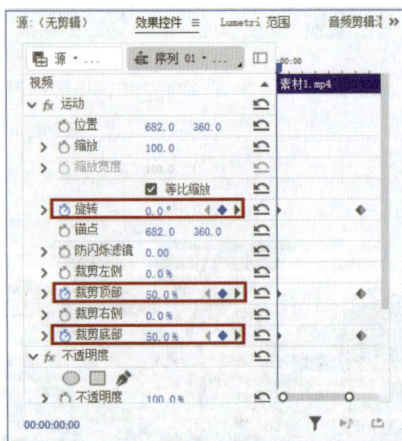

图 5-67

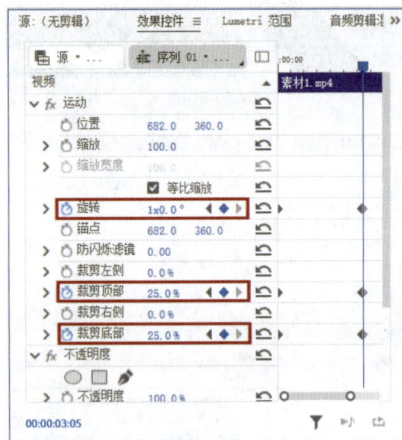

图 5-68

03 然后选中轨道V2的"白场.png"，时间00:00:00:00处的关键帧与图 5-67一致，时间点00:00:03:05处的关键帧将裁剪顶部参数更改为23.0%、"裁剪底部"参数更改为23.0%，"旋转"效果关键帧与图 5-68所示，一致为360°，如图 5-69所示。

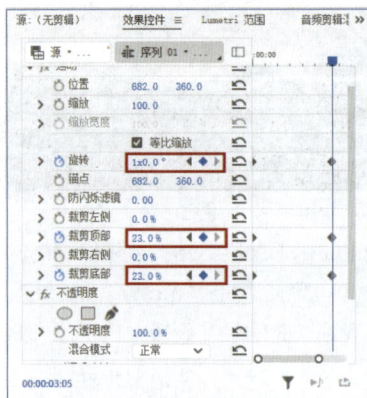

图 5-69

04 Premiere Pro拥有复制粘贴属性功能。选中"素材1.mp4"，右击并在弹出的快捷菜单中执行"复制"命令，如图 5-70所示。然后分别选中剩余视频素材"素材2.mp4"~"素材7.mp4"，右击执行"粘贴属性"命令，在弹出的"粘贴属性"窗口中勾选添加好关键帧的"运动"复选框，如图 5-71所示，"素材1.mp4"的关键帧设置即应用至"时间轴"面板剩余素材上。

图 5-70

图 5-71

05 由于"时间轴"面板中的视频素材是以每隔5帧排列的，所以粘贴属性后，第二列关键帧会有时间位置上的错误，我们需要分别选中视频素材进行修改。选中"素材2.mp4"发现第二列关键帧时间位置在00:00:03:05，我们需要将其移动至00:00:03:10上去，框选中第二列关键帧，同时单击"前进一帧（右侧）"按钮 ▶+Shift键，即可向前移动5帧，然后将第二列关键帧移动至00:00:03:10上，如图 5-72所示。

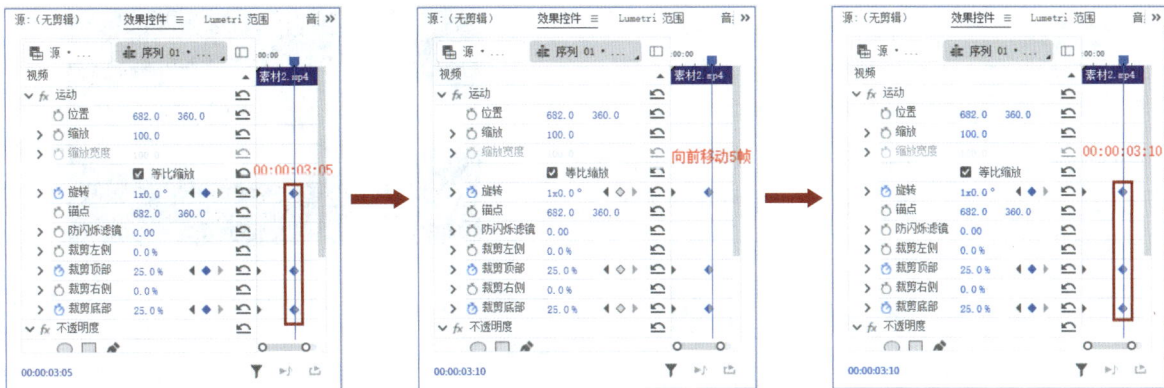

图 5-72

06 根据上述方法移动关键帧。"素材3.mp4"第二列关键帧位于00:00:03:15处,"素材4.mp4"第二列关键帧位于00:00:03:20处,"素材5.mp4"第二列关键帧位于00:00:04:00处,"素材6.mp4"第二列关键帧位于00:00:04:05处,"素材7.mp4"第二列关键帧位于00:00:04:10处。

07 "白场.png"处理方法与其他视频素材处理方法一致。选中V2轨道上的"白场.png",右击并在弹出的快捷菜单中执行"复制"命令,然后分别选中V4、V6、V8、V10、V12、V14上的"白场.png",右击并在弹出的快捷菜单中执行"粘贴属性"命令,将V2轨道上"白场.png"素材设置好的"运动"效果参数粘贴至其余视频轨道中的"白场.png"素材上去。

08 第二列关键帧时间位置与其上方视频素材第二列关键帧时间位置一致。以"裁剪顶部"效果为例,可以看到V4轨道"白场.png"素材第二个关键帧时间位置与"素材2.mp4"第二个关键帧时间位置一致,V6轨道"白场.png"素材第二个关键帧时间位置与"素材3.mp4"第二个关键帧时间位置一致,如图 5-73所示。

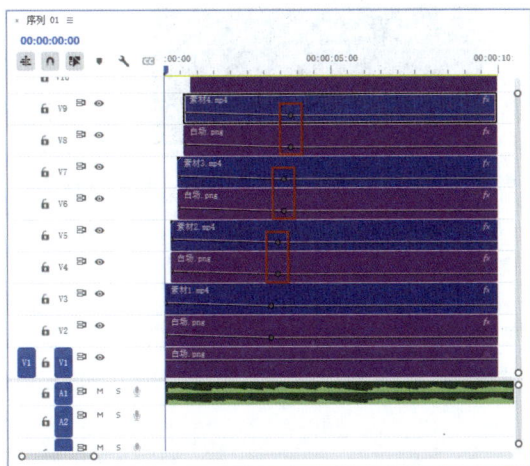

图 5-73

09 为了让开场视频与后续视频有一个更流畅的衔接,将时间指示器移动至00:00:06:02的位置,在此处添加"裁剪顶部""裁剪底部"关键帧,参数不变,如图 5-74所示。然后将时间指示器移动至00:00:07:20的位置,再添加"裁剪顶部""裁剪底部"关键帧,将参数均更改为0.0%,如图 5-75所示。

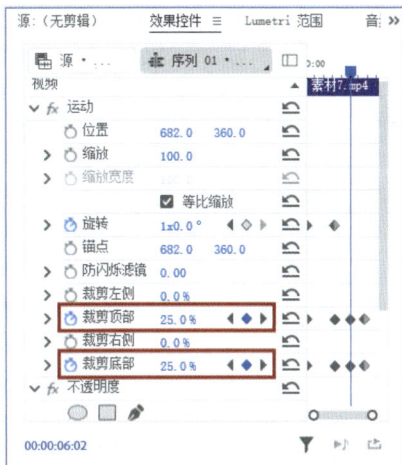

图 5-74

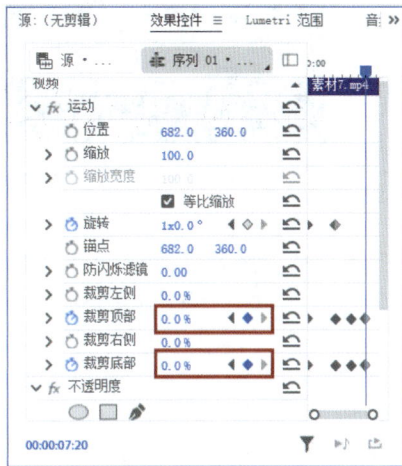

图 5-75

5.5
课后习题

本节通过两个案例对本章内容进行总结，并帮助读者检验学习成果，也能帮助读者更好地掌握关键帧的使用技巧。

5.5.1　实战：制作眯眼效果开场视频

眯眼效果开场可以为视频添加一种朦胧梦幻的感觉，让观众代入第一视角观看视频。本案例制作一个眯眼效果开场，该效果制作原理与电影帷幕拉开效果类似，效果如图 5-76所示，下面介绍具体的操作方法。

图 5-76

01 启动Premiere Pro 2025软件，打开项目文件"眯眼效果开场视频.prproj"，进入剪辑界面，其中已经将需要剪辑的素材放置在"时间轴"面板中。

02 选中"素材.mp4"，在"效果控件"面板中找到"不透明度"选项，单击下方"创建椭圆形蒙版"按钮 ◎，如图 5-77所示，即可创建一个可以任意改变形状的椭圆形蒙版"蒙版（1）"，如图 5-78所示。

图 5-77

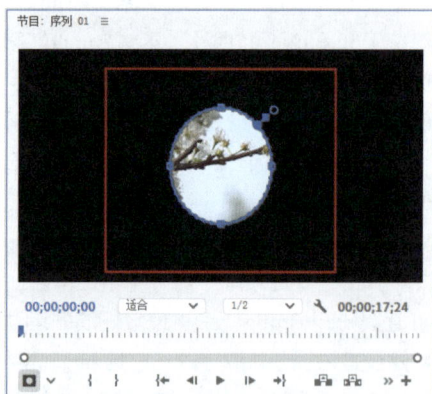

图 5-78

03 我们可以在"节目"监视器面板中拖动椭圆形蒙版的四个点改变其形状。在"节目"监视器面板中将椭圆形蒙版更改为一条直线，如图 5-79所示。

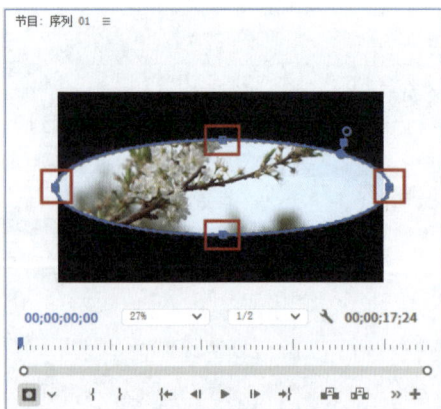

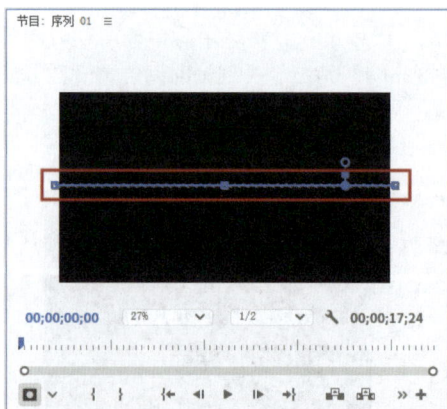

图 5-79

04 将时间指示器移动至00:00:00:00的位置，在此处分别单击"蒙版路径""蒙版羽化"的"切换动画"按钮 ◎，即可自动在此处添加"蒙版路径""蒙版羽化"关键帧，将"蒙版羽化"更改为0.0，如图 5-80所示。

05 将时间指示器移动至00:00:01:20的位置，再添加"蒙版路径""蒙版羽化"关键帧，在"节目"监视器面板中更改蒙版四个点的位置，并将"蒙版羽化"更改为50.0，如图 5-81所示。

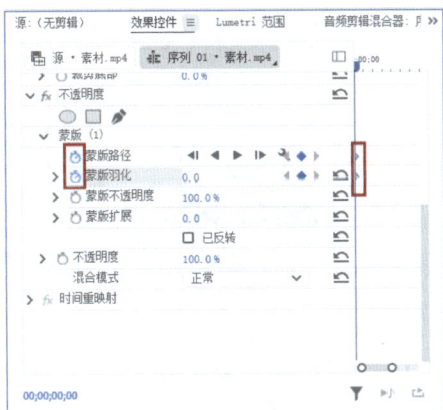

图 5-80

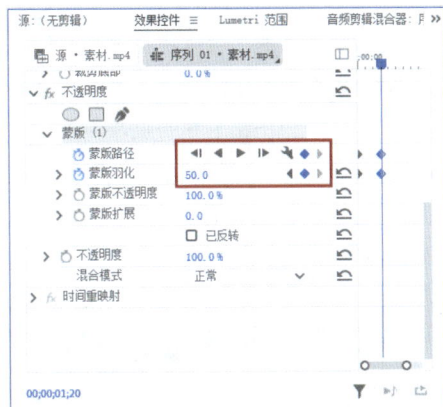

图 5-81

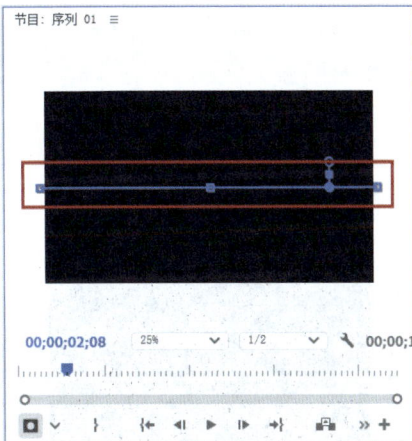

图 5-82

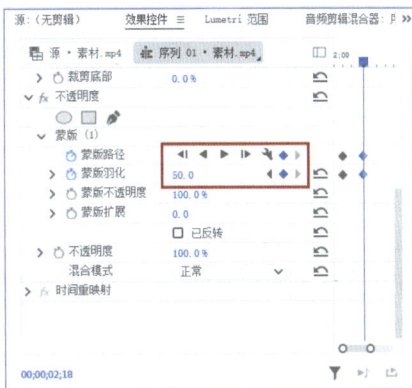

图 5-83

06 再将时间指示器移动至00:00:02:08的位置，再添加"蒙版路径""蒙版羽化"关键帧，在"节目"监视器面板中更改蒙版四个点的位置，并将"蒙版羽化"更改为0.0，如图 5-82所示。

07 将时间指示器移动至00:00:02:18的位置，添加"蒙版路径""蒙版羽化"关键帧，在"节目"监视器面板中更改蒙版四个点的位置，并将"蒙版羽化"更改为50.0，如图 5-83所示。

08 将时间指示器移动至00:00:05:00的位置，添加"蒙版路径""蒙版羽化"关键帧，在"节目"监视器面板中更改蒙版四个点的位置，并将"蒙版羽化"更改为10.0，如图5-84所示。

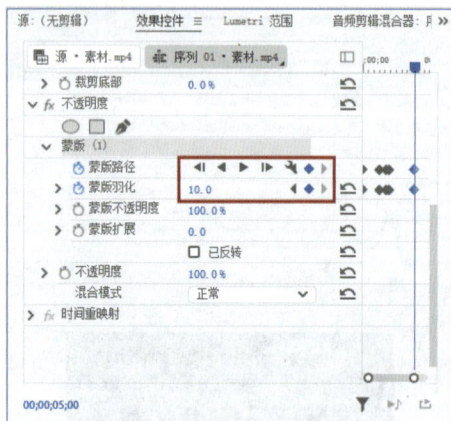

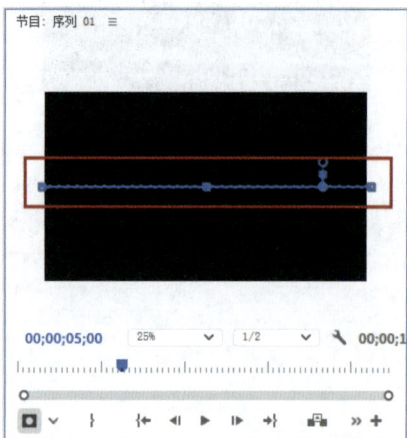

图 5-84

09 将时间指示器移动至00:00:05:29的位置，添加"蒙版路径""蒙版羽化"关键帧，在"节目"监视器面板中更改蒙版四个点的位置，将椭圆形蒙版扩大至预览区画面外，并将"蒙版羽化"更改为70.0，如图 5-85所示。

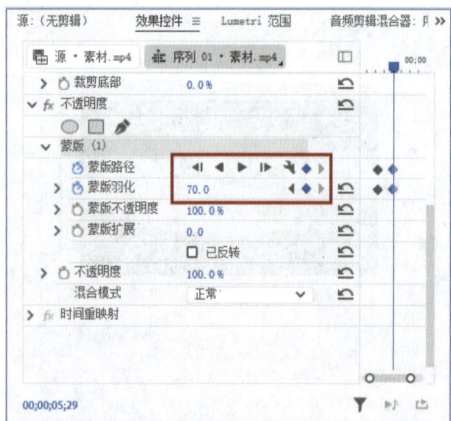

图 5-85

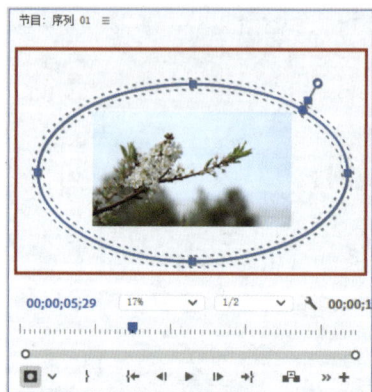

图 5-85（续）

5.5.2　实战：关键帧模拟希区柯克变焦

希区柯克变焦又称滑动变焦，是一种电影拍摄中常见的镜头技法，由于其可以营造视觉空间错位的快感，给观众带来一种奇妙的视觉体验，使其在短视频中非常受欢迎。本节案例通过添加关键帧模拟希区柯克变焦效果，效果如图 5-86所示。下面介绍具体的操作方法。

图 5-86

01 启动Premiere Pro 2025软件，打开项目文件"关键帧模拟希区柯克变焦.prproj"，进入剪辑界面，其中已经将需要剪辑的素材放置在"时间轴"面板中。

02 将时间轴移动至00:00:05:02处，此处为"素材.mp4"最后一帧，右击并在弹出的快捷菜单中执行"添加帧定格"命令，则该帧自动变为定格图片，如图 5-87所示。将定格帧移动至V2轨道，并将其延长至与视频素材"素材.mp4"对齐，如图5-88所示。

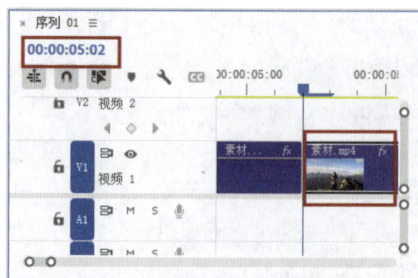

图 5-87

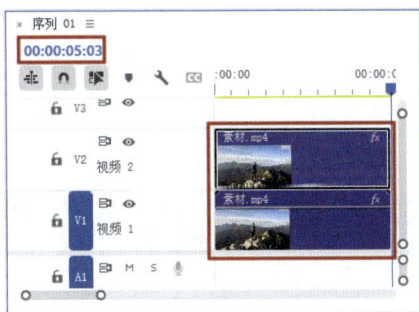

图 5-88

提示：由于"素材.mp4"总时长为00:00:05:03，且将最后一帧变为定格帧，可以将其延长至00:00:05:03，填补空缺。

03 完成上述操作后，选中V1轨道中的"素材.mp4"，在首尾添加"缩放"关键帧，如图 5-89 所示。

图 5-89

04 将时间指示器移动至00:00:00:00的位置，选中定格帧，将其"不透明度"调整至50.0%，如图 5-90所示。

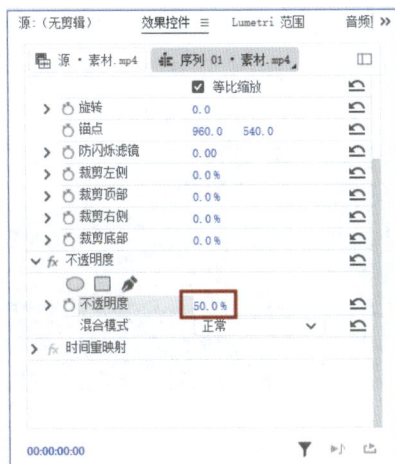

图 5-90

图 5-90（续）

05 然后再选中"素材.mp4"，将其"缩放"调整至177.0，也是"素材.mp4"第1帧画面与定格帧（"素材.mp4"最后1帧）中人物大小相匹配的大小，如图 5-91所示。

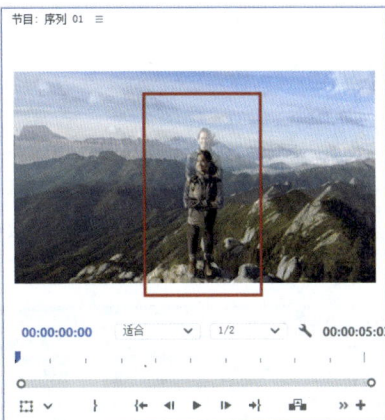

图 5-91

06 完成上述操作后，将V2轨道中的定格帧删除，关键帧模拟希区柯克变焦效果即制作完成。

第6章
视频叠加与抠像

在影视后期制作过程中，叠加与抠像技术发挥着至关重要的作用。抠像作为一种实用且有效的特效手段，被广泛地运用在影视处理的诸多领域。抠像可以使多种图像或视频素材产生完美的画面合成效果。叠加则是将多个素材混合在一起，从而产生各种特殊效果。两者有着必然的联系，因此本章将叠加与抠像技术放在一起来学习。

6.1 叠加与抠像概述

学习如何制作叠加和抠像效果之前，首先介绍叠加与抠像的基本知识，方便后续实操教学更容易理解。

6.1.1 叠加

叠加技术允许编辑者在同一个时间线上层叠放置多个画面，实现多个画面同时呈现的视觉效果。在Premiere Pro中，叠加通常通过调整素材在时间线上的轨道位置来实现，确保上层素材覆盖或部分覆盖下层素材，如图 6-1所示。这种技术广泛应用于视频广告、MV制作、电影特效等多个领域，可以创造出丰富的视觉层次和动态效果。

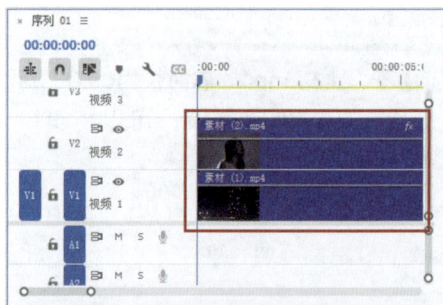

图 6-1

6.1.2 抠像

抠像技术是一种将图像中指定区域的颜色去除，使其透明化，进而与其他素材进行合成的技术。在Premiere Pro中，抠像通常依赖于"键控"效果，这些效果包括"颜色键""超级键""亮度键"等多种类型。抠像技术常用于去除背景（如绿幕或蓝幕），以便将人物或物体放置到新的背景中，或者将多个素材无缝地融合在一起，如图6-2所示。

图 6-2

6.2
不透明度

在Premiere Pro中，"不透明度"效果一般用于调节画面中所有对象的不透明度，可以用于调节画面整体的明暗。同时其还可以通过"不透明度"效果和"混合模式"功能将画面叠加，使用"蒙版"功能对画面中的特定元素进行自定义抠像，如图 6-3所示。本节详细介绍"不透明度"效果的应用方法。

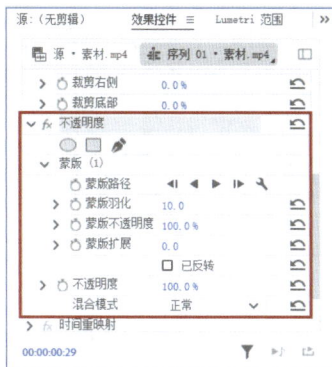

图 6-3

6.2.1 不透明度

剪辑对象的总体不透明度可以通过"时间轴"面板或"效果控件"面板进行调节。在"时间轴"面板中选中视频轨道素材，其关键帧一般显示为"不透明度"，向上或向下移动素材中的横线即可调整不透明度，如图 6-4所示。

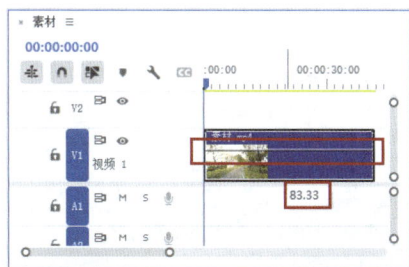

图 6-4

选中"时间轴"面板中视频轨道中的素材，在

"效果控件"面板中即可调整画面的不透明度，如图 6-5所示。

图 6-5

第5章详细介绍了"不透明度"关键帧的制作方法，所以本章不做过多介绍。

6.2.2 蒙版效果

用户可以在Premiere Pro中创建自定义蒙版或将另一剪辑用作蒙版的基础。例如，我们可以将画面中的人物通过"蒙版"单独抠掉。

01 选中"时间轴"面板中的"素材1.mp4"，在"效果控件"面板中单击"自由绘制贝塞尔曲线"按钮，在"节目"监视器面板中按照顺序添加锚点将人物框选出来，如图 6-6所示。

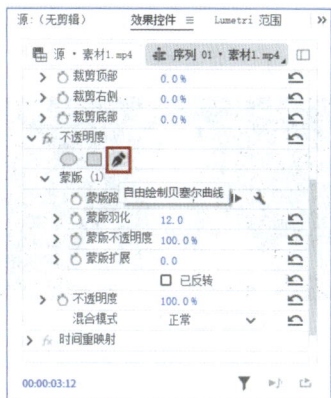

图 6-6

图 6-6（续）

02 将人物框选出来后，可以在线条空白处添加锚点，如图 6-7所示。

图 6-7

03 将光标移动至锚点上，按住Alt键，即可发现光标由箭头变为锐角夹角，单击锚点，该锚点两侧则会出现两个手柄，此时直线夹角变为平滑曲线，调整手柄大小和角度，可以调整曲线的大小和位置，如图6-8所示。

图 6-8

6.2.3　混合模式

Premiere Pro的混合模式可以将上下两个层级的素材进行溶解混合。混合模式在"不透明度"效果中，如图6-9所示。

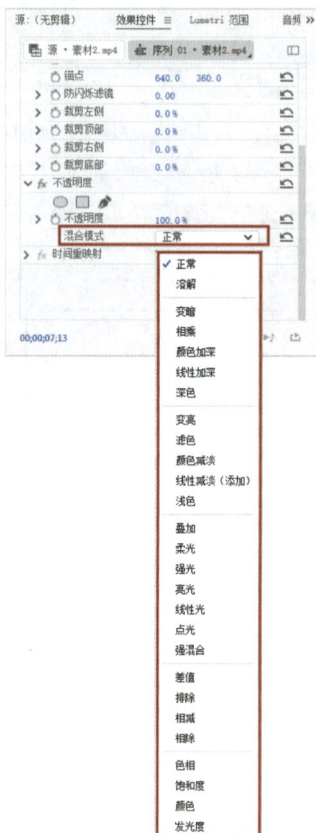

图 6-9

混合模式共26种，"滤色"混合模式较为常用。导入黑白素材时，使用"滤色"混合模式可消除画面中的黑色。因此，在制作水墨画、文字类视频时，可以利用该混合模式实现抠像效果，如图6-10所示。

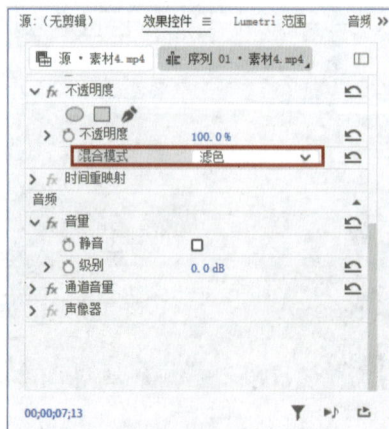

图 6-10

图 6-10（续）

6.2.4 实战：人物分身效果

　　人物分身效果是剪辑的常用手法，是在同一画面呈现同一人物多个形象的剪辑技术，能增添趣味性和观赏性，辅助表现人物心理活动与幻想等场景。本节案例制作一个简单的人物分身效果视频，效果如图 6-11所示。下面介绍具体的操作方法。

图 6-11

01 启动Premiere Pro 2025软件，打开项目文件"人物分身效果.prproj"，进入剪辑界面，其中已经将需要剪辑的素材裁剪排列在"时间轴"面板中。

02 选中"素材2.mp4"，在"效果控件"面板中单击"自由绘制贝塞尔曲线"按钮 ✎，并在"节目"

监视器面板中添加锚点将人物框选出来，如图 6-12所示。

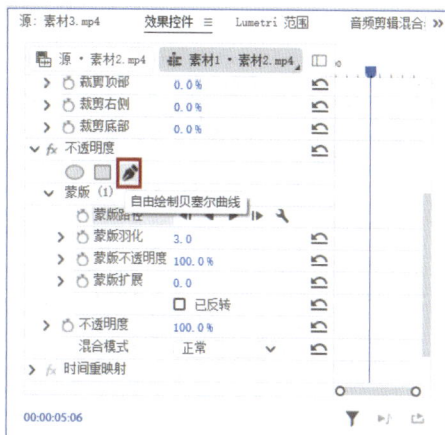

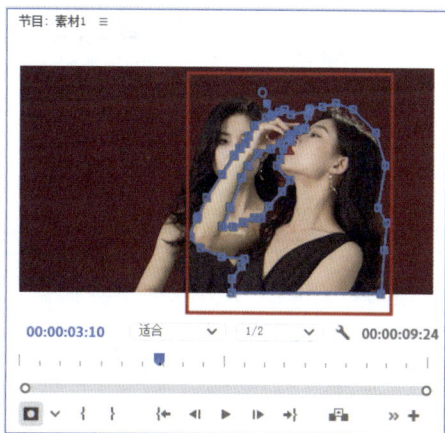

图 6-12

03 由于画面中的人物是运动的，添加蒙版后，无法自动跟踪人物并修改蒙版位置。将时间指示器移动至00:00:02:17处，添加"蒙版"路径关键帧，在"节目"监视器面板中根据人物调整蒙版，同时将"素材2.mp4"画面缩小放置在预览区画面的右侧，如图 6-13所示。

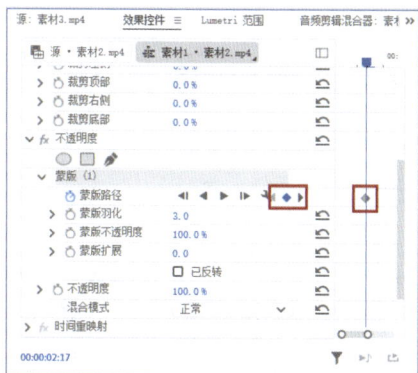

图 6-13

04 完成第一个关键帧的添加后，为了后续更快捷操作，单击"向前跟踪所选蒙版"按钮 ▶，这样可以自动在该关键帧后续每一帧上添加关键帧，如图6-14所示。

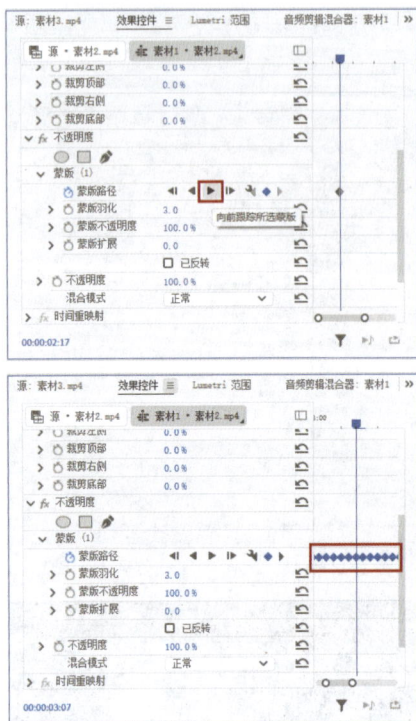

图 6-14

05 后续添加了关键帧后，无法做到精确跟踪所选对象，所以需要我们进行调整。我们不需要一帧一帧地修改，可以每隔5~10帧根据"素材2.mp4"中人物的动作进行锚点修改，但间隔中间的关键帧必须删除，然后再进行锚点调整，如图6-15所示。

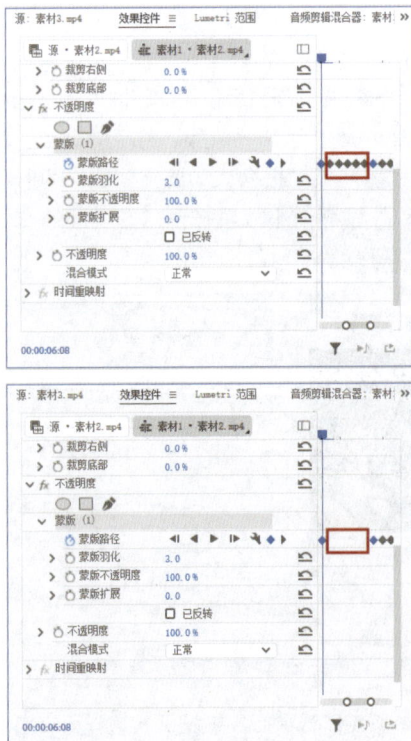

图 6-15

> 提示："素材3.mp4"制作方法与"素材2.mp4"制作方法一致，所以在此不进行过多赘述。

6.2.5 实战：古风水墨开场效果

古风类的视频受众一直十分广泛，尤其是年轻一代对这种充满传统文化韵味的内容更是情有独钟。本节案例通过"滤色"混合模式制作一个古风水墨开场视频，效果如图 6-16所示。下面介绍具体的操作方法。

图 6-16

01 启动Premiere Pro 2025软件，打开项目文件"古风水墨开场视频.prproj"，进入剪辑界面，其中已经将需要剪辑的素材裁剪排列在"时间轴"面板中。

02 选中"水墨素材.mp4"，在"效果控件"面板中选择"滤色"混合模式，如图 6-17所示。古风水墨效果即制作完成。

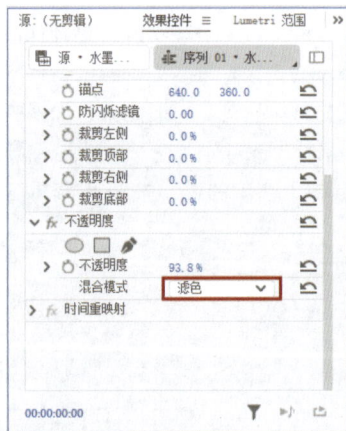

图 6-17

03 由于本案例是制作开场视频，为了与后续素材有一个更好的过渡，将时间指示器移动至00:00:07:23的位置，在"效果控件"面板中单击"不透明度"的"切换动画"按钮 ⏱，并添加关键帧，如图 6-18所示，参数维持100.0%不变。然后将时间指示器移动至00:00:09:13的位置，再添加一个"不透明度"关键帧，将参数更改为0.0%，如图 6-19所示。

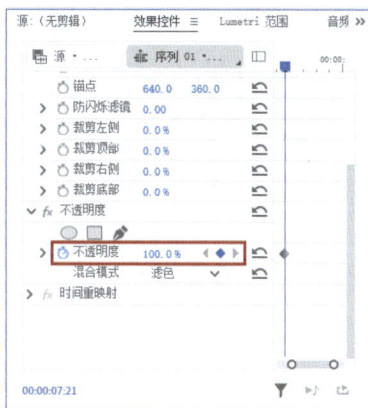

图 6-18

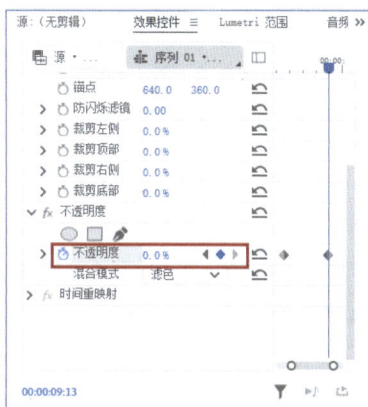

图 6-19

6.2.6 实战：不同时空交汇效果

不同时空交汇效果是影视剧中常用的剪辑手法之一，其呈现类型多样，例如，不同年代的时空交汇、不同时空的人物交汇及不同空间位置的物体交汇。这种剪辑手法打破了时空的限制，可以采用双线甚至多线叙事结构，融合不同时空的元素，快速交代情节要点，创造出一种奇幻的视觉感受。本节案例制作一个影视剧结尾常用的交代人物、制造悬念的不同时空人物交汇的视频，效果如图 6-20所示。下面介绍具体的操作方法。

图 6-20

01 启动Premiere Pro 2025软件，打开项目文件"不同时空交汇效果视频.prproj"，进入剪辑界面，其中已经将需要剪辑的素材裁剪排列在"时间轴"面板中。

02 选中"素材2.mp4"，单击"创建4点多边形蒙版"按钮□，如图 6-21所示，在"节目"监视器面板预览区画面中则出现一个矩形蒙版。移动四边形蒙版的四个锚点位置，框选住"素材2.mp4"中的人物即可，同时需要将四个锚点的位置扩大至预览区画面外，如图 6-22所示。

图 6-21

图 6-22

03 在"素材2.mp4"的"效果控件"面板中将"蒙版（1）"的"蒙版羽化"调整为281.0，如图 6-23所示。

04 完成上述操作后，为使画面更加美观，适当调整"素材1.mp4"和"素材2.mp4"的大小和位置，如图 6-24所示。

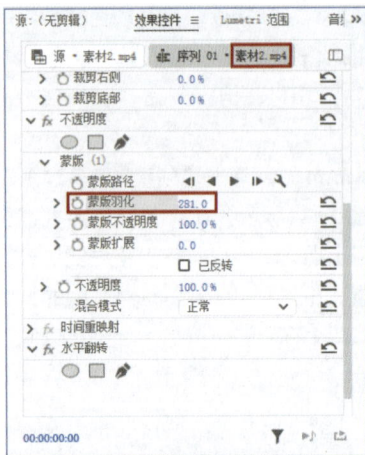

图 6-23

图 6-24

6.3 键控效果介绍

在Premiere Pro 2025中，键控效果允许用户根据图像中特定像素的亮度或颜色信息来创建遮罩，进而实现复杂的图像合成效果。显示键控特效的操作很简单，在"效果"面板中搜索"键控"，即可找到"键控"文件夹，如图 6-25所示，其中包含不同的抠像效果。

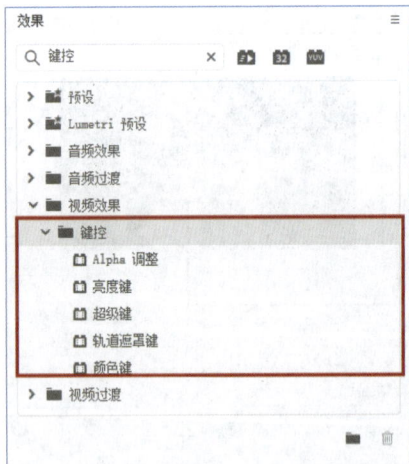

图 6-25

6.3.1 Alpha 调整

Alpha调整用于对剪辑素材中已有的Alpha通道进行操作，如忽略、反转，或仅将其作为蒙版使用。Alpha通道代表图像的透明度和半透明度区域。Premiere Pro 2025能够读取来自Photoshop和3D图形软件等制作的Alpha通道，还能够将Illustrator

文件中的不透明区域转换成Alpha通道。使用Alpha调整需要画面的内容元素较为简单，过多的元素起不到该功能的作用。

01 导入"素材.mp4"至"时间轴"面板，单击"文字工具（T）" T.（横向），在预览区画面中输入文字"那拉提"，在"素材.mp4"上方轨道中会自动生成文字图层，如图 6-26所示。

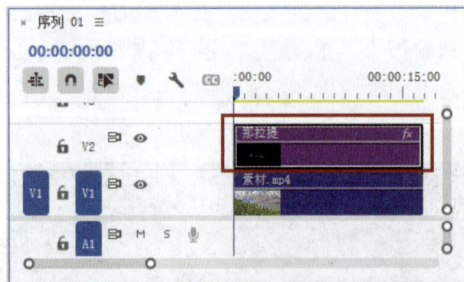

图 6-26

02 在"效果控件"面板中对文字进行设置，最终效果如图 6-27所示。在"效果"面板中将"Alpha调整"添加至"时间轴"面板轨道的文本素材中，然后会在"效果控件"面板中出现"Alpha调整"及其参数，如图 6-28所示。

图 6-27

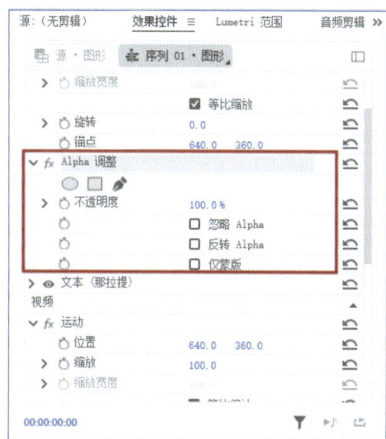

图 6-28

03 勾选"Alpha调整"中的"忽略"复选框，"节目"监视器面板中只留下了文字，如图 6-29所示。"忽略"就是忽略"Alpha通道"，不让其产生其他效果画面，只对单独元素做出反应。通俗地讲，就是把"时间轴"面板中的文字素材单独抠出，在后期可作为单独文字素材导出，作为素材应用于其他剪辑中。

图 6-29

图 6-29（续）

04 取消勾选"忽略"复选框，然后勾选"反转"复选框，"Alpha通道"会进行反转，做出镂空文字效果，如图 6-30所示。

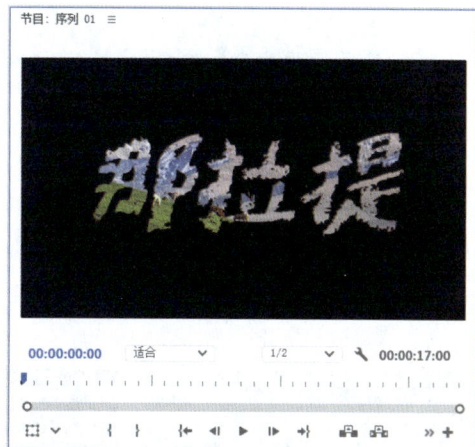

图 6-30

05 取消勾选"反转"复选框，勾选"仅蒙版"复选框，"Alpha调整"将对文字元素进行遮罩，文字变成了白色，如图 6-31所示。

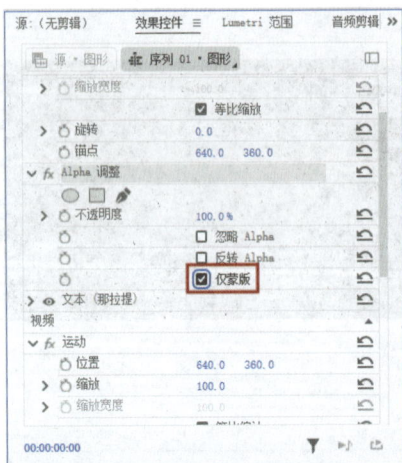

图 6-31

6.3.2　亮度键

使用"亮度键"效果可以去除素材中较暗的图像区域，通过调整"阈值"和"屏蔽度"参数，能够微调效果，如图 6-32所示。需注意的是，"亮度键"功能在明暗对比度较高的素材中效果最佳。例如，导入一段背景素材，再在上方导入一个黑色背景发光圆圈素材和一个绿幕素材，分别使用"亮度键"功能，可以明显看出黑色背景素材效果要更好，如图 6-33所示。

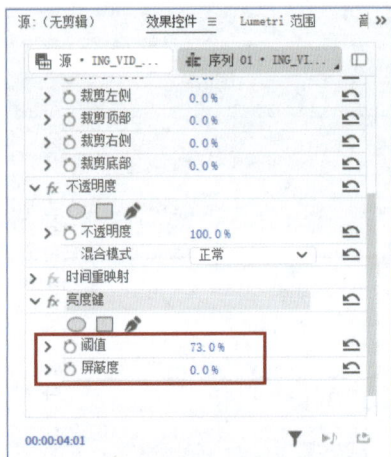

图 6-32

图 6-33

6.3.3　超级键

"超级键"也称"极致键"，可通过调整图像容差值来改变指定颜色像素的透明度，还能用于修改图像的色彩显示。在"亮度键"的介绍中，我们知道绿幕素材是无法通过"亮度键"功能进行抠图的，"超级键"即可将绿幕素材抠出，如图 6-34所示。

图 6-34

添加了"超级键"效果后，可在"效果控件"面板中对其相关参数进行调整，如图6-35所示。

图 6-35

"超级键"主要参数介绍如下。

- 主要颜色：用于吸取需要被键出的颜色。
- 输出：这一参数主要用于确定抠像后前景和背景如何混合，用户可以根据"Alpha通道""颜色通道"进行色彩细节调整，调整完成后即可选择"合成"选项，将两个图层合并。
- 设置：分为"默认""弱效""强效""自定义"4个选项，用户可以选择"默认""弱效""强效"一键生成合成效果，也可以通过"自定义"根据实际情况做出调整。
- 遮罩生成：展开该属性栏，可以自行设置遮罩层的各类属性。
- 遮罩清除：若抠像选择丢失了一些边缘，可以使用"抑制"缩小遮罩。如果过度抑制遮罩，则会逐渐在前景图像中丢失边缘细节，在视觉效果行业中通常称之为提供"数码修剪"。"柔化"可以为遮罩增添模糊感，对

前景和背景图形的混合起加强作用，增强混合可以使合成图更逼真。"对比度"可以提高Alpha通道的对比度，使黑白图像的对比更加强烈，从而更清晰地定义抠像，以获得更加干净的抠像。

- 溢出抑制：当绿色背景和拍摄对象的颜色并不相同时，溢出抑制会补偿从绿色背景反射到拍摄对象上的颜色，因此在抠像过程中有效避免部分对象的"误抠像"。
- 颜色校正：通过调整色相、饱和度和明度调整画面色彩，让其与底部图层更加和谐统一。

6.3.4 轨道遮罩键

"轨道遮罩键"在一定程度上体现了"Alpha调整"和"亮度键"的功能。它利用一个轨道上任意剪辑的亮度信息或"Alpha通道"，为叠加剪辑创建另一个遮罩。作为遮罩的素材需置于上方轨道，可实现移动或滑动蒙版效果。"轨道遮罩键"可以为文字创建色彩遮罩效果，例如在V1轨道上添加文字后，为V2轨道中的视频素材添加"轨道遮罩键"效果，即可完成文字抠像效果，如图6-36所示。

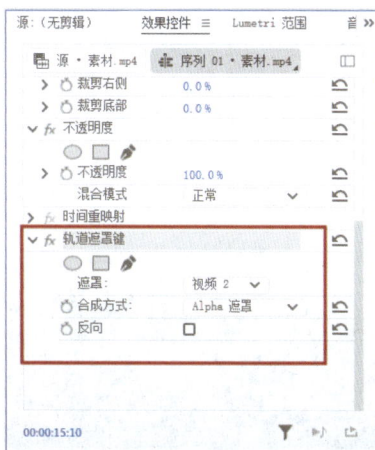

图 6-36

"轨道遮罩键"的参数介绍如下。

● 遮罩：在右侧的下拉列表中，可以为素材指定一个遮罩。

● 合成方式：用来指定应用遮罩的方式，在右侧的下拉列表中可以选择"Alpha遮罩"和"亮度遮罩"选项。

● 反向：勾选该复选框，可以使遮罩的颜色翻转。

6.3.5　颜色键

"颜色键"与"超级键"功能相似，均可去除素材图像中指定颜色的像素，不过该效果仅影响素材的Alpha通道。

添加"颜色键"至素材中，在"效果控件"面板中调整其参数，即可得到图 6-37所示的效果。

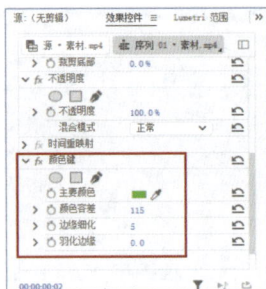

图 6-37

6.3.6　实战：画面亮度抠像

在前文的基础功能介绍中，简单讲解了"亮度键"功能，了解到该功能可以去除素材中较暗的图像区域，画面亮度抠像则是用到了"亮度键"功能。本案例通过一个视频案例介绍如何使用"亮度键"对画面中的人物添加星光效果，效果如图 6-38所示。下面介绍具体的制作方法。

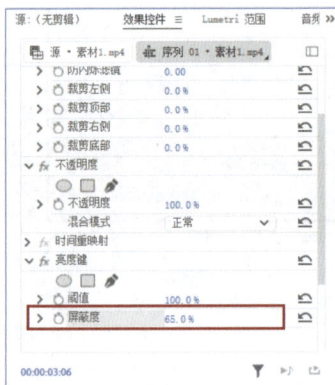

图 6-39

6.3.7　实战：制作文字遮罩 Vlog 片头

文字遮罩效果在视觉上满足了人们对于创意和个性化的追求，适用范围广。本案例制作一个Vlog开场视频，介绍如何制作文字遮罩效果，效果如图 6-40所示。下面介绍具体的操作方法。

图 6-38

01 启动Premiere Pro 2025软件，打开项目文件"画面亮度抠像.prproj"，进入剪辑界面，其中已经将需要剪辑的素材裁剪排列在"时间轴"面板中。

02 在"效果"面板中搜索"亮度键"，将"亮度键"效果添加至"素材1.mp4"中。

03 在"素材1.mp4"的"效果控件"面板中找到"亮度键"效果，将"屏蔽度"更改为65.0%，如图 6-39所示。

图 6-40

01 启动Premiere Pro 2025软件，打开项目文件"制作

文字遮罩Vlog片头.prproj"，进入剪辑界面，其中已经将需要剪辑的素材排列在"时间轴"面板中。

02 将"轨道遮罩键"效果添加至V2轨道中的"素材4.mp4"中，在"效果控件"面板中选择遮罩对象为"轨道3"、合成方式为"Alpha遮罩"，如图 6-41所示。

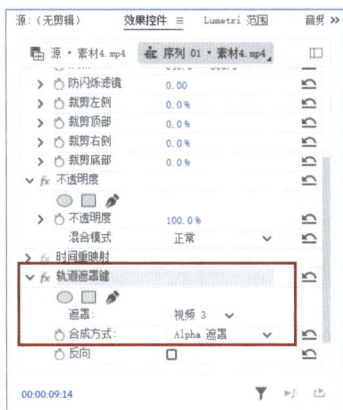

图 6-41

03 选中文字图层"Dubai"，向下滑动光标，找到"视频"|"运动"效果，将时间指示器移动至00:00:07:19的位置，在此处添加"位置""缩放"关键帧，如图 6-42所示。再将时间指示器移动至00:00:08:09的位置，再添加一个"位置""缩放"关键帧，如图 6-43所示。

图 6-42

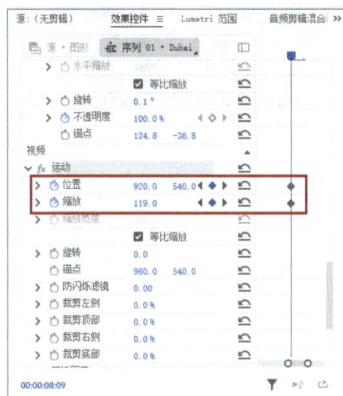

图 6-43

04 然后将时间指示器移动至00:00:08:14的位置，添加"位置""缩放"关键帧，如图 6-44所示。将时间指示器移动至00:00:09:09的位置，添加"位置""缩放"关键帧，如图 6-45所示。文字遮罩片头效果即制作完成。

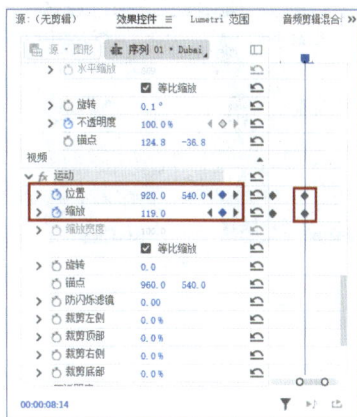

图 6-44

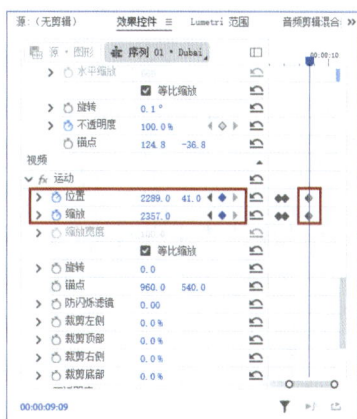

图 6-45

6.4 课后习题

本节将通过两个案例对本章进行总结，并帮助读者检验学习成果，也能帮助读者更好地掌握关键帧的使用技巧。

6.4.1　实战：裸眼 3D 效果

裸眼 3D 效果是短视频时代颇受人们喜爱的一种剪辑方式。短视频创作者通过在视频中模拟3D效果，为观众带来视觉差异，创造新奇的观看体验。本节案例将制作一个简单的裸眼3D效果，效果如图 6-46所示。下面介绍具体的操作方法。

图 6-46

01 启动Premiere Pro 2025软件，打开项目文件"裸眼3D效果.prproj"，进入剪辑界面，其中已经将需要剪辑的素材放置在"时间轴"面板中。

02 选中"黑场.png"，在"效果控件"面板中找到"不透明度"选项，单击下方"创建椭圆形蒙版"按钮⬭，如图 6-47所示。创建一个可以任意改变形状的椭圆形蒙版"蒙版（1）"后，在"节目"监视器面板中调整椭圆形蒙版的位置大小，将其放置在预览区画面最上方，如图 6-48所示。

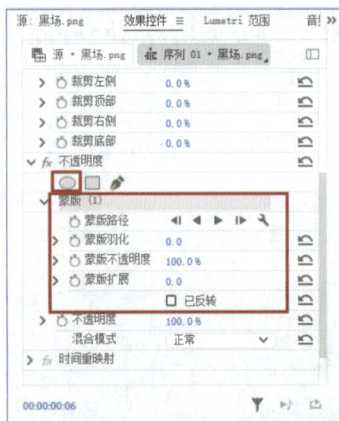

图 6-47

图 6-48

03 选中"蒙版（1）"，按快捷键Ctrl+C，或右击，在弹出的快捷菜单中执行"复制"命令，然后按快捷键Ctrl+V，或右击并在弹出的快捷菜单中执行"粘贴"命令，即可复制并粘贴一个"蒙版（1）"，如图 6-49 所示。

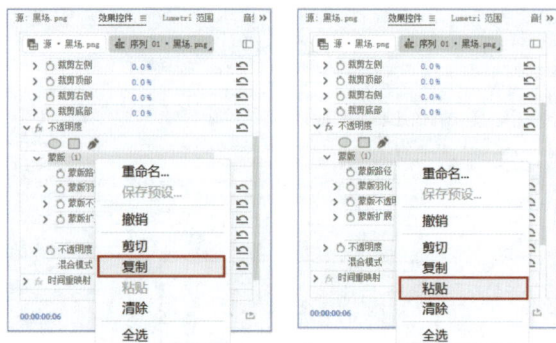

图 6-49

04 完成上述操作后，将复制的"蒙版（1）"放置在预览区画面最下方，如图 6-50所示。

图 6-50

05 然后单击"创建4点多边形蒙版"按钮▢，创建"蒙版（3）"在"节目"监视器面板预览区画面中绘制一个长条矩形，如图 6-51所示。

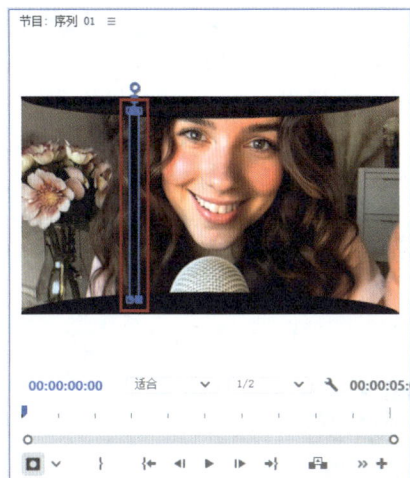

图 6-51

06 选中"蒙版（3）"，复制并粘贴一层，并在"节目"监视器面板预览区画面中将长条矩形移动至右侧，如图 6-52所示。

图 6-52

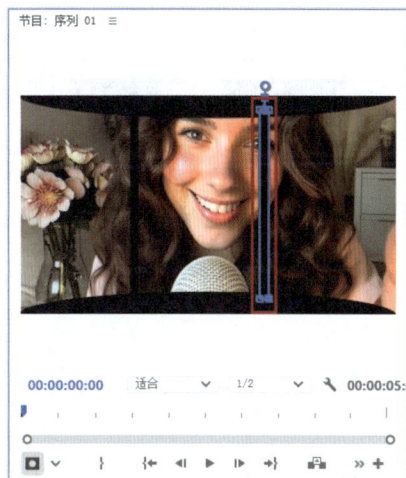

图 6-52（续）

07 完成上述操作后，选中"素材.mp4"，长按Alt键，在上方V3视频轨道复制并粘贴"素材.mp4"，如图 6-53所示。选中V3视频轨道复制"素材.mp4"，在"效果控件"面板中单击"自由绘制贝塞尔曲线"按钮 ✎，并在"节目"监视器面板中添加锚点将人物框选出来，并根据人物运动轨迹添加"蒙版路径"关键帧，如图 6-54所示。裸眼3D效果即制作完成。

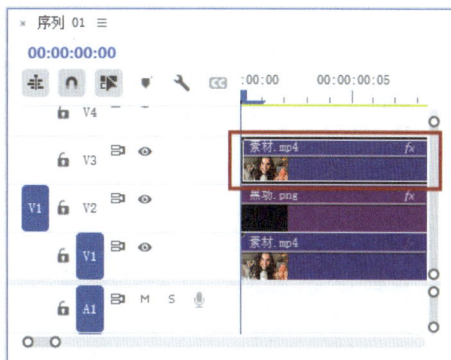

图 6-53

图 6-54

123

图 6-54（续）

6.4.2　实战：绿幕抠像视频

　　绿幕抠像视频是通过拍摄绿色背景下的主体，后期替换背景的剪辑技术，广泛应用于影视、广告、直播等领域，用于创建虚拟场景或特效，提升视觉表现力。本节通过绿幕抠像制作一个视频，效果如图 6-55所示。下面介绍具体的操作方法。

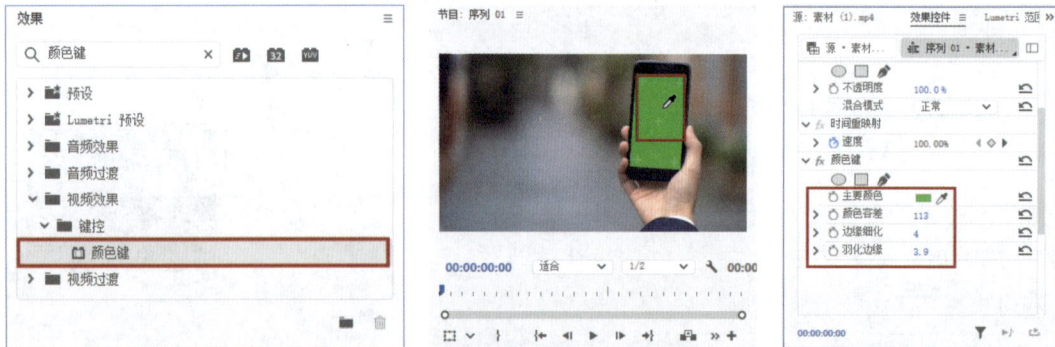

图 6-55

01　启动Premiere Pro 2025软件，打开项目文件"绿幕抠像视频.prproj"，进入剪辑界面，其中已经将需要剪辑的素材放置在"时间轴"面板中。

02　添加"颜色键"效果至"素材1.mp4"中，在"效果控件"面板中，使用吸管工具 🖋 在"节目"监视器面板中吸取绿色，接着将"颜色容差"调整为113、"边缘细化"调整为4、"羽化边缘"调整为3.9，如图 6-56所示。

图 6-56

03　为了让"素材1.mp4"和"素材2.mp4"衔接更加流畅，继续选中"素材1.mp4"，将时间指示器分别移动至00:00:05:10和00:00:06:06处，添加"位置"和"缩放"关键帧，如图 6-57所示。

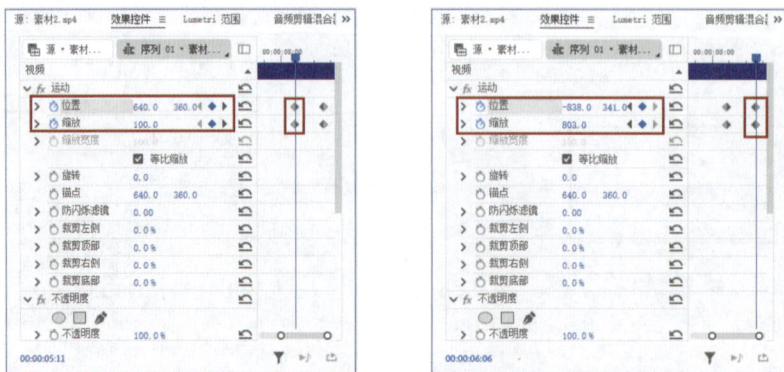

图 6-57

第 7 章
视频的转场效果

视频转场效果是连接视频片段的过渡方式，能平滑衔接镜头，控制视频节奏，生动表达叙事内容，让故事讲述更清晰，渲染情绪氛围，提升视频流畅性与情感表现力。在影视创作中，转场通过动态效果隐藏剪辑痕迹，让观众视觉体验连贯，从基础硬切到复杂特效，适配不同风格作品，不同形式的转场会直接影响观众情绪。

7.1 认识视频转场

视频转场在影片的制作过程中具有至关重要的作用，它可以将两段素材更好地衔接在一起，实现两个场景的平滑过渡。

7.1.1 视频转场效果概述

视频转场效果是指画面与画面之间的转接。转场效果可以分散观众的注意力，使画面看起来更加稳定。在需要增强剪辑视觉效果时，可使用视频转场效果，如图7-1所示。

图 7-1

图 7-1（续）

在Premiere Pro 2025中，视频转场效果的操作基本都在"效果"面板与"效果控件"面板中完成，如图 7-2和图 7-3所示。其中"效果"面板的"视频过渡"文件夹中包含8组视频转场效果。"效果控件"面板中调整转场效果持续时间、切入位置和转场样式等设置。

图 7-2

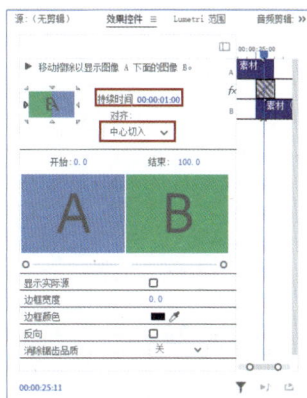

图 7-3

7.1.2 "效果"面板的使用

打开"效果"面板，在"预设"或"Lumetri预设"文件夹上右击，在弹出的快捷菜单中执行"导入预设"命令，即可将预设文件导入"效果"面板的素材箱中，如图 7-4所示。

图 7-4

需要注意的是，Premiere Pro 自带的预设效果是无法删除的，而用户自定义的预设可以删除。选择需要删除的预设文件，然后右击并在弹出的快捷菜单中执行"删除"命令，或单击"效果"面板右下角的"删除自定义项目"按钮⬛，即可删除预设文件，如图 7-5所示。

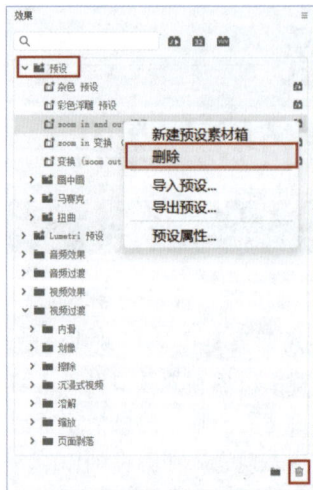

图 7-5

7.1.3 实战：添加视频转场效果

视频转场效果在影视编辑工作中的应用十分广泛，通过为素材添加视频转场效果，可以令原本普通的画面增色不少。本节案例将为春季出游赏樱花视频添加转场效果，效果如图 7-6所示。下面介绍具体的操作方法。

图 7-6

01 启动Premiere Pro 2025，按快捷键Ctrl+O，打开素材文件夹中的"添加视频转场效果.prproj"项目文件，其中"时间轴"面板和"项目"面板中已经创建好序列并且导入素材。

02 在"效果"面板中展开"视频过渡"|"溶解"文件夹，选中"黑场过渡"效果，长按并添加至"素材1.mp4"开头位置，如图 7-7所示。

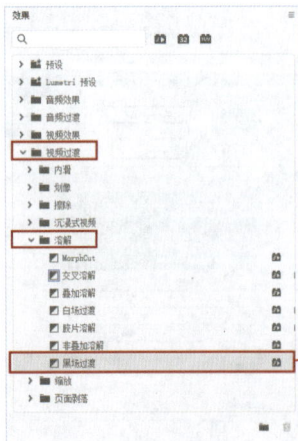

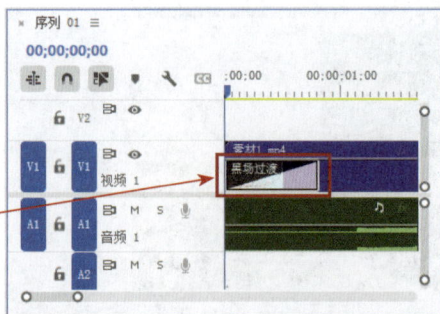

图 7-7

03 在"效果"面板中选中"胶片溶解"视频过渡效果,并添加至"素材2.mp4"和"素材3.mp4"中间处,如图 7-8所示。

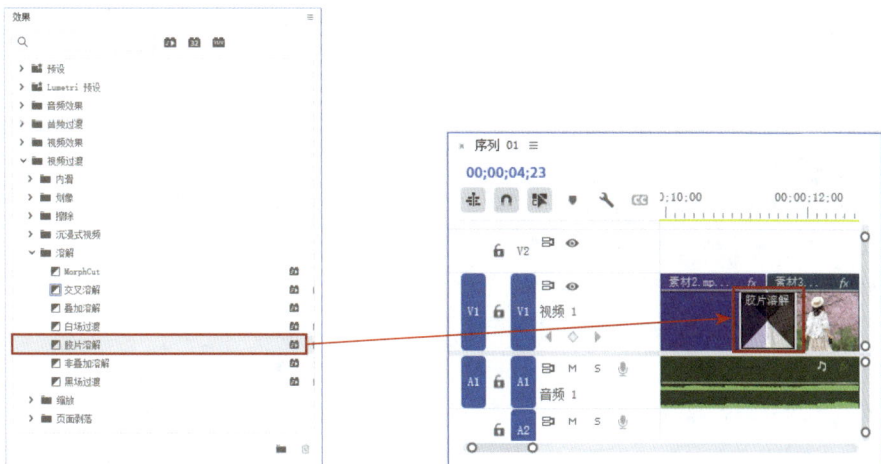

图 7-8

04 在"效果"面板中选中"交叉溶解"视频过渡效果,并添加至"素材4.mp4"开始处,如图 7-9所示。

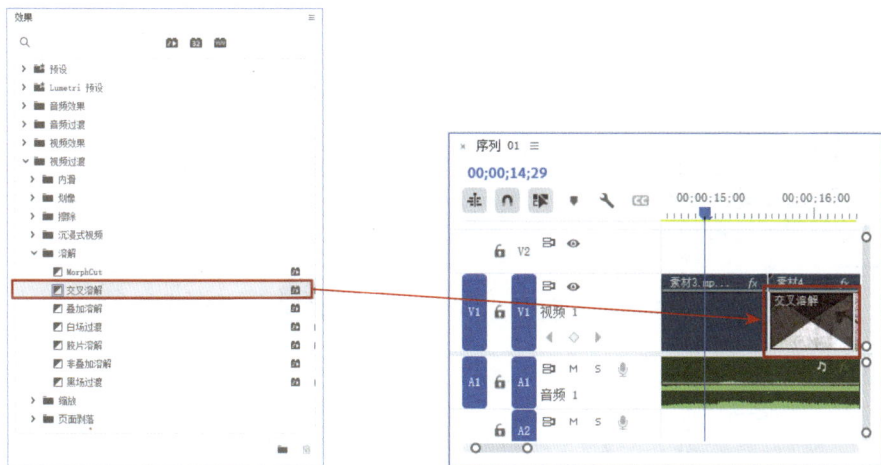

图 7-9

05 在"效果"面板中选中"叠加溶解"视频过渡效果,并添加至"素材6.mp4"和"素材7.mp4"中间处,如图 7-10所示。

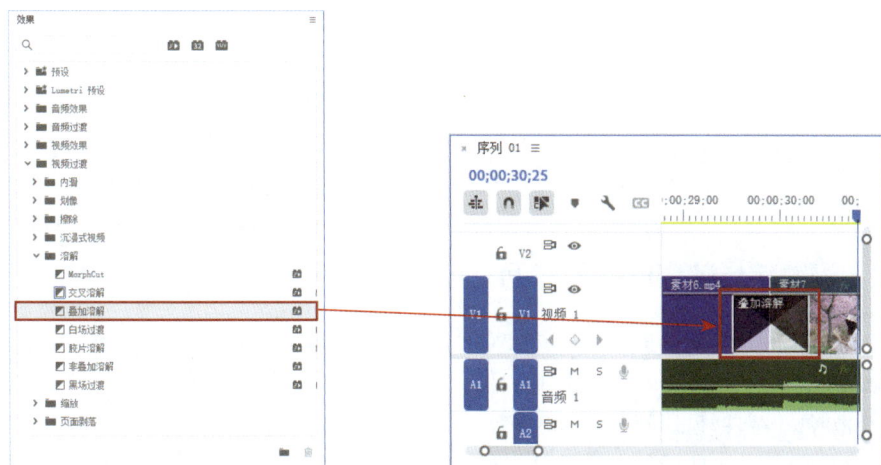

图 7-10

7.1.4 自定义转场效果

应用视频转场效果之后，还可以对转场效果进行编辑，使其更适应影片需求。视频转场效果的参数调整可以在"时间轴"面板中完成，也可以在"效果控件"面板中完成，但前提是必须在"时间轴"面板中选中转场效果，才可对其进行编辑。

在"效果控件"面板中，可以调整转场效果的作用区域，"对齐"下拉列表提供了4种对齐方式，如图 7-11所示，用户可以通过设置不同的对齐方式来控制转场效果。此外，还可以选择在"效果控件"面板中调整转场效果的持续时间、对齐方式、开始和结束的比例、边框宽度、边框颜色、消除锯齿品质等参数。

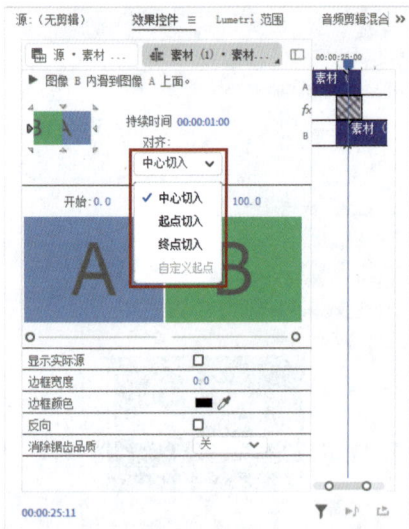

图 7-11

- 中心切入：将转场效果添加在相邻素材的中间位置。
- 起点切入：将转场效果添加在第二个素材的开始位置。
- 终点切入：将转场效果添加在第一个素材的结束位置。
- 自定义起点：通过单击并拖曳转场效果，自定义转场的起始位置。

7.1.5 实战：调整转场效果的持续时间

添加视频转场效果后，还需要根据实际情况调整效果的持续时间，从而制作出符合视频需要的转场效果。转场效果的持续时间可控制节奏、引导注意、强化视觉、助力叙事。下面通过一个案例讲解如何调整转场效果的持续时间。

01 启动Premiere Pro 2025，按快捷键Ctrl+O，打开素材文件夹中的"添加视频转场效果.prproj"项目文件，其中"时间轴"面板和"项目"面板中已经创建好序列并且导入素材。

02 将"黑场过渡"视频过渡效果添加至"素材1.mp4"开始处，如图 7-12所示。在"时间轴"面板中单击"黑场过渡"视频过渡效果，接着在"效果控件"面板中将"持续时间"更改为00:00:00:20，如图 7-13所示。

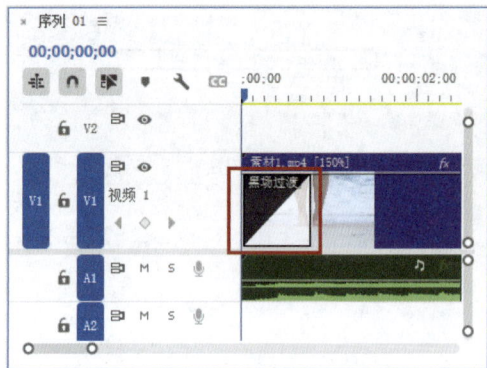

图 7-12

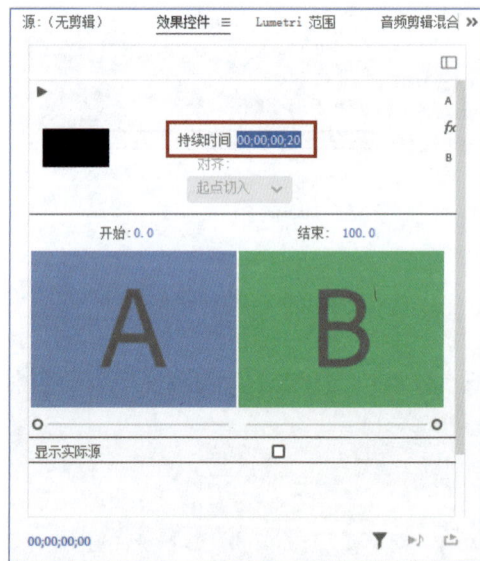

图 7-13

03 将"交叉溶解"视频过渡效果添加至"素材4.mp4"和"素材3.mp4"中间位置，如图 7-14所示。有时添加转场效果时无法做到100%添加至素材中间，选中"交叉溶解"视频过渡效果，在"效果控件"面板中，将对齐方式更改为"中心切入"，"持续时间"更改为00:00:00:20，"交叉溶解"视频过渡效果在"时间轴"面板中将调整至"素材4.mp4"和"素材3.mp4"中间位置，如图 7-15所示。

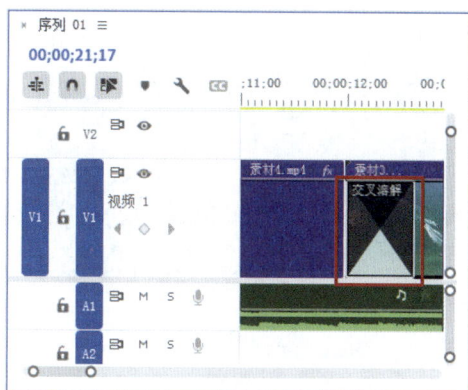

图 7-14

图 7-16

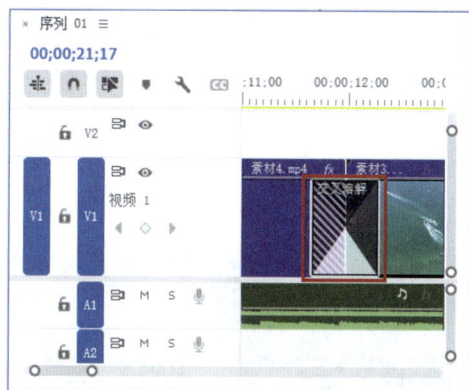

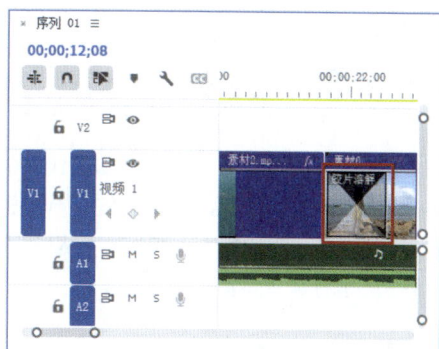

图 7-17

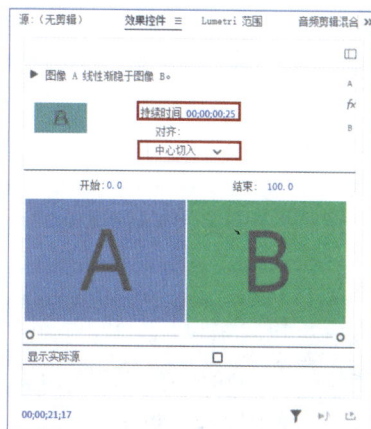

图 7-15

04 将"胶片溶解"视频过渡效果添加至"素材2.mp4"和"素材6.mp4"中间位置,如图 7-16所示。选中"交叉溶解"视频过渡效果,在"效果控件"面板中将对其方式更改为"中心切入","持续时间"更改为00:00:00:25,如图 7-17所示。

05 将"黑场过渡"视频过渡效果添加至"素材7.mp4"结尾处,如图 7-18所示。单击"时间轴"面板中的"黑场过渡"视频过渡效果,即可在"效果控件"面板中将"持续时间"更改为00:00:01:00,如图 7-19所示。

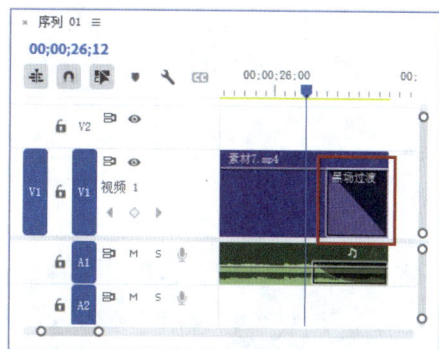

图 7-18

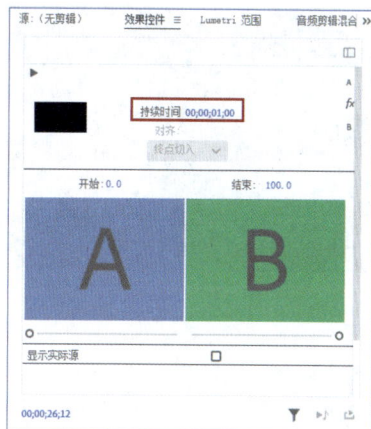

图 7-19

7.2
常见视频转场效果

Premiere Pro提供了多种典型且实用的视频转场效果，并对其进行了分组，位于"视频过渡"文件夹中，分组包括"内滑""擦除""溶解""缩放"等。下面进行详细介绍。

7.2.1 内滑类转场效果

内滑类视频转场效果主要以滑动的形式实现场景的切换。下面讲解几种常用的内滑类视频转场效果。

1. 带状内滑

"带状内滑"视频过渡效果使第二个场景以条状形式从上向下滑入画面，直至覆盖第一个场景，应用效果如图7-20所示。

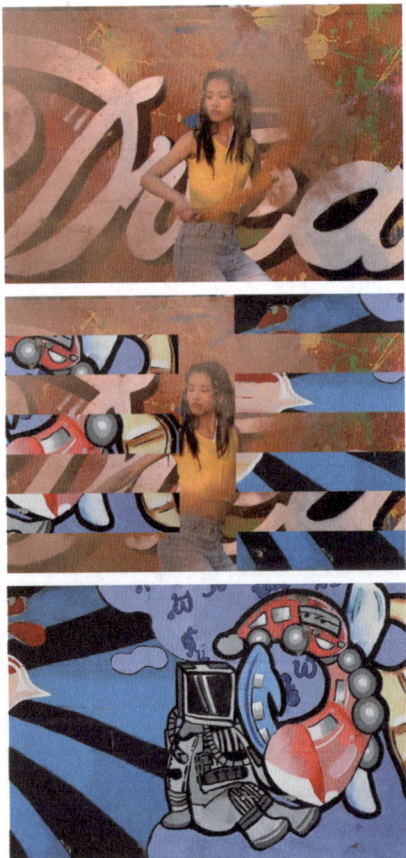

图 7-20

2. 急摇

"急摇"视频过渡效果将第一个场景与第二个场景交替播放，中间会产生模糊的状态，应用效果如图7-21所示。

图 7-21

3. 推

"推"视频过渡效果使第二个场景从画面的一侧出现，并将第一个场景推出画面，应用效果如图7-22所示。

图 7-22

图 7-22（续）

7.2.2　划像类转场效果

划像类转场效果主要是将一个场景伸展，并逐渐切换到另一个场景，下面讲解几个比较常用的视频转场效果。

1. 交叉划像

"交叉划像"视频过渡效果使第二个场景以十字形在画面中心出现，然后由大变小，逐渐遮盖住第一个场景，应用效果如图 7-23 所示。

图 7-23

2. 圆划像

"圆划像"视频过渡效果使第一个场景以圆形

的方式在画面中心由大变小，逐渐呈现出第二个场景，应用效果如图 7-24 所示。

图 7-24

3. 盒形划像

"盒形划像"视频过渡效果使第二个场景呈盒形在画面中心出现，由小变大逐渐呈现出第二个场景，应用效果如图 7-25 所示。

图 7-25

图 7-25（续）

4. 菱形划像

"菱形划像"视频过渡效果是使第二个场景呈菱形在画面中心出现，逐渐遮盖住第一个场景，应用效果如图 7-26所示。

图 7-26

7.2.3　擦除类转场效果

擦除类转场效果主要是通过两个场景的相互擦除来实现场景的转换。下面讲解几个比较常用的视频转场效果。

1. 径向擦除

"径向擦除"视频过渡效果是使第二个场景从第一个场景的以中心为画圆的方式扫入画面，并逐渐覆盖第一个场景，应用效果如图 7-27所示。

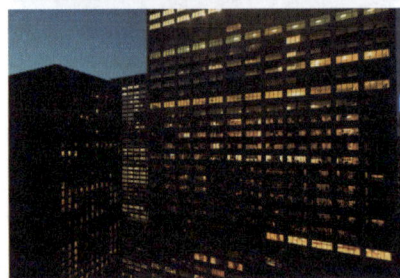

图 7-27

2. 油漆飞溅

"油漆飞溅"视频过渡效果模拟油漆飞溅的动态过程，在前一个画面结束时，以类似油漆泼洒、飞溅开的形式，逐渐显示出下一个画面，通常被用在古风类视频中，应用效果如图 7-28所示。

图 7-28

图 7-28（续）

3. 风车

"风车"视频过渡效果使前一个画面像风车叶片转动一样逐渐过渡到下一个画面，通常具有较强的动感和视觉冲击力，应用效果如图 7-29 所示。

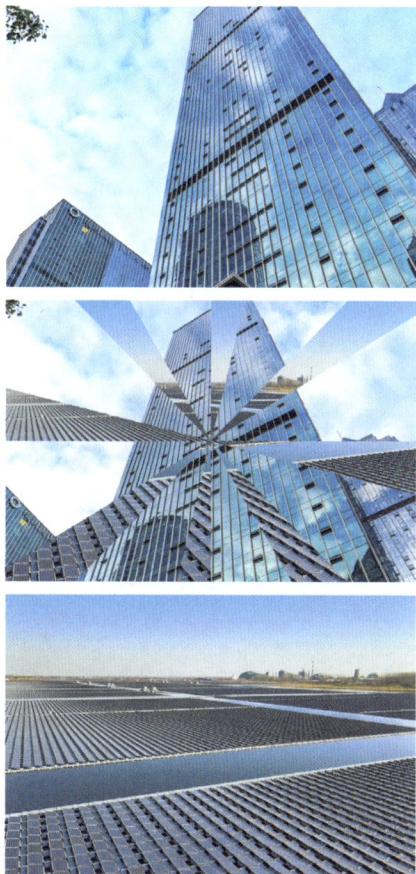

图 7-29

7.2.4 沉浸式视频类转场效果

沉浸式视频类转场效果主要用于 VR 视频或 360° 全景视频剪辑之间的过渡。下面讲解几个比较常用的视频转场效果。

1. VR 光线

"VR 光线"视频过渡效果通过光线的展开和溶解，在两个剪辑间创建柔和的过渡。其具有起始

点、结束点、反方向、跟随起点、光线长度、亮度阈值等可调节参数，以控制光线过渡的位置、方向、长度、作用范围等，还可通过勾选"使用色调颜色"复选框来指定光线色调，通过"曝光""溶解长度"调整整体亮度及光线溶解效果，应用效果如图 7-30 所示。

图 7-30

2. VR 渐变擦除

"VR 渐变擦除"视频过渡效果利用灰度渐变图层或自定义图像，使 VR 视频场景根据明暗值以渐变方式平滑过渡，可通过多种参数设置来调整过渡样式、方向、平滑度，应用效果如图 7-31 所示。

图 7-31

图 7-31（续）

7.2.5　溶解类视频过渡效果

溶解类转场效果是视频编辑时常用的一类转场特效，可以较好地表现事物之间的缓慢过渡与变化。下面讲解5种比较常用的视频转场效果。

1. 交叉溶解

"交叉溶解"视频过渡效果是指通过让前一个视频片段逐渐透明、后一个视频片段逐渐显现的方式，使两个片段相互融合以实现自然平滑的场景过渡，应用效果如图 7-32所示。

图 7-32

图 7-32（续）

2. 叠加溶解

"叠加溶解"视频过渡效果基于图层混合模式中的"叠加"原理，在两个视频片段过渡时，将前一个片段的画面以"叠加"的方式与后一个片段的画面进行融合，使前一个片段的画面逐渐溶解消失的同时，后一个片段的画面逐渐显现并与前一个画面的残留部分相互作用，通过色彩和光影的混合形成独特的过渡效果，从而让视频场景转换更具层次感和视觉变化，常用于需要营造奇幻、梦幻或具有特殊视觉氛围的视频段落中，应用效果如图 7-33所示。

图 7-33

3. 白场过渡

"白场过渡"视频过渡效果让前一个视频画面逐渐变为白色，同时后一个视频画面从白色中逐渐显现出来，以此实现两个视频片段之间的过渡，能营造出简洁、明快或具有强烈视觉冲击感的场景转换效果，常用于表现时间的跳跃、场景的突变或者作为一种强调性的转场，应用效果如图 7-34 所示。

图 7-34

4. 胶片溶解

"胶片溶解"视频过渡效果通过模拟传统胶片电影中影像逐渐褪色溶解并变换到下一个影像的过程来实现两个视频片段间的过渡，能营造复古氛围，且具有独特颗粒感和纹理变化，应用效果如图 7-35 所示。

图 7-35

图 7-35（续）

5. 黑场过渡

"黑场过渡"视频过渡效果是让前一个视频画面逐渐暗至全黑，后一个视频画面再从全黑中逐渐亮起以实现场景切换，能带来视觉冲击，可营造神秘庄重氛围，常用于视频的开头和结尾，或用于调节整体节奏表现剧情转折等，应用效果如图 7-36 所示。

图 7-36

7.2.6　缩放类视频过渡效果

缩放类转场效果中只有一个视频转场效果，即"交叉缩放"效果，通过对第一个场景放大至最大，切换到第二个场景的最大化，然后第二个场景缩放到合适大小，常用于广告、音乐视频、影视等场景，以增强视觉效果，应用效果如图 7-37 所示。

图 7-37

7.2.7　页面剥落视频过渡效果

页面剥落类转场效果会以书页翻开的形式实现场景画面的切换，其中包括"翻页"和"页面剥落"两种转场效果。

1. 翻页

"翻页"视频过渡效果会将第一个场景从一角卷起（卷起后的背面会显示第二个场景），然后逐渐显现第二个场景，应用效果如图 7-38 所示。

图 7-38

2. 页面剥落

"页面剥落"视频过渡效果同样是利用图像变形和动画处理，模拟页面剥落、翻转、卷曲等动作，让当前画面像纸张一样以特定方式逐渐露出下一个画面，应用效果如图 7-39 所示。

图 7-39

图 7-39（续）

7.2.8 实战：制作动态相册

　　动态相册是给静态照片加动态效果、转场与音乐，让其"动"起来的多媒体作品，能更生动地展现回忆，带来丰富的视觉体验。本节案例将结合上文内容制作动态相册视频，效果如图 7-40 所示。下面介绍具体的操作方法。

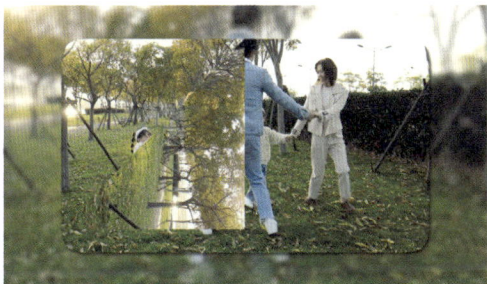

图 7-40

01 启动 Premiere Pro 2025，按快捷键 Ctrl+O，打开素材文件夹中的"添加视频转场效果.prproj"项目文件，其中"时间轴"面板和"项目"面板中已经创建好序列并且导入素材。

02 选中"素材1.mp4"，长按 Alt 键在上方 V2 轨道复制该素材，使用"剃刀工具（C）" ◆在00:00:06:23处切割复制后的素材，并删除切割后的前半部分素材，如图 7-41 所示。

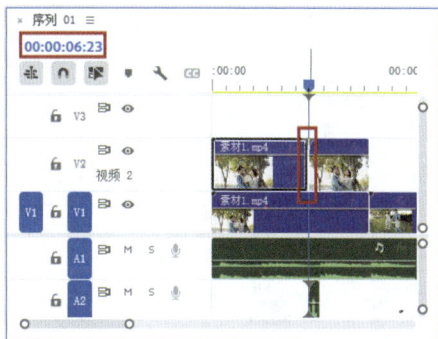

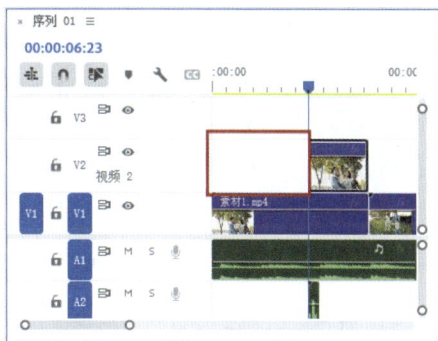

图 7-41

03 在 V2 轨道中复制粘贴"素材2.mp4""素材3.mp4""素材4.mp4""素材5.mp4"，如图 7-42 所示。

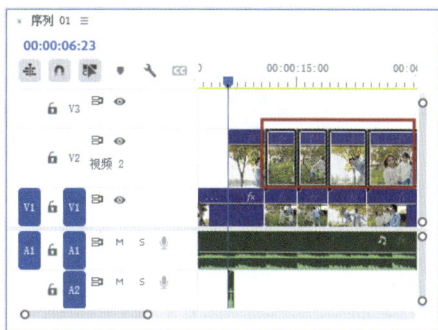

图 7-42

04 将"翻页"视频过渡效果添加至 V2 轨道素材中间位置，"持续时间"为00:00:01:00，如图 7-43 所示。

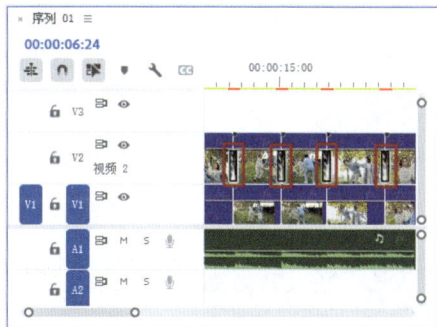

图 7-43

05 选中V2轨道中所有素材，右击并在弹出的快捷菜单中执行"嵌套"命令，如图 7-44所示，创建"嵌套序列 01"。

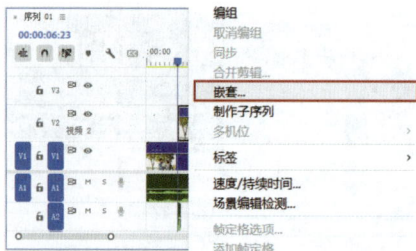

图 7-44

06 选中"嵌套序列 01"，将时间指示器分别移动至00:00:06:23和00:00:07:19处，添加"缩放"关键帧，参数分别为100.0和76.0，如图 7-45所示。

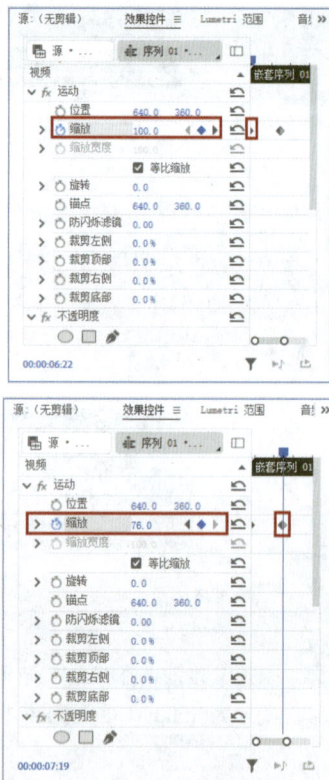

图 7-45

07 然后将"白场过渡"效果添加至"嵌套序列 01"开始位置，"持续时间"为00:00:01:00，如图 7-46所示。

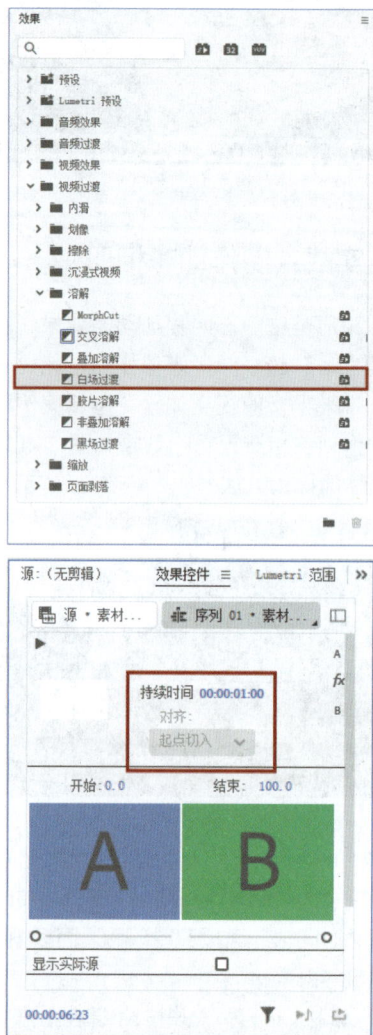

图 7-46

08 将"高斯模糊"视频效果添加至V1轨道"素材1.mp4"中，将时间指示器分别移动至00:00:06:23和00:00:07:19处，添加"模糊度"关键帧，参数分别为0.0和18.0，如图 7-47所示。

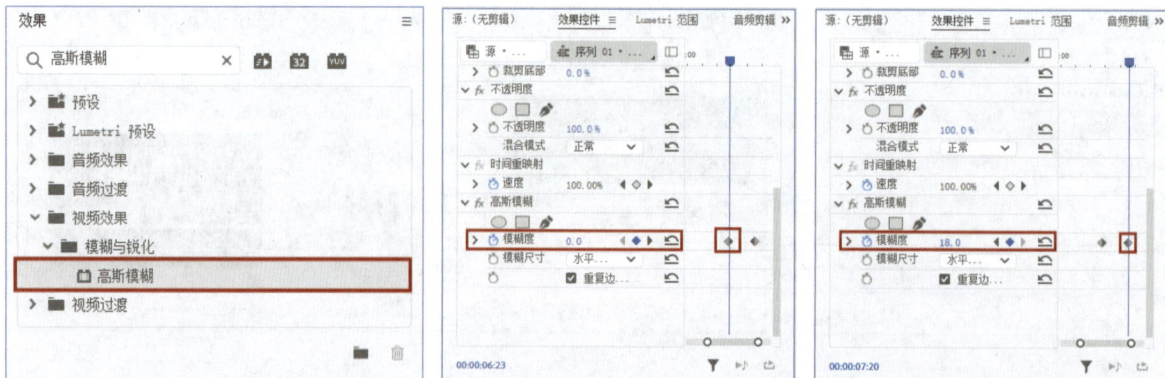

图 7-47

09 将"高斯模糊"视频效果添加至V1轨道剩余视频素材"素材2.mp4""素材3.mp4""素材4.mp4""素材5.mp4"中，"模糊度"均为18.0，如图7-48所示。

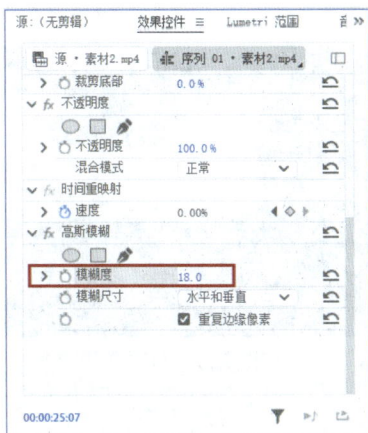

图 7-48

图 7-48（续）

10 将"粗糙边缘"视频效果添加至"嵌套序列 01"中，将"边缘类型"更改为"切割"、"边框"为92.0、"边缘锐度"为10.0、"不规则影响"为0.0，"嵌套序列 01"直角边缘变为弧形，如图 7-49所示。

图 7-49

11 为了让画面更加立体，将"投影"效果添加至"嵌套序列 01"中，在"效果控件"面板中将"不透明度"更改为85%、"方向"更改为145.0°、"距离"更改为10.0、"柔和度"更改为20.0，如图 7-50所示。

图 7-50

图 7-50（续）

12 完成上述操作后，将"交叉溶解"过渡效果添加至V1轨道所有素材中间，如图 7-51所示。"持续时间"为00:00:00:20，如图7-52所示。

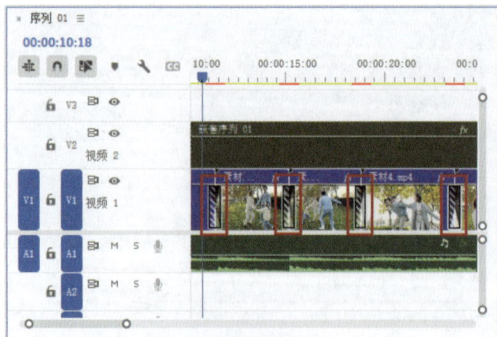

图 7-51

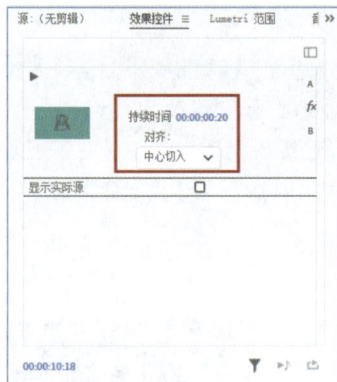

图 7-52

7.3
影片的转场技巧

上文我们学习了如何在Premiere Pro直接添加转场效果，这种转场效果也被称为技巧性转场。在视频制作中，分为技巧性转场（看得见）和无技巧性转场（看不见），"看得见"的转场则能够使画面看起来更为酷炫，给观众留下深刻的印象，"看不见"的转场能够使观众忽略剪辑的存在，更加沉浸于故事中。

7.3.1 无技巧性转场

无技巧转场即通过镜头的自然过渡来衔接前后两部分内容，以此强调视觉上的连贯性，适用于蒙太奇镜头段落过渡。在剪辑时，需选择合适的转换和视觉元素。如果要使用无技巧转场，需要注意寻找合理的转换因素，做好前期的拍摄准备。

无技巧转场有多种，下面着重介绍5种常用转场。

1. 两极镜头转场

两极镜头转场是利用前后镜头在景别、动静等

方面的对比，形成较为明显的段落层次。许多影视作品都喜欢使用此种转场方法，特别是在悬疑动作惊悚片中，它可以成功抓住观众的注意力，营造出视觉冲击力，打破常规的视觉连贯，通过两边的镜头对比，增加视觉张力，如图 7-53所示。

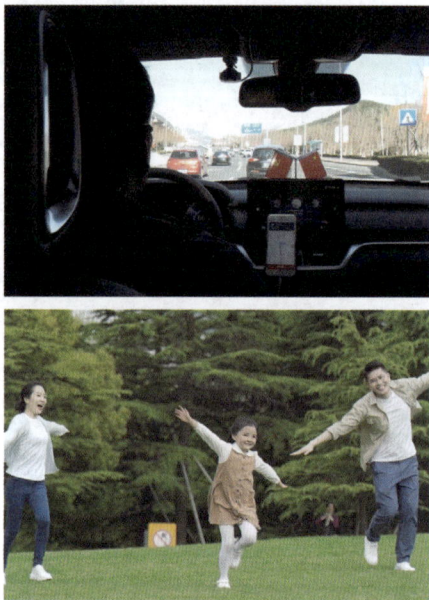

图 7-53

2. 相似体转场

当前后镜头包含相同或相似的主体，且两个物体的形状相似、位置重叠，在运动方向、速度、色彩等方面展现出高度一致性时，可运用相似体转场手法实现视觉上的连贯性和流畅性。例如，飞鸟和风筝具有形状相似性和飞行姿态相似性，就可以利用其特性进行相似体转场，如图 7-54所示。

图 7-54

3. 主观镜头转场

主观镜头视角指镜头作为剧中人的眼睛,带观众进入其视角体验情感变化。主观镜头转场则通过人物视线进行场景转换,为影视剧常用转场方法,也适用于短视频剪辑,如Vlog、情景剧等,使情节更自然,增强观众代入感,如图7-55所示。

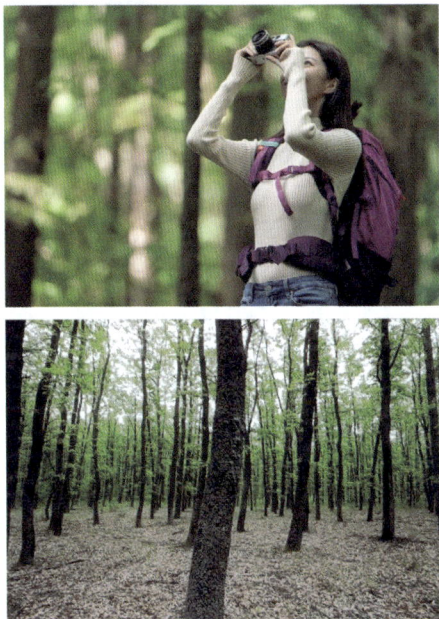

图 7-55

4. 声音转场

通过音乐、音响、解说词、对白等和画面的配合实现转场。声音转场有很多种,这里简单介绍5种声音转场的方法。

- 第一种,基础的声音转场,即在两个视频素材中添加诸如 Whoosh 音效等,实现两个画面的衔接与过渡。
- 第二种,使用 J-cut 或 L-cut,也被称为声音的前置或后置,J-cut(声音前置)就是当第一段素材还没有结束就已经出现了第二段素材的声音,随后出现第二段素材;L-cut(声音后置)则是当第一段素材的声音延续到了第二段素材。
- 第三种,利用声音的强烈对比进行转场,一段素材音量较大,环境音较为嘈杂,一段素材音量较小,环境音较为安静,让整体视频戏剧性更强。
- 第四种,相似音转场,例如键盘的敲击声和连续的枪击声,利用两个声音的相似性进行情节的转换,尽管两个场景有很大的区别,但通过相似的背景音效,可以实现一段音频

的连贯过渡,使得观众在转场时更加自然地过渡到不同的环境中。

- 第五种,声音重叠。在两个场景的交界处,让第一段素材的音频延续到后一段素材画面并与其音频重叠一段时间,以缓解转场的突兀感,使得转场更加平滑。

5. 同景别转场

前一个场景结尾的镜头与后一个场景开头的景别相同,例如全-全、特-特,观众注意力集中,场面过渡衔接紧凑,如图7-56所示。

图 7-56

7.3.2 实战:制作逻辑因素转场

逻辑因素转场是指依据情节发展、动作连贯、因果关系等内在逻辑,实现场景自然切换的手法。在视频制作中,通过巧妙运用逻辑因素转场,能避免画面跳转的生硬感,让观众更顺畅地理解内容。本节案例将制作一个沏茶视频,效果如图7-57所示。下面介绍具体的操作方法。

图 7-57

图 7-57（续）

01 启动Premiere Pro 2025，按快捷键Ctrl+O，打开素材文件夹中的"制作逻辑因素转场.prproj"项目文件，其中"时间轴"面板和"项目"面板中已经创建好序列并且导入素材。

02 将时间指示器移动至00:00:03:04的位置，此时"素材1.mp4"中主人公正准备将茶叶倒入茶壶中，如图 7-58所示。使用"剃刀工具（C）" 在此处切割，选中切割后第2部分"素材1.mp4"，右击并在弹出的快捷菜单中执行"波纹删除（快捷键Shift+Delete）"命令，如图 7-59所示。

图 7-58

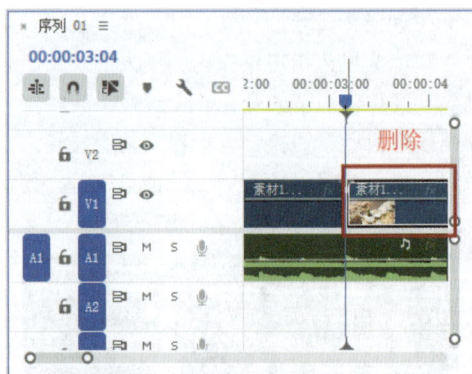

图 7-59

03 将时间指示器移动至00:00:06:02的位置，此处为"素材2.mp4"中主人公正已经将茶叶倒入茶壶中，如图 7-60所示。单击"剃刀工具（C）" 在此处切割，并选中切割后第1部分"素材2.mp4"右击，在弹出的快捷菜单中执行"波纹删除（快捷键Shift+Delete）"命令，如图 7-61所示。

图 7-60

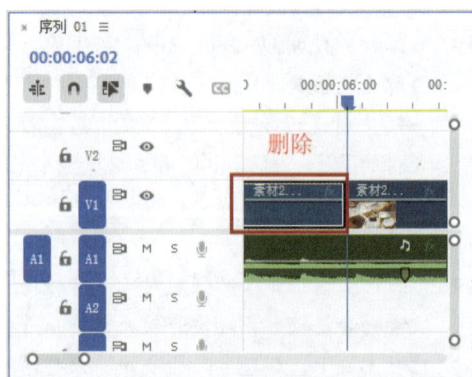

图 7-61

04 将"交叉溶解"视频过渡效果添加至"素材2.mp4"和"素材3.mp4"、"素材3.mp4"和"素材4.mp4"的中间位置，"持续时间"为00:00:01:00，如图 7-62所示。

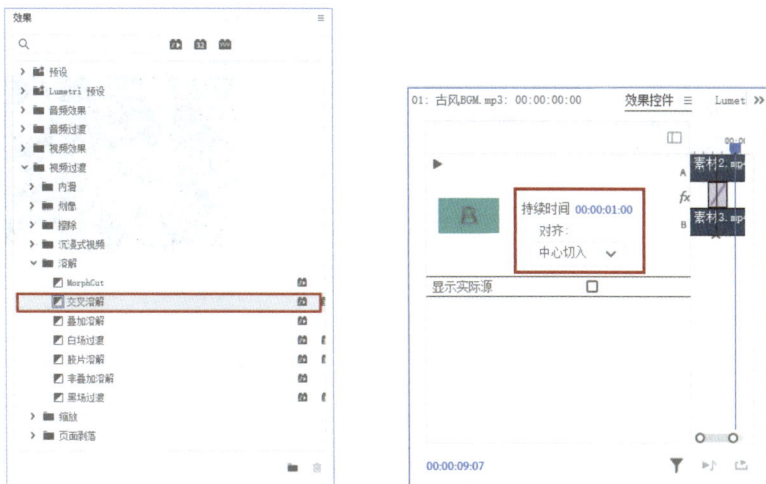

图 7-62

05 将"交叉溶解"视频过渡效果添加至"素材4.mp4"结尾处,"持续时间"为00:00:01:00,如图 7-63所示。

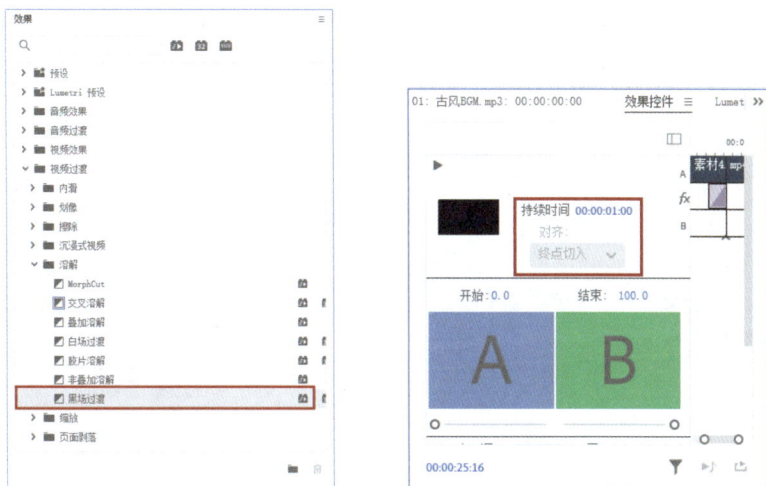

图 7-63

7.3.3 实战:制作画面切割转场效果

切割转场凭借其简练高效、强调关键、提升韵律感的优势,迅速实现场景切换,有效捕捉观众目光,广泛应用于快闪及宣传影片之中。本节案例将制作画面切割转场效果视频,效果如图 7-64所示。下面介绍具体的操作方法。

图 7-64

01 启动Premiere Pro 2025,按快捷键Ctrl+O,打开素材文件夹中的"制作画面切割转场效果.prproj"项目文件,其中"时间轴"面板和"项目"面板中已经创建好序列并且导入素材。

02 选中"白场.png",单击"创建4点多边形蒙版"按钮██,创建"蒙版(1)",设置"蒙版羽化"为0.0,将时间指示器移动至00:00:07:20的位置,添加"蒙版路径"关键帧,在"节目"监视器面板中绘制成一个长条形,如图 7-65所示。

03 将时间指示器移动至00:00:08:13的位置,添加"蒙版路径"关键帧,保持蒙版位置和形状不变,如图 7-66所示。接着将时间指示器移动至00:00:09:18的位置,再次添加"蒙版路径"关键帧,在"节目"监视器面板中将蒙版绘制为一个长方形,并将其定位在画面之外,如图 7-67所示。

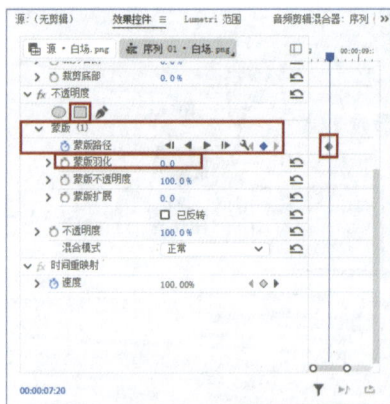

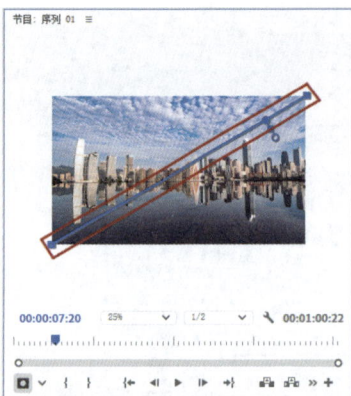

图 7-65

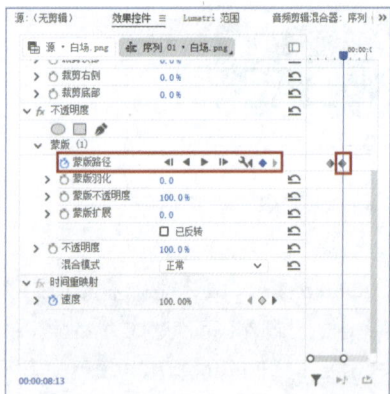

图 7-66

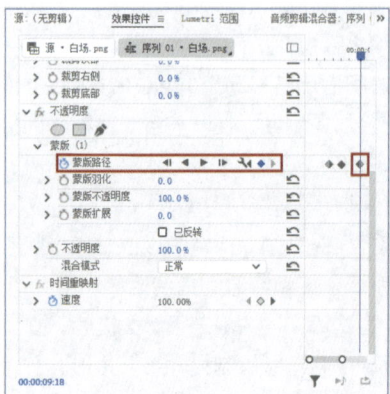

图 7-67

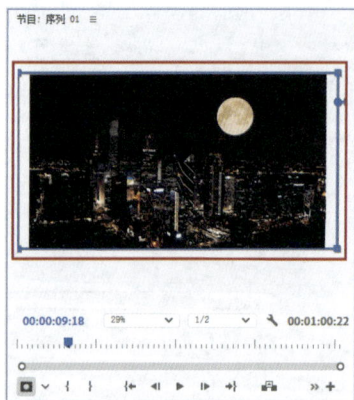

图 7-67（续）

04 继续选中"白场.png"，单击"创建4点多边形蒙版"按钮■，创建"蒙版（2）"，设置"蒙版羽化"为0.0，将时间指示器移动至00:00:07:20的位置，添加"蒙版路径"关键帧，在"节目"监视器面板中再绘制成一个长条形，如图 7-68所示。

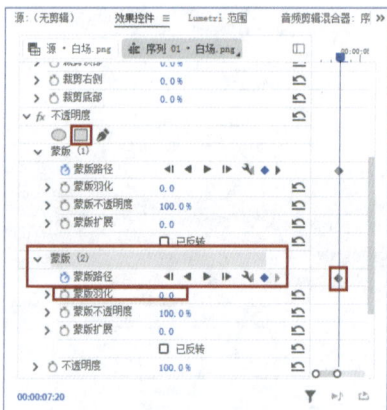

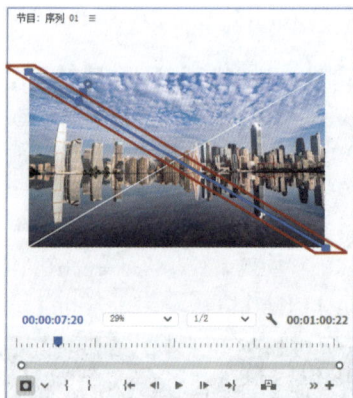

图 7-68

05 与步骤03一致，选中"蒙版（2）"，将时间指示器移动至00:00:08:13，在此处添加"蒙版路径"关键帧，蒙版位置形状不变。再将时间指示器移动至00:00:09:18，在此处添加"蒙版路径"关键帧，在"节目"监视器面板中，将蒙版绘制为一个长方形，并将其定位在画面之外，如图 7-69所示。

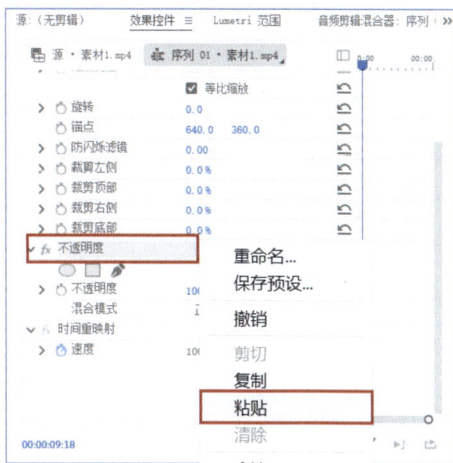

图 7-71

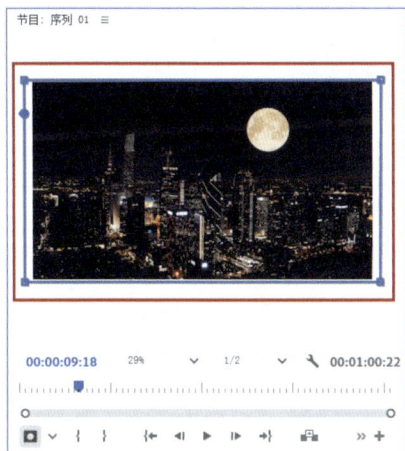

图 7-69

06 分别选中"蒙版（1）"和"蒙版（2）"，右击并在弹出的快捷菜单中执行"复制"命令，如图 7-70所示。选中"素材1.mp4"，单击"不透明度"效果控件，右击并在弹出的快捷菜单中执行"粘贴"命令，如图 7-71所示，即可将"白场.png"所设定的关键帧复制到"素材1.mp4"中，如图 7-72所示。

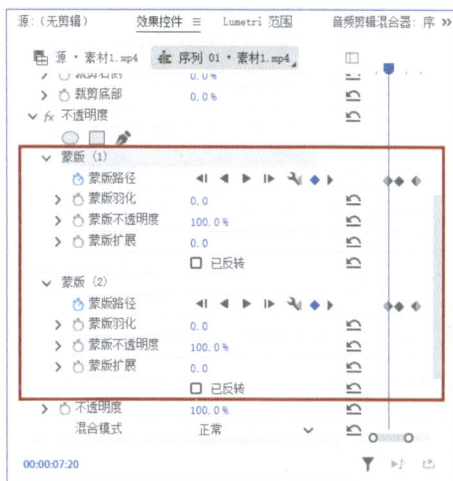

图 7-72

07 由于"素材1.mp4"和"白场.png"的画面尺寸大小不同，复制并粘贴关键帧时可能会出现轻微偏差。将时间指示器移动至00:00:07:20，并调整该处关键帧蒙版在"节目"监视器面板画面中的位置，如图 7-73所示。

图 7-70

图 7-73

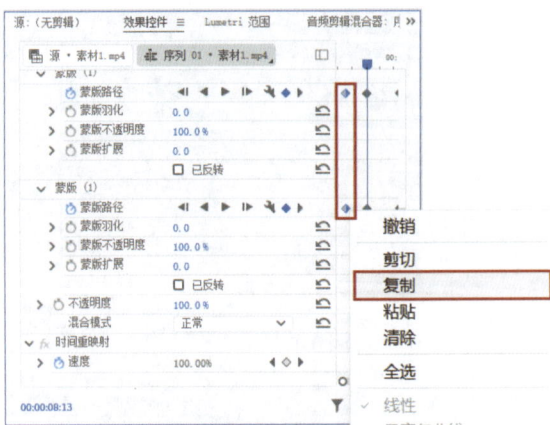

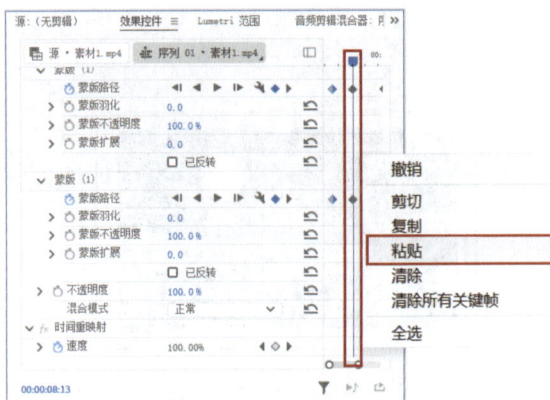

图 7-74

图 7-73（续）

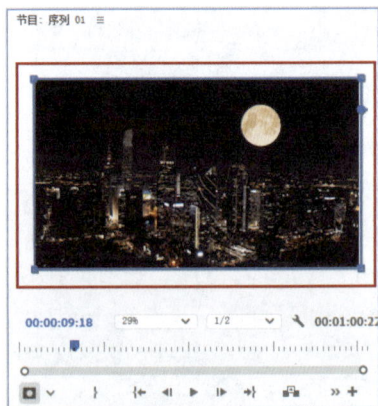

08 将时间指示器移动至00:00:08:13，由于00:00:07:20处关键帧发生了改变，此处蒙版路径也需发生改变，选中00:00:07:20处关键帧，右击并在弹出的快捷菜单中执行"复制"命令，然后用相同方式执行"粘贴"命令，即可将00:00:07:20的关键帧复制到00:00:08:13处，如图 7-74所示。

09 将时间指示器移动至00:00:09:18，分别选中"蒙版（1）"和"蒙版（2）"，在"节目"监视器面板绘制蒙版，如图 7-75所示。

图 7-75

⑩ 选中"素材1.mp4"和"白场.png",单击右键执行"嵌套"命令,如图 7-76所示,创建"嵌套序列 01"。

图 7-76

⑪ 将时间指示器移动至00:00:06:08处,选中"嵌套序列 01",在"效果控件"面板中单击"创建4点多边形蒙版"按钮□,创建"蒙版(1)",设置"蒙版羽化"为1.0,添加"蒙版路径"关键帧,蒙版绘制如图 7-77所示。

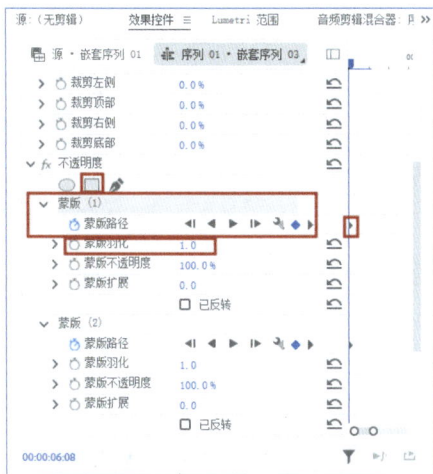

图 7-77

⑫ 在"效果控件"面板中再单击"创建4点多边形蒙版"按钮□,创建"蒙版(2)",设置"蒙版羽化"为1.0,添加"蒙版路径"关键帧,蒙版绘制如图 7-78所示。

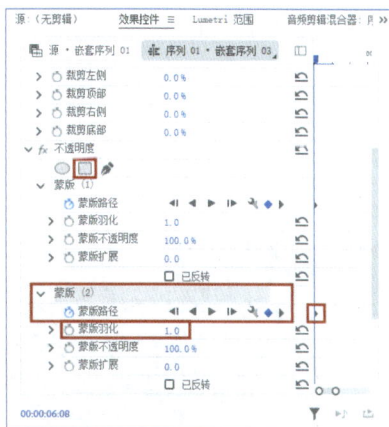

图 7-78

⑬ 将时间指示器移动至00:00:07:20处,在此处分别添加"蒙版(1)"和"蒙版(2)"的"蒙版路径"关键帧,蒙版绘制如图 7-79所示。

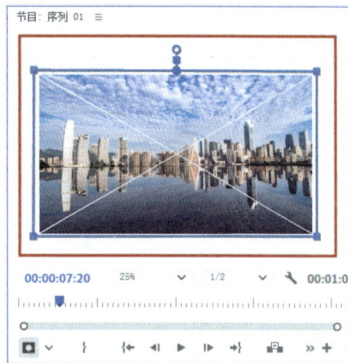

图 7-79

7.3.4 实战：制作瞳孔转场效果

瞳孔转场是利用画面中人物瞳孔变化，实现场景切换，能增强视觉冲击与情节关联。本节制作瞳孔转场视频，效果如图 7-80所示。下面介绍具体的操作方法。

图 7-80

01 启动Premiere Pro 2025，按快捷键Ctrl+O，打开素材文件夹中的"制作瞳孔转场效果.prproj"项目文件，其中"时间轴"面板和"项目"面板中已经创建好序列并且导入素材。

02 选中"素材1.mp4"，在"效果控件"面板中找到"不透明度"选项，单击下方"创建椭圆形蒙版"按钮⬭，创建"蒙版（1）"，单击"已反转"按钮，将时间指示器移动至00:00:02:23处，在此处添加"蒙版路径"关键帧，并在"节目"监视器画面中将蒙版缩小成一个点，再添加"蒙版羽化"关键帧，参数更改为46.0，如图 7-81所示。

03 将时间指示器移动至00:00:04:12，再添加一个"蒙版路径"关键帧，在"节目"监视器画面中将蒙版覆盖至整个眼球，并添加"蒙版羽化"关键帧，参数更改为95.0，如图 7-82所示。

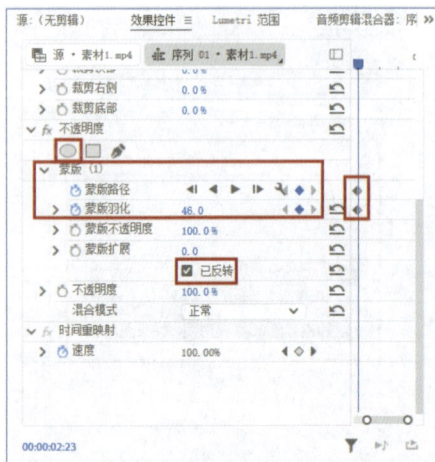

图 7-81

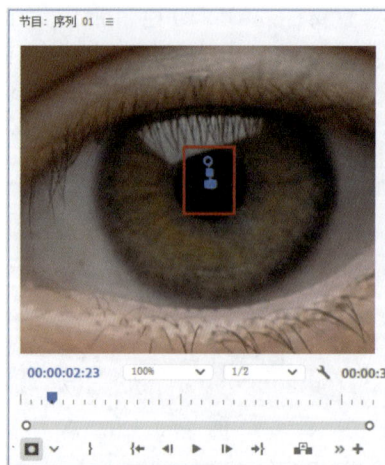

图 7-81（续）

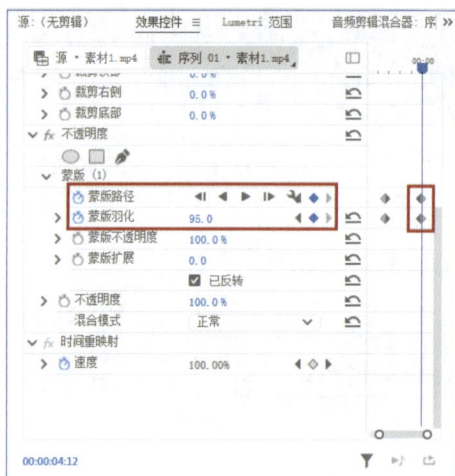

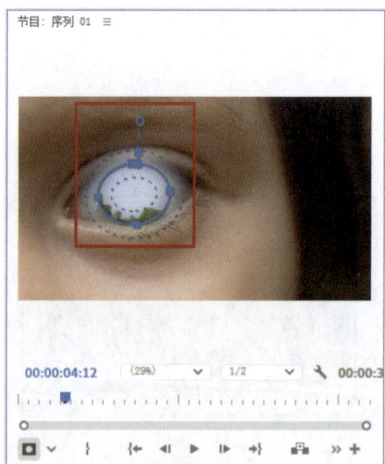

图 7-82

04 由于画面中的人物处于运动状态，眼球位置会发生变化，仅添加两个"蒙版路径"关键帧，在人物运动过程中，蒙版无法完全覆盖眼球。将时间指示器分别定位至00:00:03:15、00:00:03:20和00:00:04:00这三个时间点，根据实际情况调整蒙版位置，如图 7-83所示。

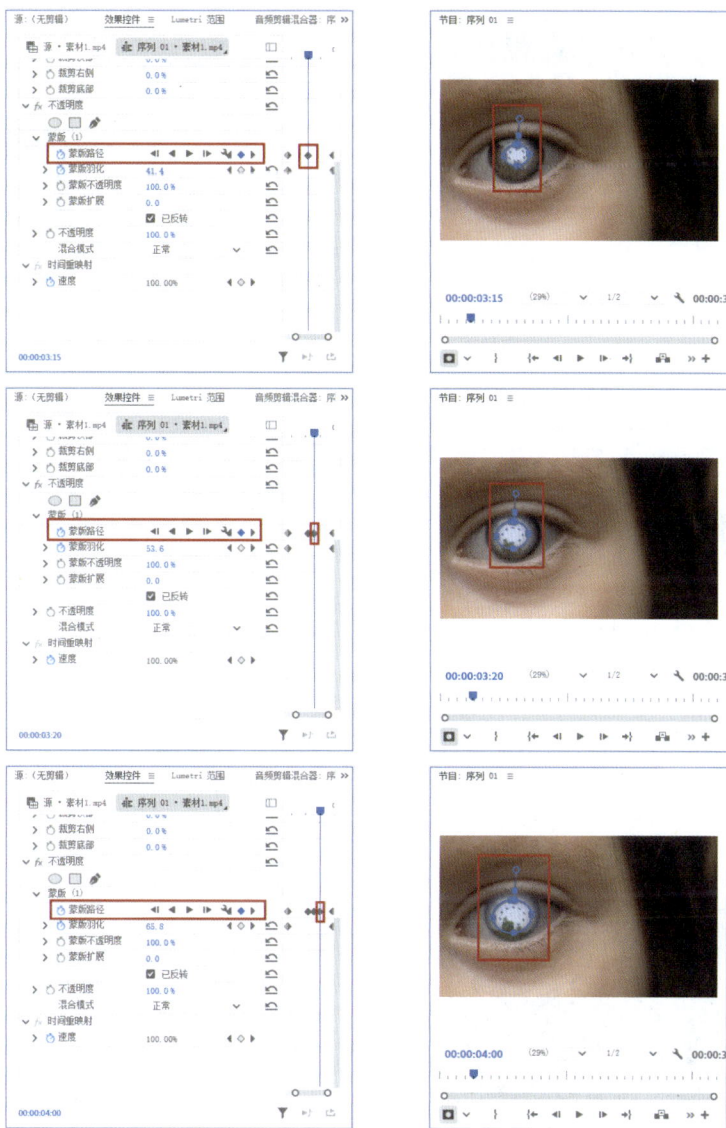

图 7-83

05　将时间指示器移动至00:00:02:23处，选中"素材1.mp4"，添加"位置""缩放"关键帧，参数不变，如图 7-84所示。

06　再将时间指示器移动至00:00:04:12处，添加"位置""缩放"关键帧，将"素材1.mp4"画面放大至无法辨认的"素材1.mp4"，具体参数如图 7-85所示。

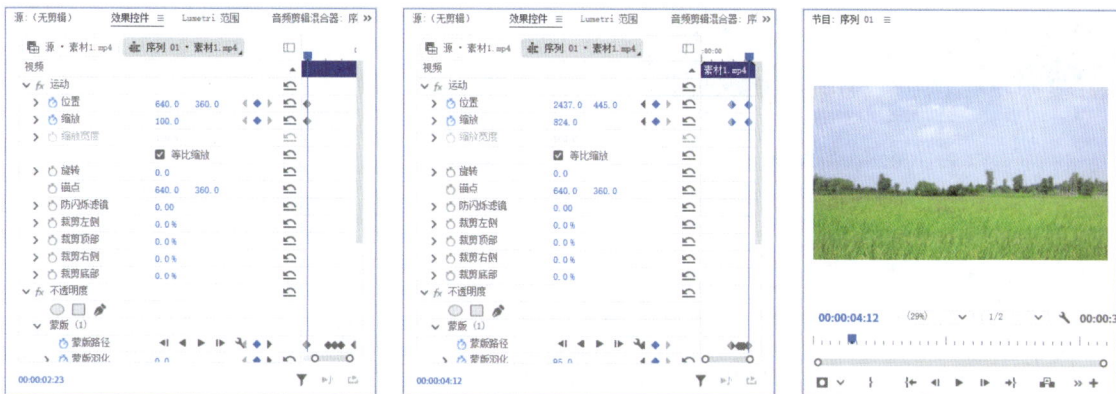

图 7-84

图 7-85

> 提示：设置完"位置""缩放"关键帧后，可以选中关键帧，右击并在弹出的快捷菜单中执行"缓入""缓出"命令，让画面放大更加流畅。

图 7-87

03 确定转场时间点为00:00:05:02，将"素材2.mp4"的"不透明度"调低至60%左右，根据定位时间点00:00:05:02处画面中人物是否大体重合，移动"素材2.mp4"时间位置，如图 7-88所示。

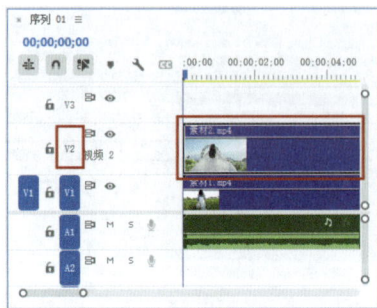

图 7-88

04 将"素材2.mp4"移动至00:00:00:10处，如图 7-89所示。

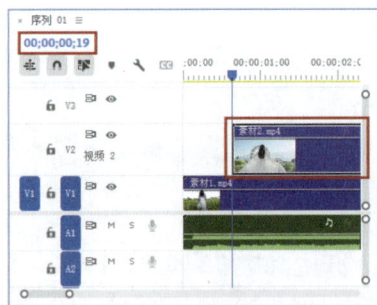

图 7-89

05 再将时间指示器移动至00:00:05:02处，单击"剃刀工具（C）" ✎，在此切割将分割"素材1.mp4""素材2.mp4"，如图 7-90所示，将裁剪后"素材2.mp4"第1部分内容删除，将裁剪后"素材1.mp4"第2部分内容删除。

06 完成上述操作后将"素材2.mp4"移动至V1视频轨道"素材1.mp4"后方，然后在"素材1.mp4"和"素材2.mp4"中间位置添加"交叉溶解"视频过渡效果，持续时长为00:00:00:25，让转场更加丝滑，如图 7-91所示。

7.4 课后习题

本节将通过两个案例对本章进行总结，并帮助读者检验学习成果，也能帮助读者更好地掌握关键帧的使用技巧。

7.4.1 实战：制作旅拍 Vlog 转场

剪辑Vlog视频时，我们可以使用几个有趣的转场小技巧丰富视频内容。7.3.1节中介绍了相似体转场的前后镜头包含相同或相似的主体，本节将通过制作女生旅游Vlog的视频，讲解如何制作相似体转场，效果如图 7-86所示。下面介绍具体操作方法。

图 7-86

01 启动Premiere Pro 2025，按快捷键Ctrl+O，打开素材文件夹中的"制作旅拍Vlog转场.prproj"项目文件，其中"时间轴"面板和"项目"面板中已经创建好序列并且导入素材。

02 长按"素材2.mp4"，将其移动至V2视频轨道中，如图 7-87所示。

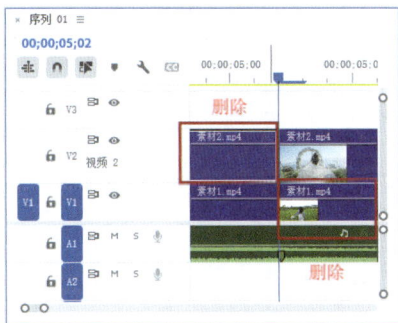

图 7-90

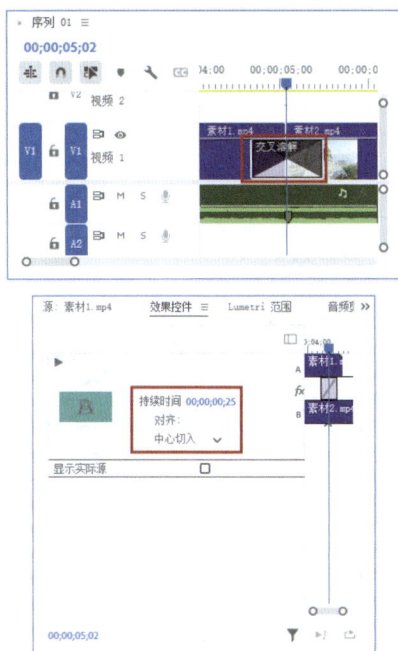

图 7-91

7.4.2 实战：制作物体遮罩转场效果

物体遮罩转场是影视制作中常用的技巧之一，其用法多种多样。这不仅能够锻炼剪辑技巧，同时在视频整体解构、搭建素材寻找等方面也构成了巨大的挑战。本案例将制作一个简单的物体遮罩转场效果，效果如图 7-92所示。下面介绍具体的操作方法。

图 7-92

01 启动Premiere Pro 2025，按快捷键Ctrl+O，打开素材文件夹中的"制作物体遮罩转场效果.prproj"项目文件，其中"时间轴"面板和"项目"面板中已经创建好序列并且导入素材。

02 选中"素材1.mp4"，移动至V2视频轨道，将时间指示器移动至00:00:03:20，此处为"素材1.mp4"画面中人物刚要在镜头前走过，将V1视频轨道中的"素材2.mp4"移动至00:00:03:20，如图 7-93所示。

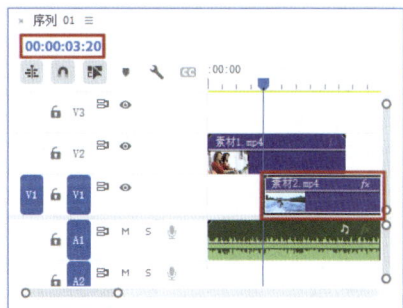

图 7-93

03 将时间指示器移动至00:00:03:18，选中"素材1.mp4"，在"效果控件"面板中单击"自由绘制贝塞尔曲线"按钮 ✐，"节目"监视器画面中添加锚点绘制一个四边形，并在此处添加"蒙版路径"关键帧，如图 7-94所示。

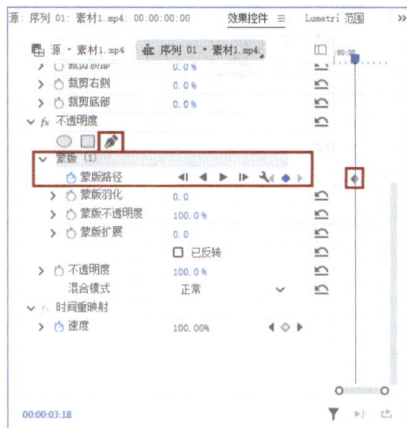

图 7-94

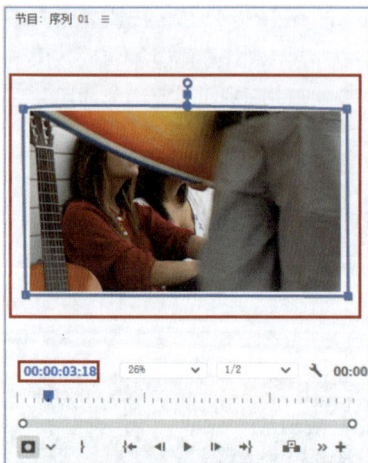

图 7-94（续）

04 将时间指示器移动至00:00:04:21，在此处再添加"蒙版路径"关键帧，此时间点为"素材1.mp4"中人物走出镜头外，将蒙版中的锚点全部移至左侧，如图 7-95所示。

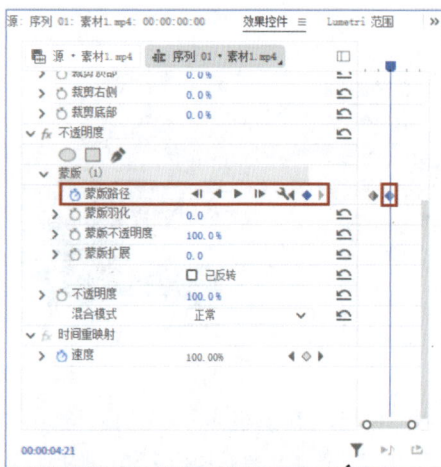

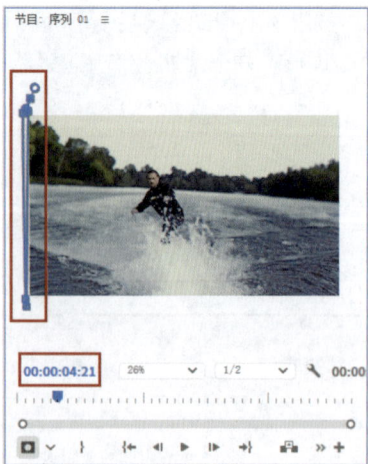

图 7-95

05 选中"素材1.mp4"，在"效果控件"面板中放大时间轴视图，在步骤03和步骤04添加的"蒙

版路径"关键帧中间，根据画面中人物的运动轨迹，逐帧比对添加"蒙版路径"关键帧，如图 7-96所示。

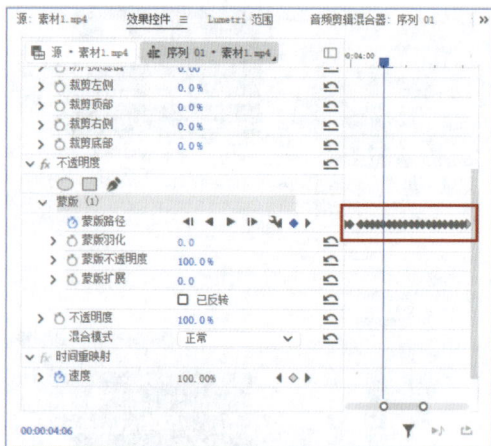

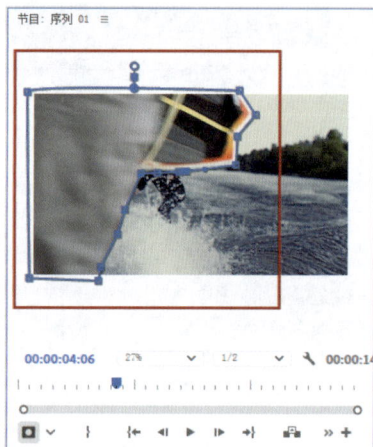

图 7-96

06 完成上述操作后，为了使转场更生动，将"蒙版羽化"更改为30.0，如图 7-97所示。

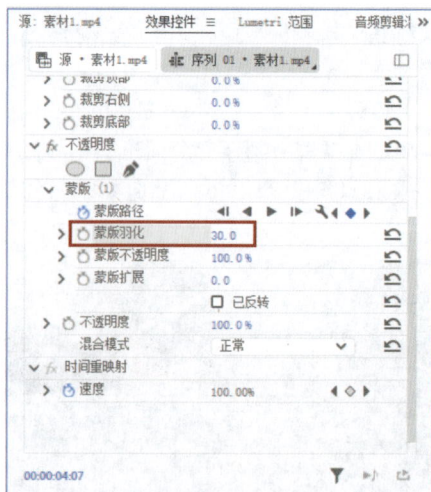

图 7-97

第 8 章
字幕的创建与编辑

字幕的创建与编辑是影视编辑处理软件中的一项基本功能，字幕除了可以帮助影片更好地展现相关内容信息外，还可以起到美化画面、表现创意的作用。Premiere Pro 2025为用户提供了制作影视作品所需的大部分字幕功能，在无须脱离Premiere Pro工作环境的情况下，能够实现不同类型字幕的制作。

8.1 创建字幕

学会编辑字幕前，首先应学会如何创建字幕。接下来从图文编辑面板至创建字幕，详细介绍Premiere Pro中创建字幕的具体操作。

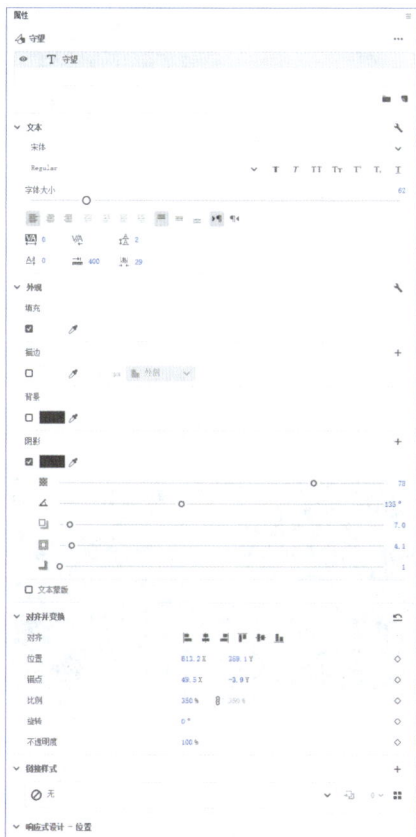

8.1.1 图文编辑面板

Premiere Pro 2025新版在功能面板上最大的改动是将原有的"基本图形"面板进行了拆分，拆分为"属性"面板和"图形模板"面板。

1. "属性"面板

Premiere Pro 2025中的"属性"面板除了保留原本处理文本、形状、剪辑图层等图形元素的功能外，还可以对视频和音频素材进行基础的调整与修改。选中"时间轴"面板中的图文素材，进入"所有面板"工作区，找到并打开"属性"面板，即可在该面板中对图文进行编辑，如图 8-1所示。选中视频和音频素材，打开"属性"面板，同样可以在该面板中进行基础编辑，如图 8-2所示。

图 8-1

图 8-2

2. "图形模板"面板

"图形模版"面板包含许多Premiere Pro自带的剪辑模板，同时我们还可以自己导入模板，如图8-3所示。

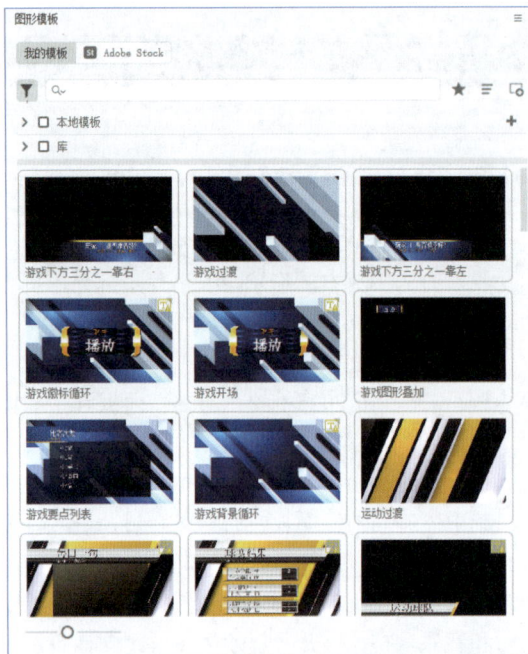

图 8-3

8.1.2　实战："点文本"创建字幕方法

"点文本"通常指的是通过单击并直接在视频帧上输入的文字，它不会自动换行，而是随着输入的文字增多而水平延伸。如果需要换行，需要手动调整文本框或使用其他方法。"点文本"适合用于需要精确控制文字位置和排版的场景，多用于制作标题，效果如图8-4所示。具体的操作方法如下。

图 8-4

01 启动Premiere Pro 2025软件，打开项目文件"点文本.prproj"，进入剪辑界面，其中已经将需要剪辑的素材裁剪排列在"时间轴"面板中。

02 将时间指示器移动至00:00:01:00的位置，在"工具栏"中单击"文字工具（T）" T，将光标移动至"节目"监视器面板预览区画面中，单击，即可出现颜色为红色的文本框，如图 8-5所示。同时"时间轴"面板中也会出现文字图层，如图8-6所示。

图 8-5

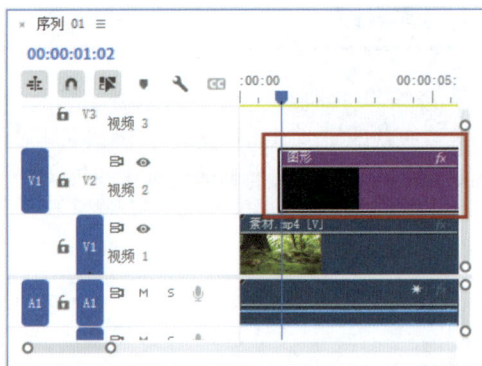

图 8-6

03 在文本框中输入文字"春之歌"，如图 8-7所示。然后单击"选择工具（V）" ▶，文字外围将出现一个带有控制手柄的文字框，可以长按并拖动文字框中间区域调整文字位置，移动文字框上的点调整文字大小，如图 8-8所示。

图 8-7

图 8-8

04 在"节目"监视器面板中我们可以完成文字输入和文字大小位置的基础操作，但是更精细化的操作需要在"效果控件"面板或"属性"面板中完成。

05 打开文本图层"春之歌"的"效果控件"面板，展开"文本（春之歌）"选项，我们可以在"源文本"选项中更改字体、文字大小、行距、字间距和文字颜色等设置；设置"阴影"可以让文字更加立体，在"文本（春之歌）"选项中的"变换"选项下设置文字"位置"和"缩放"，如图 8-9 所示。

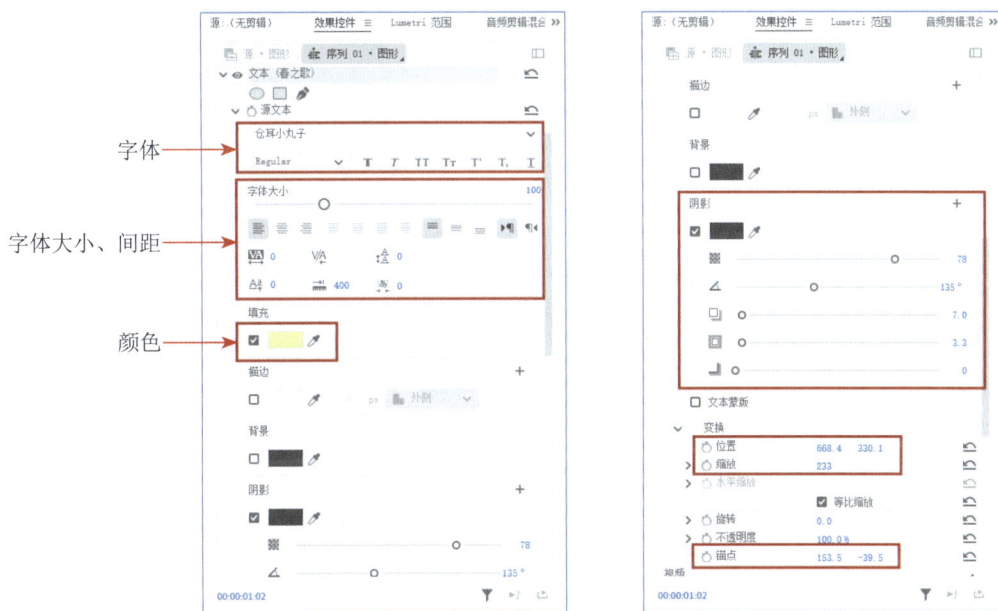

图 8-9

06 在"编辑"界面的右侧展开"属性"面板，也可以在此处对文字进行基础设置，如图 8-10所示。

图 8-10

07 在"属性"面板中将光标向下滑动，展开"对齐并变换"选项，此时文字长宽比是固定的，无法随意调整文字的长度和宽度。在"比例"选项中单击"设置缩放锁定"按钮 🔒 ，该按钮即变为 🔓 ，此时我们可以任意调整文字长度和宽度，如图 8-11所示。

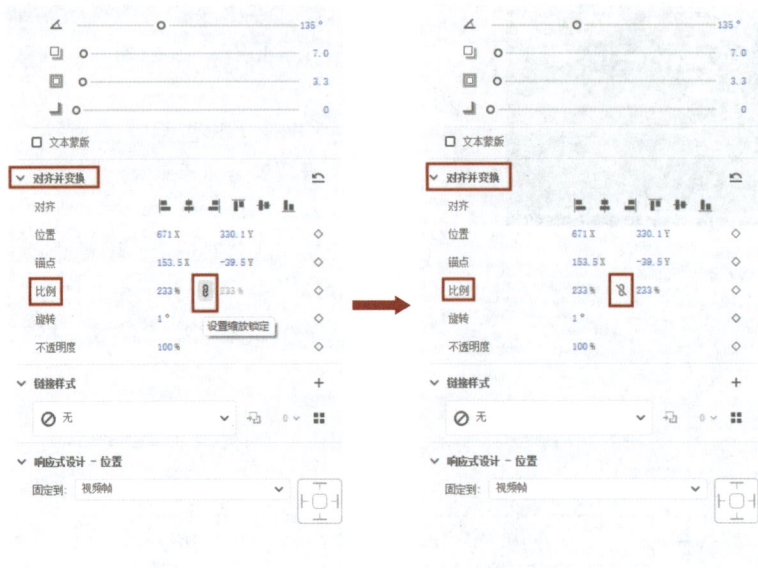

图 8-11

08 将文字长度比调整为307%、宽度比调整为222%，如图 8-12所示。

图 8-12

09 为了让开头有一个更好的过渡效果，将时间指示器分别移动至00:00:01:00和00:00:01:15的位置，在"效果控件"面板中添加"视频"|"不透明度"关键帧，其中00:00:01:00处"不透明度"关键帧参数为0.0%，00:00:01:15处"不透明度"关键帧参数为100.0%，如图 8-13所示。

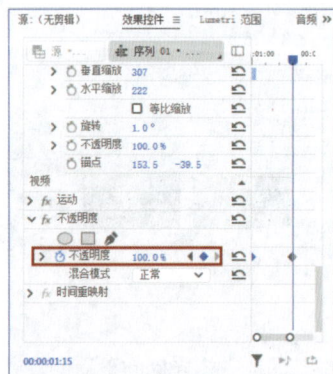

图 8-13

8.1.3 实战："段落文字"创建字幕方法

在Premiere Pro中，段落文字是通过创建文本框并输入文字形成的，与点文本不同，段落文字在创建时会生成一个文本框，文字在文本框内自动换行。调整文本框的尺寸和形状可以控制文字布局和显示效果，适用于大量或复杂排版的文字。本节将通过案例的形式详细介绍如何创建"段落文字"，效果如图 8-14所示。下面介绍具体的操作方法。

图 8-14

01 启动Premiere Pro 2025软件，打开项目文件"段落文字.prproj"，进入剪辑界面，其中已经将需要剪辑的素材裁剪排列在"时间轴"面板中。

02 将时间指示器移动至00:00:00:00的位置，在"工具栏"中单击"文字工具（T）" T，将光标移动至"节目"监视器面板预览区画面中，长按鼠标左键创建一个文本框，如图 8-15所示。将本案例文本素材"文本.txt"内容复制并粘贴至文本框中，如图 8-16所示。由于文本内容较多，且字体较大，文本框无法承载，切换至"选择工具（V）" ▶，拖动文本框上的点，放大文本框，至全部文字显现，如图 8-17所示。

03 在"它们飘旋"的前面单击，然后按Enter键，即可将"它们飘旋"后面的文字内容换行，如图 8-18所示。

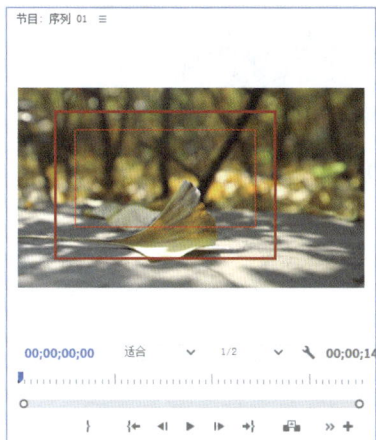

图 8-15

图 8-16

图 8-17

图 8-18

04 在"效果控件"面板中将"字体大小"调整为62，即可将字体调小，同时文本框会留出大部分空白，如图 8-19所示。

图 8-19

图 8-21

图 8-22

05 更改文字字体，调整段落文字"字距调整" ㉘
至11、"行距" ㈲ 调整至2、"基线位移" ㈱ 调整
至-13、"比例间距" ㈰ 调整至29，如图 8-20所示。
文字填充颜色为白色，勾选"阴影"复选框，具体调
整如图 8-21所示。在"节目"监视器面板中将文字
框下方的点向上方移动至最后一行文字的下方位置，
如图 8-22所示，填补空白。

8.1.4 实战：创建字幕轨道

在之前的案例中，字幕以文字图层形式存在。
Premiere Pro提供字幕轨道功能，允许批量编辑多条
文字素材。添加大量字幕时，使用字幕轨道可方便
地编辑文字，但字幕轨道中的文字不能添加动画，
仅支持字体、位置和大小的基本设置。本案例将为
一段视频添加字幕，效果如图 8-23所示。下面介绍
具体的操作方法。

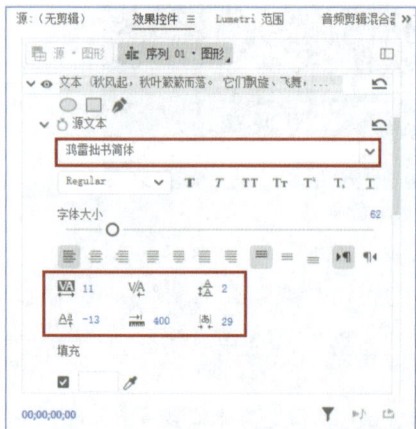

图 8-20

图 8-23

01 启动Premiere Pro 2025软件，打开项目文件"创建字幕轨道.prproj"，进入剪辑界面，其中已经将需要剪辑的素材裁剪排列在"时间轴"面板中。

02 在左上方打开"文本"面板，并选择"字幕"选项卡，如图 8-24所示。单击"创建新字幕轨"按钮，即可打开"新字幕轨道"窗口，"格式"为"字幕"，单击"确定"按钮，如图 8-25所示，即可在"时间轴"面板中添加字幕轨道C1，如图 8-26所示。

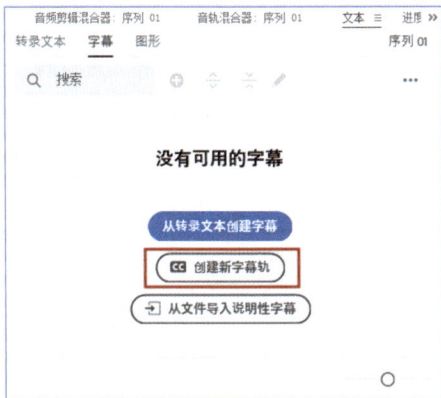

图 8-24

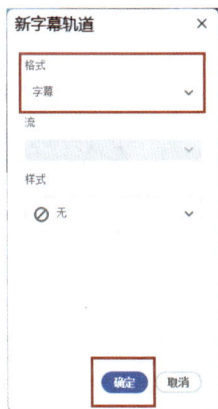

图 8-25

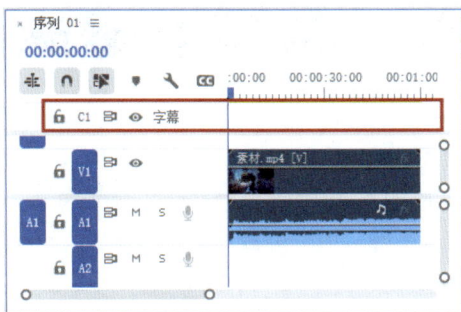

图 8-26

03 添加字幕轨道后，在"文本"|"字幕"选项卡中单击"添加新字幕分段"按钮 ⊕，如图 8-27所示，即可添加时间为00:00:00:00-00:00:03:00的文字素材，然后在文本框中编辑文字即可，如图 8-28所示。

图 8-27

图 8-28

04 将时间指示器移动至00:00:03:00的位置，单击"添加新字幕分段"按钮 ⊕，添加文字素材，并输入"玄幻世界的大门悄然开启"，后续字幕根据文本素材"文本.txt"添加文字内容，且时间均为3s，如图 8-29所示。

05 添加完文字内容后，选中"时间轴"面板中的所有文字素材，如图 8-30所示，即可在"属性"面板中对文字进行批量设置。在"属性"面板中将"字体大小"更改为75、字体为"宋体"，在"对齐并变换"选项中，文字区域维持中下方不变，垂直位置更改为-42，如图 8-31所示。文字填充颜色为白色，"阴影"设置如图 8-32所示。

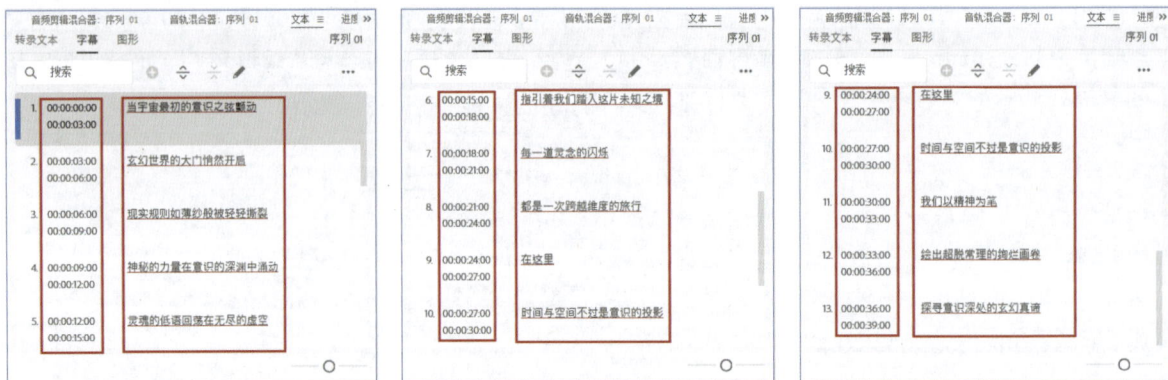

图 8-29

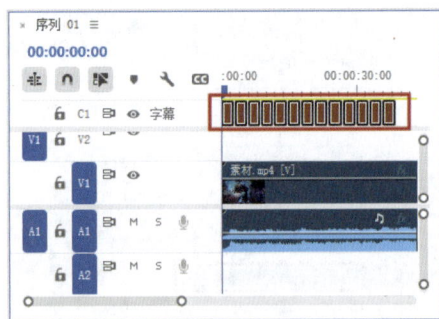

图 8-30

图 8-31

图 8-32

8.2
字幕的处理

在Premiere Pro中创建字幕后，用户还可以对字幕进行修改字体、填充颜色、添加描边和阴影等操作，甚至还可以通过绘制图形元素来对字幕进行修饰。

8.2.1　实战：使用字幕模板

"图形模板"面板中的"浏览"选项卡包含许多字幕模板，可以将想要使用的字幕模板拖至序列上并对其进行修改。本节案例介绍如何使用Premiere Pro中的字幕模板，效果如图8-33所示。下面介绍具体的操作方法。

图 8-33

01 启动Premiere Pro 2025软件，打开项目文件"使用字幕模板.prproj"，进入剪辑界面，其中已经将需要剪辑的素材裁剪排列在"时间轴"面板中。

02 展开右侧"图形模板"面板，找到"影片网络字幕"模板，将其拖动至"时间轴"面板中，如图8-34所示。

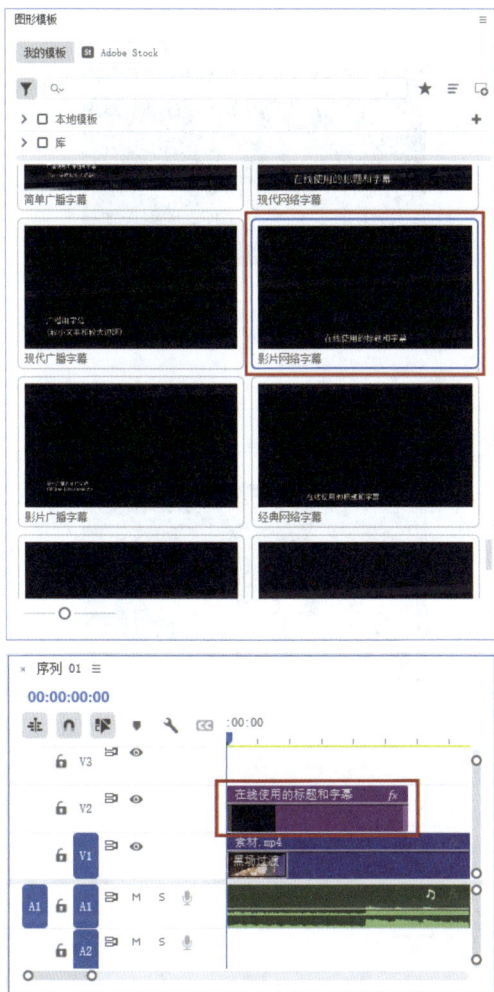

图 8-34

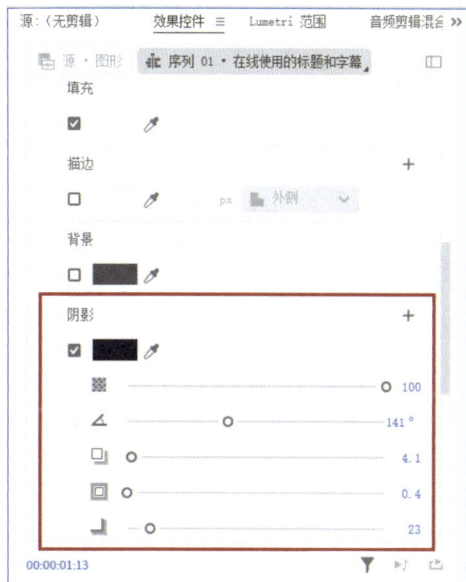

图 8-36

03 由于文字模板"影片网络字幕"开头有一个渐显的动画效果，将时间指示器移动至"节目"监视器面板预览区画面中能看见文字的位置，双击画面中的文字，即可对文字进行更改，将其更改为"火锅咕噜咕噜"，如图 8-35所示。然后在"效果控件"面板中对文字进行基础设置，如图 8-36所示。

04 将时间指示器移动至00:00:03:24的位置，用"选择工具（V）" ▶ 将文字图层延长至此处，原文字模板包含的渐隐动画效果也会随之移动，如图 8-37所示。选中文字图层"火锅咕噜咕噜"，按住Alt键进行复制并粘贴两次，如图 8-38所示。

图 8-35

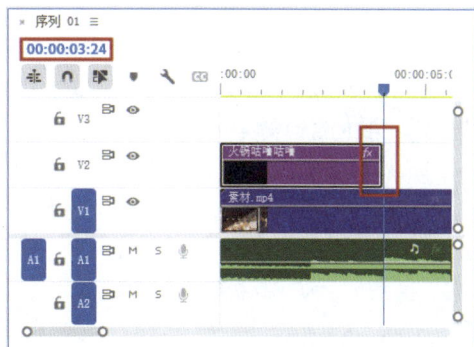

图 8-37

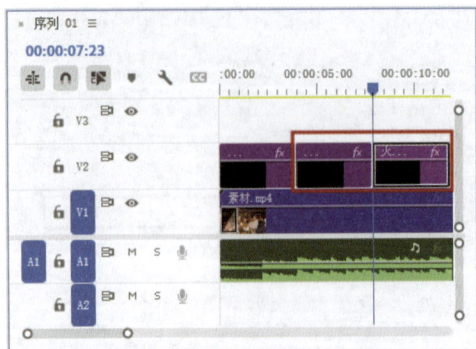

图 8-38

05 为了后续文字之间更好过渡，选中第一个"火锅咕噜咕噜"文字图层，在"效果控件"面板中将"不透明度"结尾的渐隐动画关键帧删除，如图 8-39 所示。

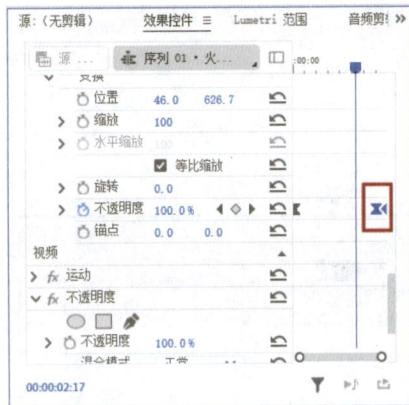

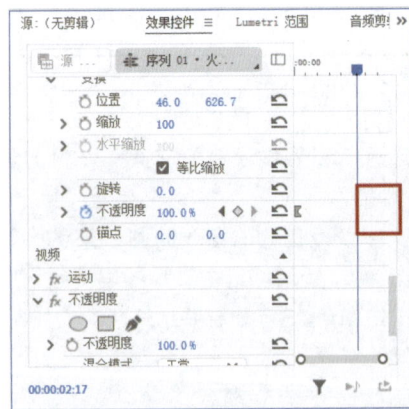

图 8-39

06 分别选中后面两段文字图层素材，将其按照顺序依次更改为"我们说说笑笑""这就是好友相聚的快乐"，如图 8-40所示。

07 将时间指示器移动至00:00:07:08的位置，选中文字图层"我们说说笑笑"，用"选择工具（V）"▶将文字图层"我们说说笑笑"拖动至此处，如图 8-41所示，然后将文字图层"这就是好友相聚的快乐"向前移动，填补空白处，如图 8-42所示。

图 8-40

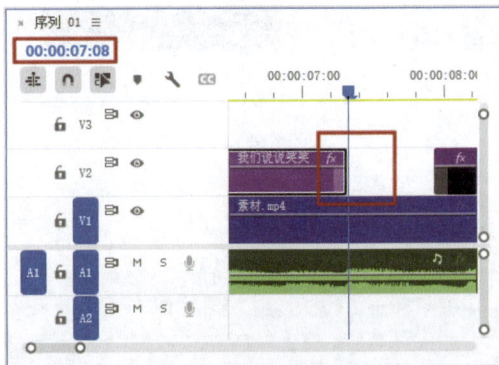

图 8-41

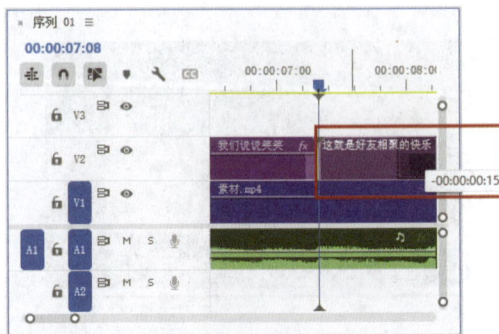

图 8-42

08 将时间指示器移动至00:00:10:16的位置，用"选择工具（V）"▶将文字图层"这就是好友相聚的快乐"拖动至此处,如图 8-43所示。

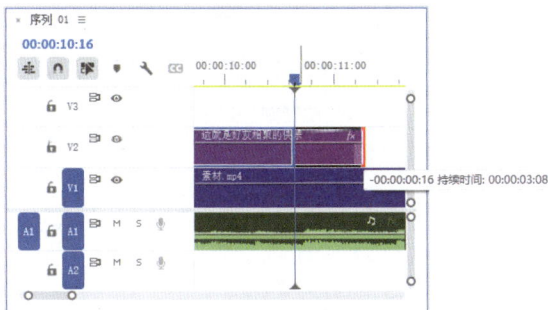

图 8-43

09 选中文字图层"我们说说笑笑",将其中所有的关键帧删除。再选中文字图层"这就是好友相聚的快乐",将开头的"不透明度"渐显关键帧删除,再将时间指示器移动至00:00:10:06的位置,将"不透明度"渐隐第一个关键帧移动至此处,如图 8-44 所示。

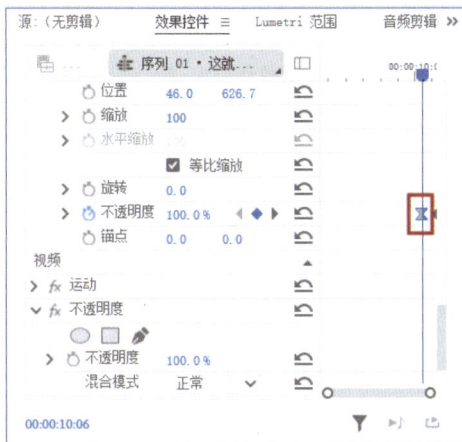

图 8-44

10 将时间指示器移动至00:00:10:16的位置,用"选择工具(V)"▶将"素材.mp4"和"钢琴古典二重奏.mp3"素材时长拖动至此,如图 8-45 所示。

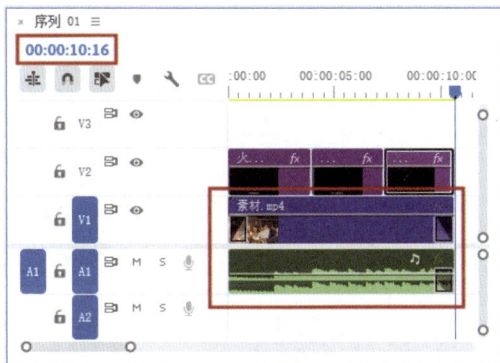

图 8-45

> **提示:** 渐显、渐隐动画效果均是通过添加"不透明度"关键帧完成。

8.2.2 实战:字幕风格化处理

风格化处理指的是通过"效果控件"面板和"属性"面板对文字的字体、位置、缩放、旋转和颜色等属性进行修改。前文中均通过"效果控件"面板和"属性"面板对文字进行基础风格化处理,本节案例通过制作人物介绍视频介绍如何进一步设置字体,效果如图 8-46所示。下面介绍具体的操作方法。

图 8-46

01 启动Premiere Pro 2025软件,打开项目文件"字幕风格化处理.prproj",进入剪辑界面,其中已经将需要剪辑的素材裁剪排列在"时间轴"面板中。

02 将时间指示器移动至00:00:03:01的位置,在此处添加文字图层"NIANHUAN",将其旋转90°放置在画面右侧,并将文字"不透明度"调整至72.0%,具体设置如图 8-47所示。其中文字填充颜色可以用"吸管"工具✐吸取画面中的颜色。

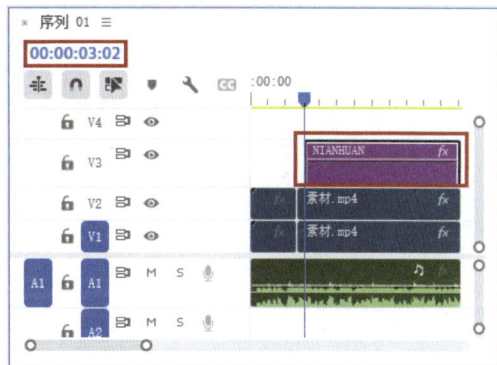

图 8-47

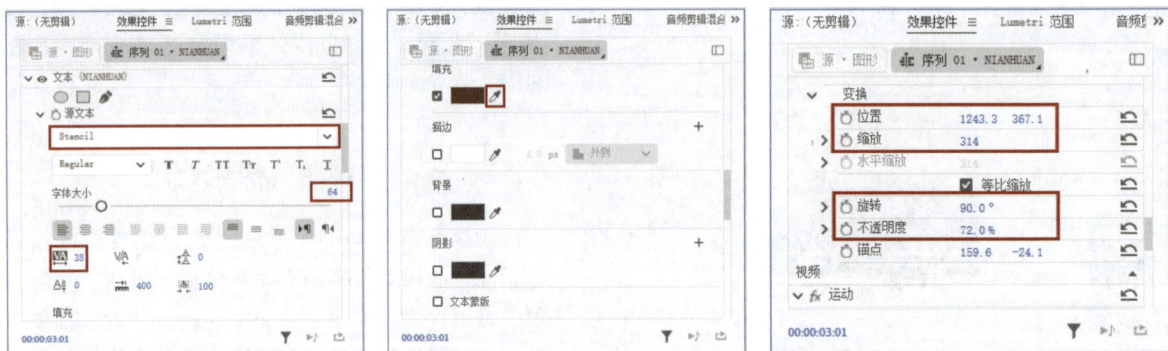

图 8-47（续）

03 不选中任何素材，在文字图层"NIANHUAN"上层V4轨道中添加文字图层"个人信息"，文字字样和位置具体设置如图 8-48所示。

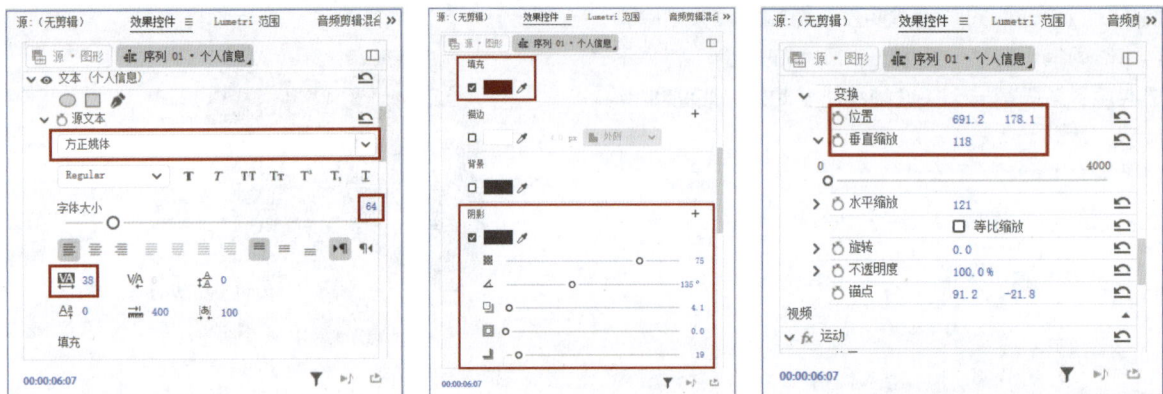

图 8-48

04 不选中任何素材，在文字图层"个人信息"上层V5轨道中添加文字图层"Basic information"，具体设置如图 8-49所示。

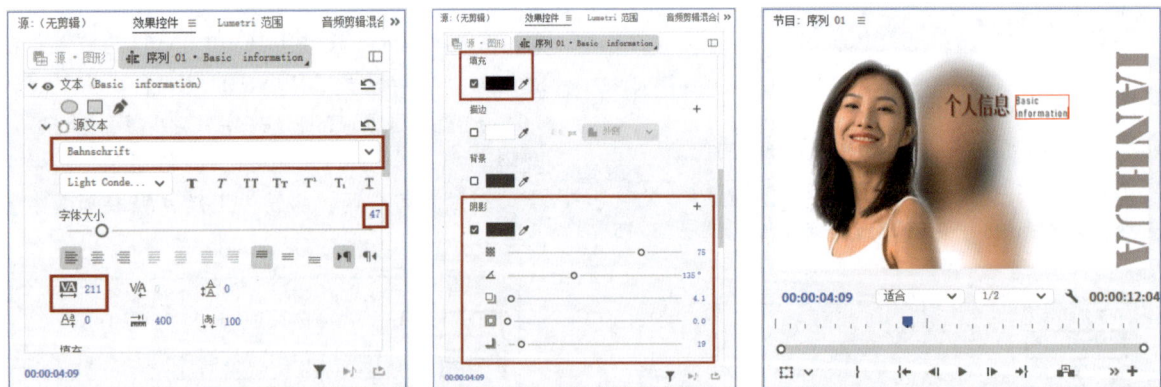

图 8-49

05 不选中任何素材，在文字图层"Basic information"上层V6轨道中添加段落文字图层，中文字体和字样如图 8-50所示。

06 英文字体和字样如图 8-51所示。

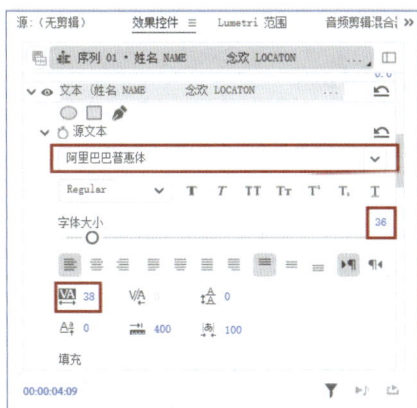

图 8-50

图 8-51

07 段落文字最终排版如图 8-52所示，段落文本框具体位置和大小如图 8-53所示。

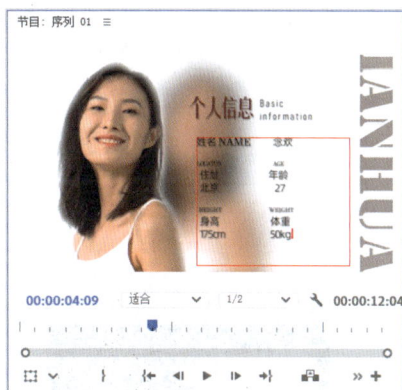

图 8-52

图 8-53

8.2.3　实战：片尾滚动字幕效果

片尾滚动字幕是各类影视作品中常见的片尾表现形式，Premiere Pro 自带文字滚动功能。本节案例介绍如何使用Premiere Pro文字滚动功能制作片尾字幕滚动效果，如图 8-54所示。下面介绍具体的操作方法。

图 8-54

01 启动Premiere Pro 2025软件，打开项目文件"片尾滚动字幕效果.prproj"，进入剪辑界面，其中已经将需要剪辑的素材裁剪排列在"时间轴"面板中。

02 在"工具栏"中单击"文字工具（T）"T.，在"节目"监视器面板预览区画面中创建段落文字文本框，如图 8-55所示。然后将文本素材"片尾字幕.txt"中的文字内容复制粘贴至段落文本框中，如图 8-56所示。

图 8-55

图 8-56

03 切换"选择工具（V）"▶，将"字体大小"调整至25，并选择"居中对齐文本"，如图 8-57所示。然后将文本放置在空白处，如图 8-58所示。

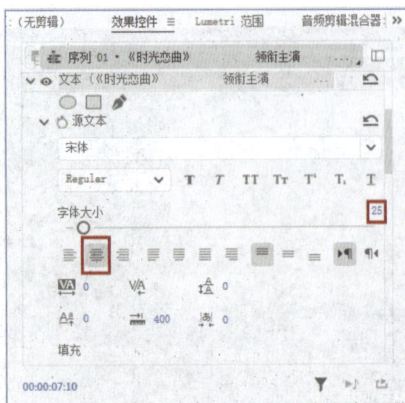

图 8-57

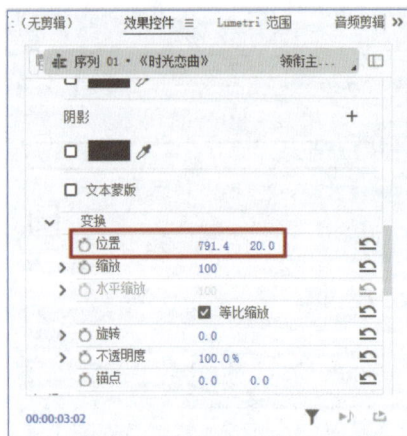

图 8-58

04 将文本图层延长至00:00:33:10处，与背景音乐素材"夕阳.mp3"对齐，如图 8-59所示。

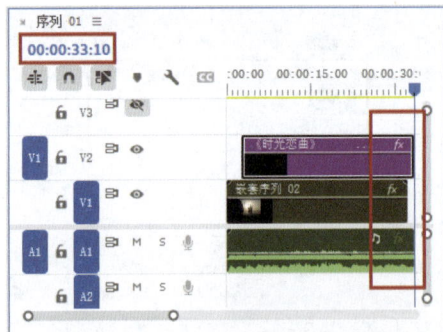

图 8-59

05 在"属性"面板中取消对文本的框选，则可看到"响应式设计-时间"选项中出现了"滚动"选项，如图 8-60所示。勾选"滚动"复选框，并勾选默认复选框"启动屏幕外""结束屏幕外"，如图 8-61所示，文本内容即可自动滚动。

图 8-60

图 8-61

8.2.4　实战：制作文字变形效果

读者可以在Premiere Pro中打造更加个性化的字幕。例如，可以从"效果"面板中为字幕添加变形效果，也可以调整"效果控件"面板的"运动"选项为字幕做出运动效果等。本节介绍为文字做出波形变形效果的方法，效果如图 8-62所示。

01 启动Premiere Pro 2025软件，打开项目文件"制作文字变形效果.prproj"，进入剪辑界面，其中已经将需要剪辑的素材裁剪排列在"时间轴"面板中。

02 将"波形变形"效果添加至文字图层"出游

啦！"中，将时间指示器移动至00:00:00:00的位置，单击"波形高度"的"切换动画"按钮，参数为0；将时间指示器向前移动3帧（2~4帧皆可），参数为144；再将时间指示器向前移动3帧（2~4帧皆可），将参数更改为-169；再将时间指示器向前移动3帧（2~4帧皆可），将参数调整至285；再将时间指示器向前移动3帧（2~4帧皆可），将参数调整回0，具体设置如图 8-63所示。

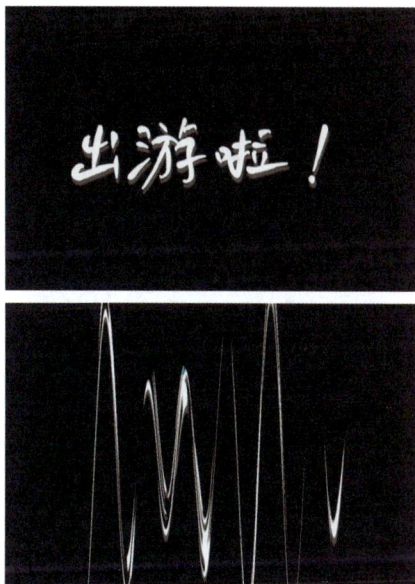

图 8-62

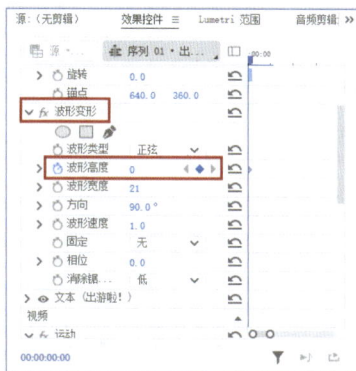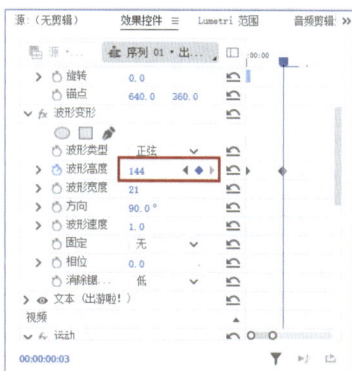

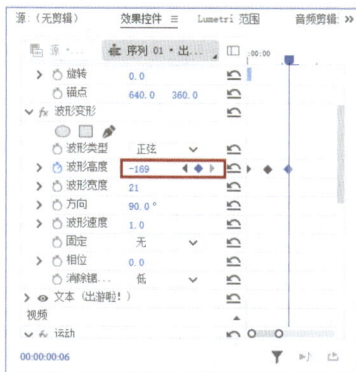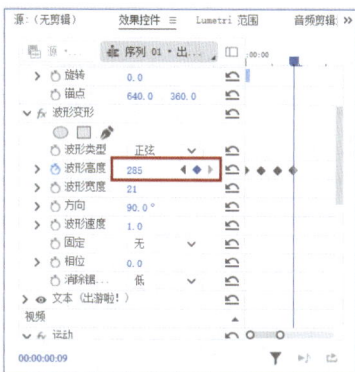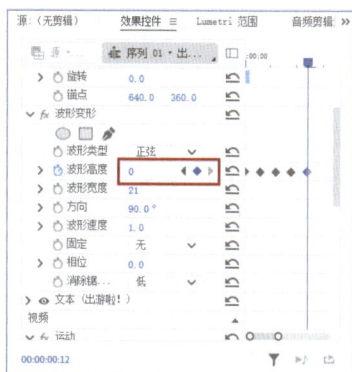

图 8-63

03 选中所有关键帧，右击，在弹出的快捷菜单中执行"定格"命令，如图 8-64所示。

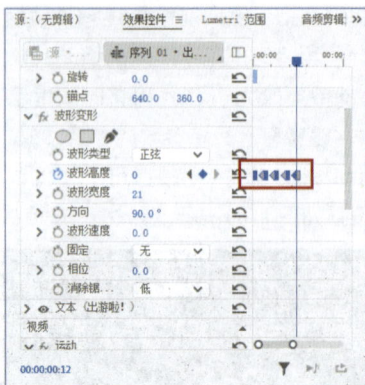

图 8-64

04 将"偏移"效果添加至文本图层"出游啦！"中，在00:00:00:00处添加"将中心移位至"关键帧，参数维持默认不变，并将该关键帧更改为"定格"关键帧，将时间指示器向前移动2帧，再添加关键帧，即为定格关键帧，将参数更改为640.0和258.0；将时间指示器向前移动3帧，将参数更改为640.0和443.0；将时间指示器向前移动3帧，将参数更改为640.0和206.0；将时间指示器向前移动2帧，将参数更改为640.0和360.0；将时间指示器向前移动1帧，单击"重置参数"按钮，即可添加一个默认参数关键帧，具体设置如图 8-65所示。

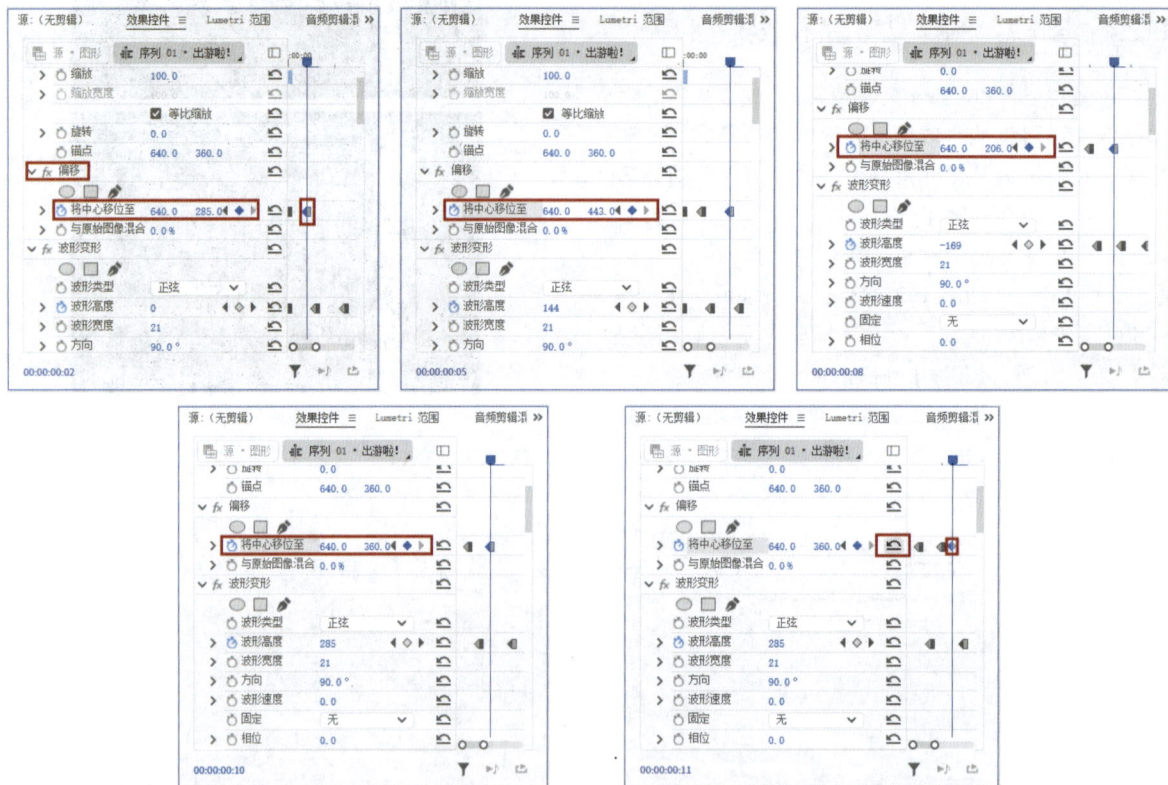

图 8-65

05 将时间指示器移动至00:00:00:01的位置，在此处单击"与原始图像混合"的"切换动画"按钮，自动添加"与原始图像混合"关键帧，参数为0.0%；将时间指示器向前移动1帧，添加"与原始图像混合"关键帧，将参数更改为90.0%；将时间指示器向前移动2帧，添加"与原始图像混合"关键帧，将参数更改为100.0%；将时间指示器向前移动2帧，添加"与原始图像混合"关键帧，将参数更改为30.0%；将时间指示器向前移动3帧，添加"与原始图像混合"关键帧，将参数更改为90.0%；将时间指示器向前移动1帧，添加"与原始图像混合"关键帧，将参数更改为100.0%；将时间指示器向前移动2帧，添加"与原始图像混合"关键帧，将参数更改为0.0%，具体设置如图 8-66所示。

06 再添加一个"波形变形"效果至文本图层"出游啦！"中，并在"效果控件"面板中长按效果调整3个新增效果的位置，将第一个"波形变形"效果放置在最上方，然后放置"偏移"效果，最后放置第二个"波形变形"效果，如图 8-67所示。

图 8-66

图 8-67

07 将时间指示器移动至00:00:00:00的位置，将"波形宽度"更改为71，单击第二个"波形变形"效果中的"波形高度"的"切换动画"按钮 ，自动在此处添加关键帧，将此处关键帧更改为"定格"，并将此处"波形高度"关键帧更改为0；将时间指示器向前移动1帧，添加"波形高度"关键帧，并将参数更改为−149，如图 8-68所示；将时间指示器向前移动2帧，添加"波形高度"关键帧，并将参数更改为135，如图 8-69所示；将时间指示器向前移动7帧，添加"波形高度"关键帧，并将参数值更改为−145，如图 8-70所示；将时间指示器向前移动1帧，添加"波形高度"关键帧，并将参数更改为0，如图 8-71所示。

169

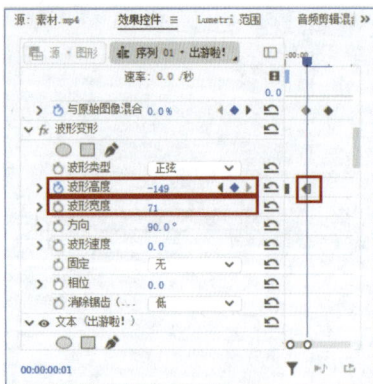

图 8-68

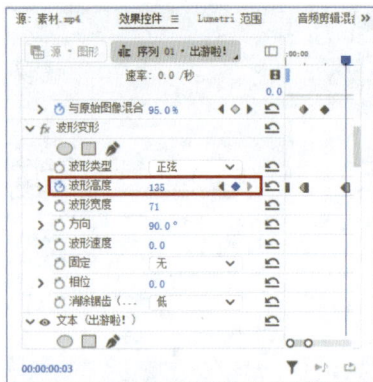

图 8-69

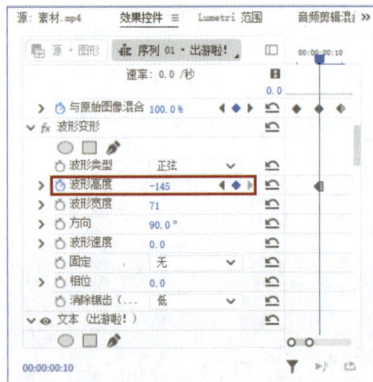

图 8-70

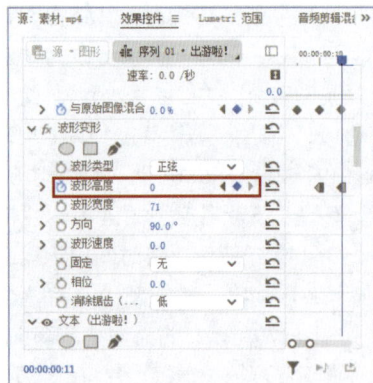

图 8-71

08 将时间指示器移动至00:00:00:04，单击第二个"波形变形"效果中的"方向"的"切换动画"按钮，参数维持90.0°不变，如图 8-72所示；将时间指示器向前移动2帧，添加"方向"关键帧，并将参数更改为130.0°，如图 8-73所示；将时间指示器向前移动2帧，添加"方向"关键帧，并将参数更改为-46.0°，如图 8-74所示；将时间指示器向前移动2帧，添加"方向"关键帧，并将参数更改为130.0°，如图 8-74所示；将时间指示器向前移动2帧，添加"方向"关键帧，并将参数更改为90.0°，如图 8-75所示。

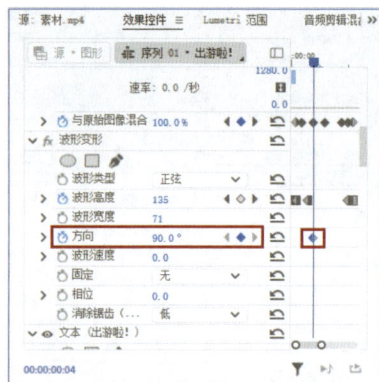

图 8-72

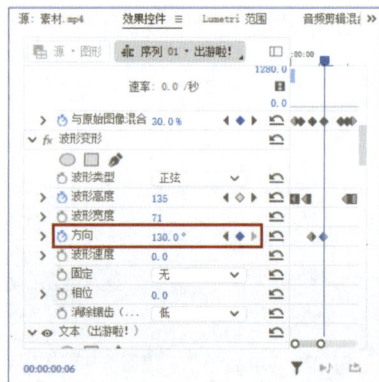

图 8-73

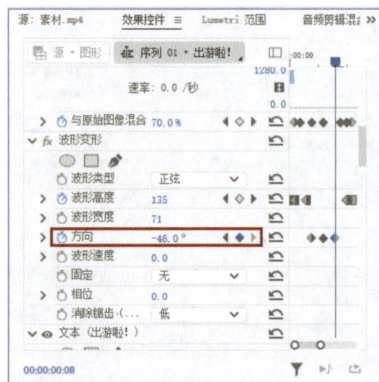

图 8-74

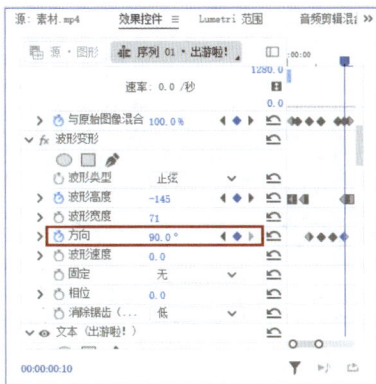

图 8-75

09 完成上述操作后，文字波形变形效果即制作完成。

8.3
语音转文本

制作解说或谈话类视频时，常常需要为旁白添加字幕。传统后期制作中，需要创作者反复听语音，手动敲字对准时间点，过程耗时。为了提高制作视频的效率，可以使用Premiere Pro 2025的字幕工具——语音转文字功能，便捷高效地添加字幕，节省一些不必要的时间投入。

8.3.1　语音转文本功能介绍

启动Premiere Pro 2025，打开任意一个项目文件，然后切换至"字幕和图像"工作界面中的"文本"面板，如图8-76所示。

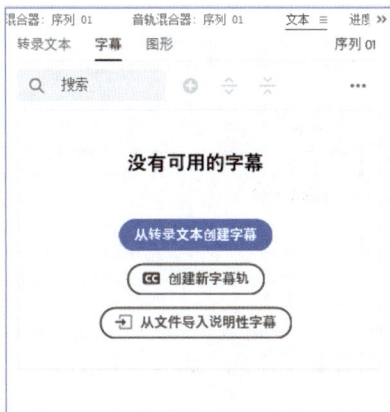

图 8-76

"文本"面板中的各功能按钮的使用方法介绍如下。

● [从转录文本创建字幕]从转录文本创建字幕：单击该按

钮，将"时间轴"面板中的视频或音频转换为文本，并自动生成字幕。

● [创建新字幕轨]创建新字幕轨：单击该按钮，将在"时间轴"面板中创建C（字幕）轨道。

● [从文件导入说明性字幕]从文件导入说明性字幕：单击该按钮，在文件夹中选择视频或音频进行转录说明性字幕。

8.3.2　实战：语音转文本批量创建字幕

本节案例通过案例介绍如何进行语音转文本批量创建字幕。下面介绍具体的操作方法。

01 启动Premiere Pro 2025软件，打开项目文件"语音转文本批量创建字幕.prproj"，进入剪辑界面，其中已经将需要剪辑的素材裁剪排列在"时间轴"面板中。

02 在左上方单击"文本"按钮，打开"文本"面板，打开"字幕"选项卡，单击"从转录文本创建字幕"按钮[从转录文本创建字幕]，即可打开"创建字幕"窗口，"字幕预设"选择"字幕默认设置"选项，如图 8-77 所示。

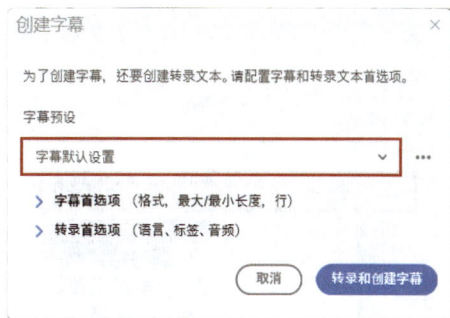

图 8-77

03 在"创建字幕"窗口中展开"转录首选项"选项，"语言"选择"简体中文"，如图 8-78所示，然后单击"转录和创建字幕"按钮即可。单击"转录和创建字幕"按钮后，会在"文本"面板中的"转录文本"选项卡中创建文字轨道，如图 8-79所示。

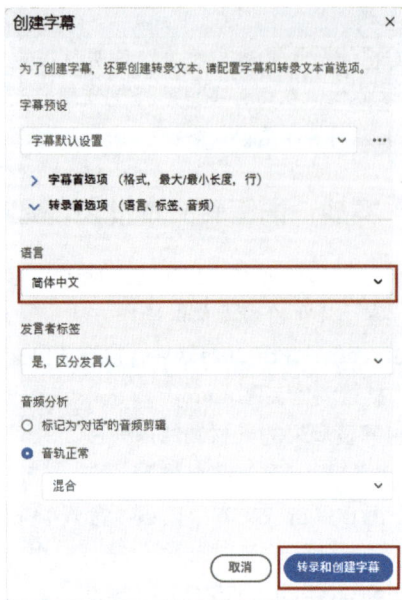

图 8-78

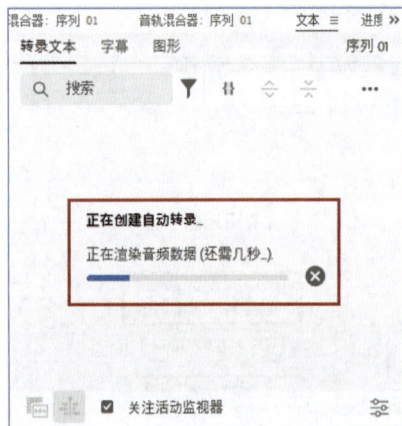

图 8-79

04 等待一段时间后，即可生成字幕，如图 8-80所示。

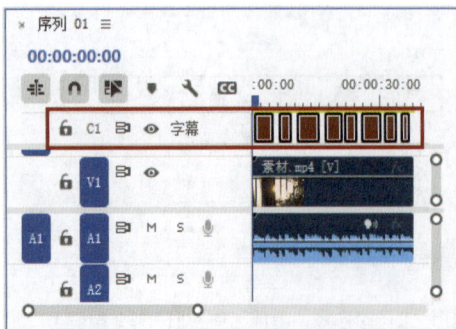

图 8-80

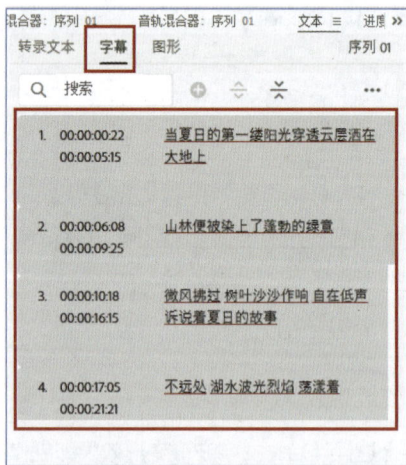

图 8-80（续）

05 批量添加字幕后，打开"属性"面板，对文字字体、字样和位置进行编辑，如图 8-81所示。

图 8-81

06 完成文字属性设置后，对文字内容进行检查，根据"文本.txt"中的文字内容，进行拼写和内容的检查，同时进行文本素材的裁切，文字之间不要留有标点和空格，如表 8-1所示。

表 8-1

序号	字幕	时长
1	当夏日的第一缕阳光穿透云层洒在大地上	00:00:00:22-00:00:05:15
2	山林便被染上了蓬勃的绿意	00:00:06:08-00:00:09:25
3	微风拂过	00:00:10:18-00:00:12:06
4	树叶沙沙作响	00:00:12:06-00:00:13:27
5	正在低声诉说着夏日的故事	00:00:13:27-00:00:16:15
6	不远处	00:00:17:05-00:00:18:12
7	湖水波光粼粼	00:00:18:12-00:00:20:29
8	倒映着蓝天白云	00:00:20:29-00:00:23:03
9	宛如一幅天然的油画	00:00:23:03-00:00:25:25
10	而那片花海	00:00:25:25-00:00:27:13
11	五彩斑斓的花朵在阳光的照耀下	00:00:27:13-00:00:30:22
12	争奇斗艳	00:00:30:22-00:00:32:16
13	散发着阵阵芬芳	00:00:32:16-00:00:34:11
14	编织出独属于夏天的绮梦	00:00:35:02-00:00:37:27

提示：（1）批量制作字幕还可以在"文本"|"转录文本"中对一个或多个素材进行文本转录，如图8-82所示。

图 8-82

（2）当一个素材有多人讲话时，在"文本"|"转录文本"选项卡中即可根据发言者进行编辑，如图8-83所示。

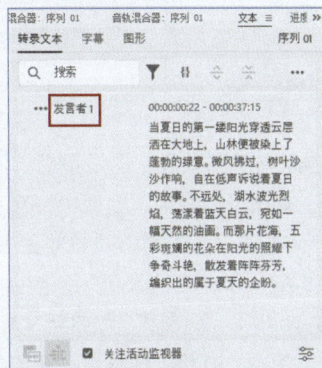

图 8-83

8.4
文字高级玩法

学习完文字的基础制作方法后，本节将通过案例，进行文字制作的进一步提升，让视频更生动有趣，为观众带来震撼的视觉体验。

8.4.1　实战：制作综艺花字效果

有趣的视频离不开有趣的文字效果，综艺花字现如今也运用至各博主的短视频中。本节案例将制作一个综艺人物出场定格效果片段，效果如图8-84所示。下面介绍具体的操作方法。

图 8-84

01 启动Premiere Pro 2025软件，打开项目文件"制作综艺花字效果.prproj"，进入剪辑界面，其中已经将需要剪辑的素材裁剪排列在"时间轴"面板中。

02 单击"文字工具（T）" T，在"节目"监视器面板预览区画面中输入文字"救救我"，并在"效果

173

控件"面板中更改文字字体、字样和大小，将其放置在人物旁边，如图 8-85所示。

图 8-85

03 将"VR旋转球面"效果添加至文字图层"救救我"中，将"倾斜（X轴）"更改为-8.0°、"平移（Y轴）"更改为-2.0°、"滚动（Z轴）"更改为-26.0°，如图 8-86所示。

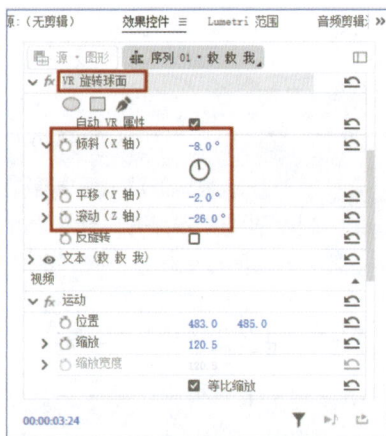

图 8-86

04 找到文本图层"救救我"的"视频"选项中的"运动"效果，移动文本图层"救救我"的位置，具体参数设置和效果如图 8-87所示。

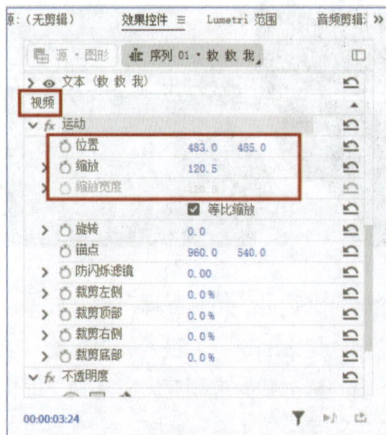

图 8-87

图 8-87（续）

05 完成上述操作后，将"波形变形"效果添加至文本图层"救救我"中，具体设置如图 8-88所示。

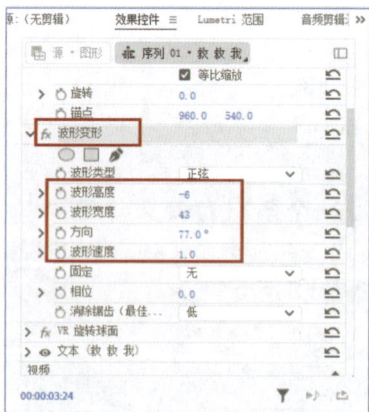

图 8-88

06 完成文字素材"救救我"的设置后，添加文本图层"已碎"，并在"时间轴"面板中将文本图层"已碎"放置在V4轨道，文本图层"救救我"放置在V3轨道，如图 8-89所示。

07 将"高斯模糊"效果添加至 V 1 轨道"素材.mp4"定格帧中，并将"模糊度"更改为60.0，如图 8-90所示。

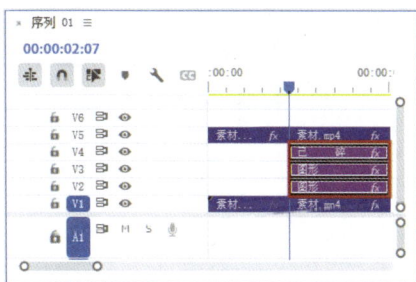

图 8-89

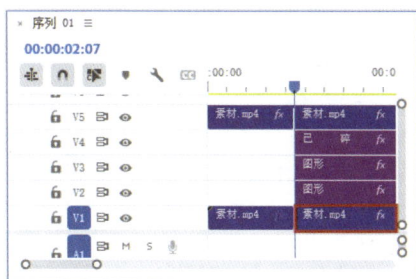

图 8-90

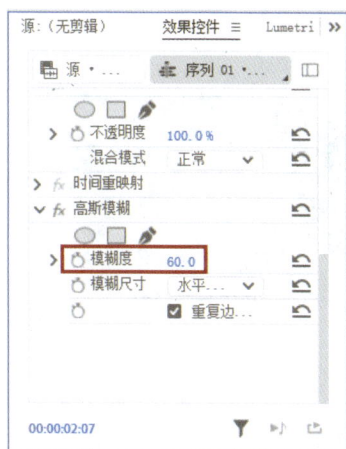

图 8-90（续）

08 选中"已碎"文本图层，在"效果控件"面板中设置字体、字样和位置，在"已碎"两个字中间添加空格，围绕画面中人物的头部摆放，具体设置如图 8-91所示。

图 8-91

09 不选中任何素材，添加人物名字"易碎哥"，并在V6轨道中形成文本图层。在"效果控件"面板中设置"易碎哥"字体和字样，并将其放置在右侧空白处，具体设置如图 8-92所示。

图 8-92

10 为了让人物名字框更加有设计感，单击"效果控件"面板中"文本（易碎哥）"下方"创建4点多边形蒙版"按钮□，添加一个四边形蒙版，在预览区画面中将蒙版设置成平行四边形，"蒙版羽化"更改为0.0，如图 8-93所示。

11 文本图层可以添加两个及以上的文字或图形，继续选中"易碎哥"文本图层，添加文字"每天被生活折磨得不成人形"，如图 8-94所示，并将"得不成人形"切换至第二行。在"效果控件"面板中设置"每天被生活折磨得不成人形"的字体和字样，将其放置在"易碎哥"文字下方，如图 8-95所示。

图 8-93 图 8-94

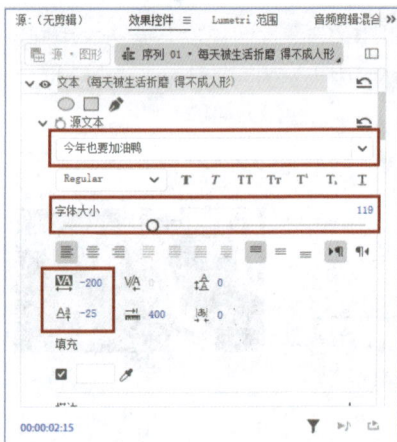

图 8-95

12 在V7轨道中添加素材"哭泣.png"，并将其放置在文字"每天被生活折磨得不成人形"的后方，如图 8-96 所示。

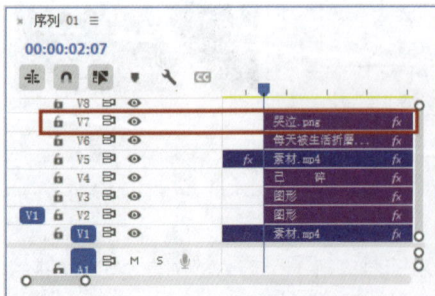

图 8-96

8.4.2 实战：制作搜索框打字效果

搜索框打字效果的应用场景极为广泛，其可以快速吸引观众的眼光，增强互动感。本节案例将制作一个搜索框打字效果视频，效果如图 8-97所示。下面介绍具体的操作方法。

图 8-97

01 启动Premiere Pro 2025软件，打开项目文件"搜索框打字机文字效果.prproj"，进入剪辑界面，其中已经将需要剪辑的素材裁剪排列在"时间轴"面板中。

02 单击"文字工具（T）" T.，在"节目"监视器面板预览区画面中输入文字"五路财神寓意和功效"，如图 8-98所示。

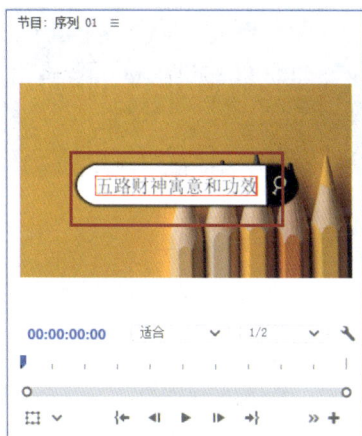

图 8-98

03 在"效果控件"面板中设置文字的字体大小和字样等，如图 8-99所示。

图 8-99

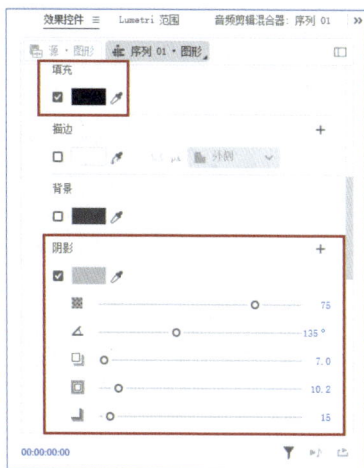

图 8-99（续）

04 在"文本"效果中，单击"源文本"的"切换动画"按钮 ⏱，每隔5帧（快捷键Shift+前进一帧 ▶）添加一个关键帧，共添加10个关键帧，如图 8-100所示。

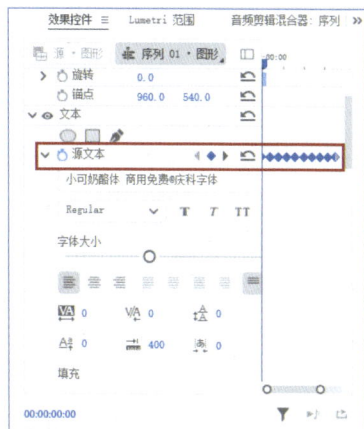

图 8-100

05 将时间指示器移动至第1个关键帧的位置，将所有文字删除，如图 8-101所示。

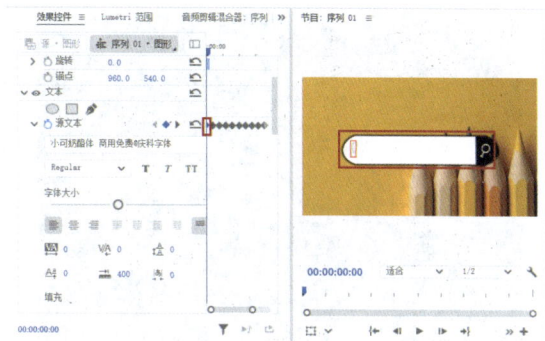

图 8-101

06 将时间指示器移动至第2个关键帧的位置留下文字"五"，如图 8-102所示。将时间指示器移动至第3个关键帧处，留下文字"五路"，如图 8-103

所示。

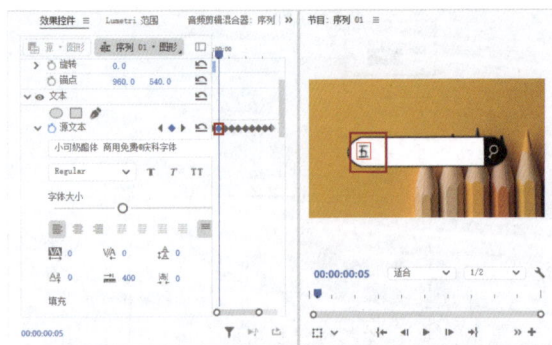

图 8-102

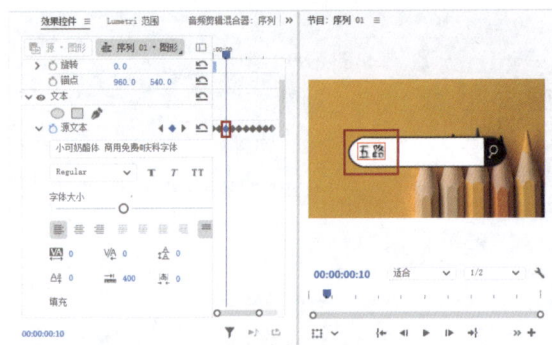

图 8-103

07 以此类推，删除文字，直至第10个关键帧，不删除任何文字，搜索框打字效果即制作完成。

8.4.3　实战：制作金色粒子文字

　　粒子特效的应用领域极为广泛，从具象化实体到粒子分解的视觉冲击效果，深受人们喜爱。其风格也变得多种多样，被影视创作者们运用得淋漓尽致。本案例将制作一个金色粒子文字显现效果的视频，效果如图 8-104所示。下面介绍具体的操作方法。

图 8-104

01 启动Premiere Pro 2025软件，打开项目文件"制作金色粒子文字.prproj"，进入剪辑界面，其中已经将需要剪辑的素材裁剪排列在"时间轴"面板中，如

图 8-105所示。

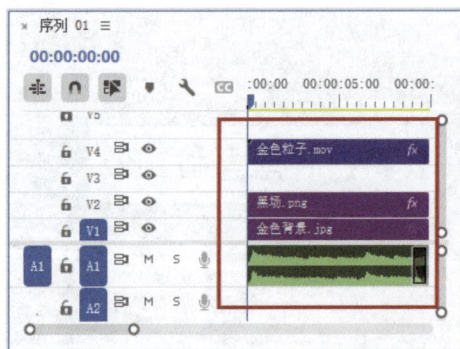

图 8-105

02 创建文字图层"金蛇献瑞"，并在"效果控件"面板中设置一个书法字体，并适当放大字体至112，缩小字间距，如图 8-106所示，文字填充颜色为白色。

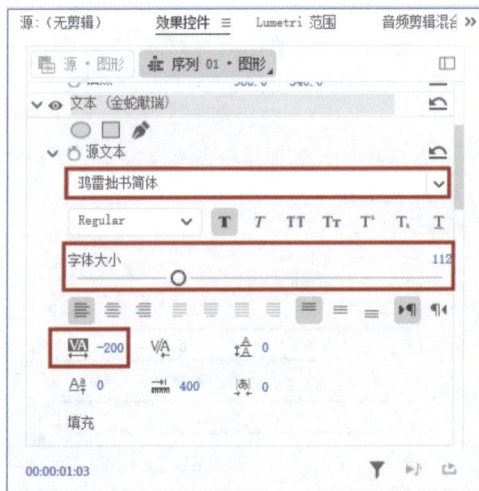

图 8-106

03 将时间指示器移动至00:00:01:03的位置，此时为粒子素材"金色粒子.mov"粒子向上的最高点，根据该位置调整文本"金蛇献瑞"大小和位置，如图 8-107所示。

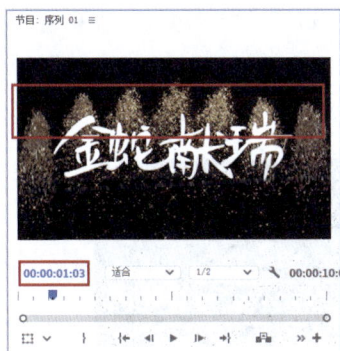

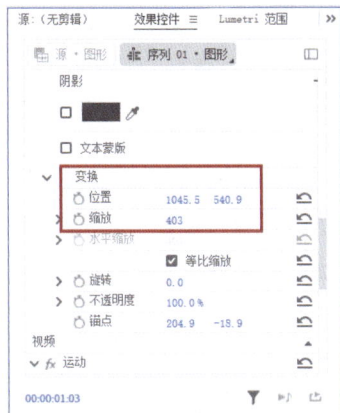

图 8-107

04 完成文字设置后。将"金蛇献瑞"文本图层放置在
V3轨道中，如图 8-108所示。选中文本图层"金蛇献瑞"
和"黑场.png"，右击并在弹出的快捷菜单中执行"嵌
套"命令，创建"嵌套序列 01"，如图 8-109所示。

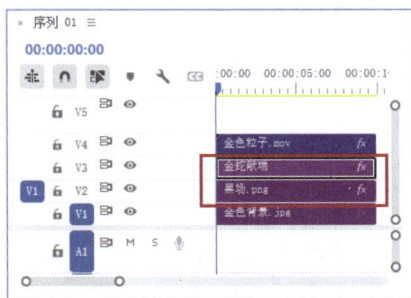

图 8-108

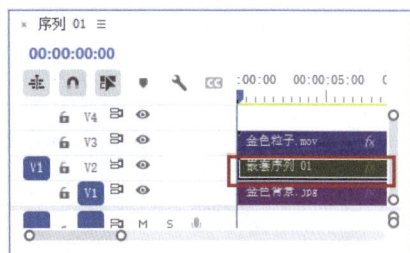

图 8-109

05 选中"嵌套序列 01"，在"不透明度"效果中选
择"相乘"混合模式，白色文字则变为金色文字，如
图 8-110所示。

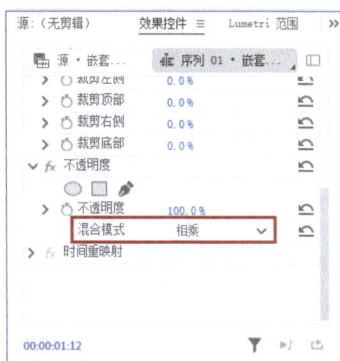

图 8-110

06 将时间指示器移动至00:00:05:15的位置，单
击"创建4点多边形蒙版"按钮，创建"蒙版
（1）"，并添加"蒙版路径"关键帧，如图 8-111
所示。

图 8-111

07 将时间指示器移动至00:00:01:07的位置，再添加"蒙版路径"关键帧，将蒙版变为一条直线，如图 8-112 所示。

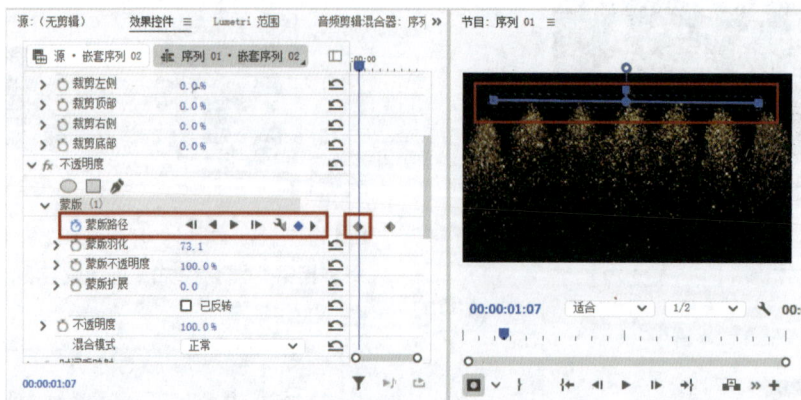

图 8-112

08 将时间指示器移动至00:00:01:07的位置，单击"蒙版羽化"的"切换动画"按钮 ⏱，在此处添加第一个"蒙版羽化"关键帧，并将参数更改为57.0，如图 8-113所示。将时间指示器移动至00:00:05:15的位置，添加"蒙版羽化"关键帧，参数更改为274.0，如图 8-114所示。

单击"数量"和"大小"的"切换动画"按钮 ⏱，自动添加关键帧，并将"数量"更改为10000.0、"大小"更改为2.0，如图 8-115所示。将时间指示器移动至00:00:05:15的位置，将"数量"更改为0.0、"大小"更改为2.0，如图 8-116所示。

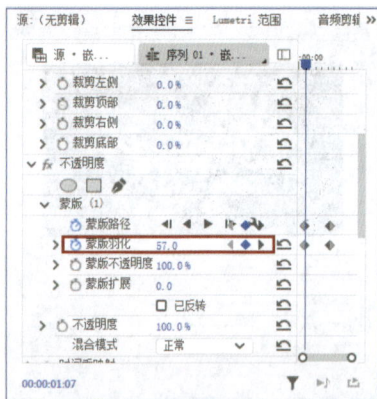

图 8-113

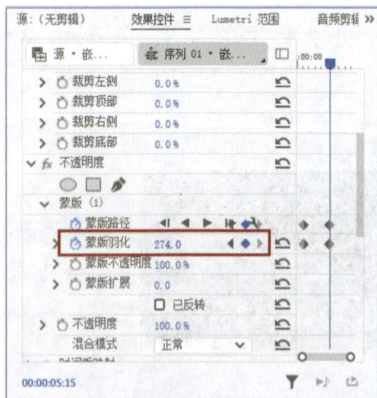

图 8-115

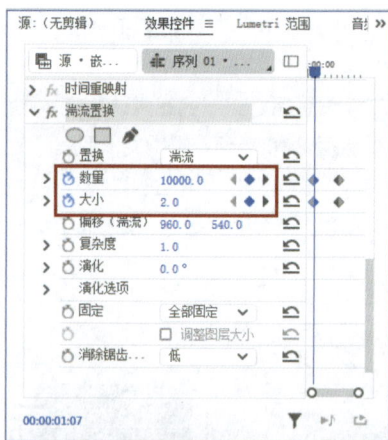

图 8-114

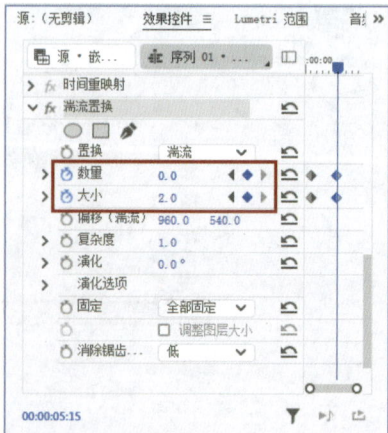

图 8-116

09 将"湍流置换"效果添加至文字图层"金蛇献瑞"中，将时间指示器移动至00:00:01:07的位置，

8.4.4 实战：文字放置在人物背后效果

剪辑视频时，为了增加画面互动感，少不了文字的强力辅助，加强三维物体和文字的互动，能营造打破次元壁的效果，提升视频内容的趣味性。本节案例介绍如何制作将文字放置在人物背后的效果，效果如图 8-117 所示。下面介绍具体的操作方法。

图 8-117

01 启动 Premiere Pro 2025 软件，打开项目文件"文字放置在人物背后效果.prproj"，进入剪辑界面，其中已经将需要剪辑的素材裁剪排列在"时间轴"面板中。

02 选中"素材.mp4"，并长按鼠标左键和 Alt 键，在上方视频轨道 V2 中复制一层"素材.mp4"，如图 8-118 所示。

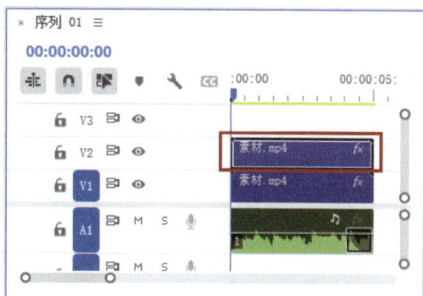

图 8-118

03 选中 V2 轨道复制"素材.mp4"，单击"自由绘制贝塞尔曲线"按钮 ✐，并添加"蒙版（1）"，根据画面中人物的运动位置添加"蒙版路径"关键帧，如图 8-119 所示。

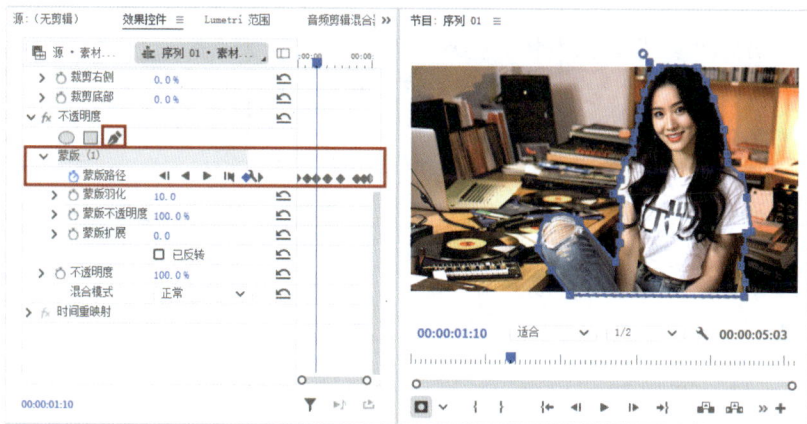

图 8-119

04 在 V1 轨道"素材.mp4"中添加"高斯模糊"效果，并将"模糊度"调整为 80.0，如图 8-120 所示。选中并复制"素材.mp4"，将其移动至画面左侧，具体参数调整如图 8-121 所示。

05 将复制的"素材.mp4"移动至 V3 视频轨道，并在 V2 轨道中添加文字图层，如图 8-122 所示。

图 8-120

图 8-121

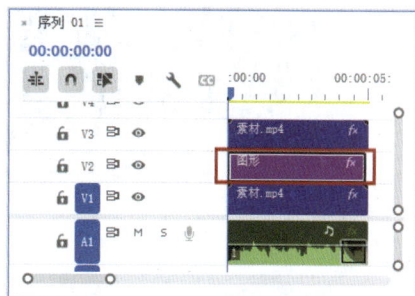

图 8-122

06 在文字图层中添加文字素材"LINA'S"，文字素材具体字体、字样和位置设置如图 8-123所示。

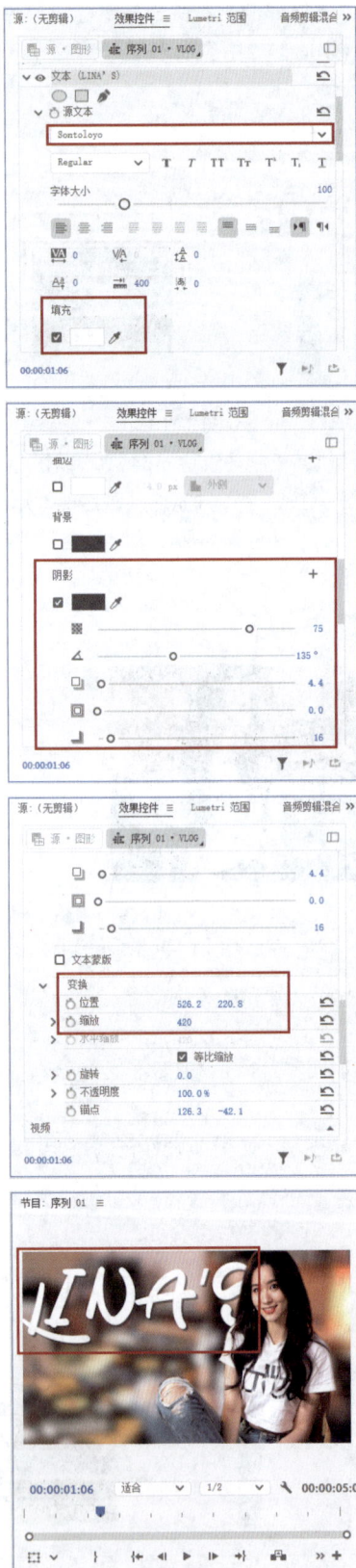

图 8-123

07 在文字图层中添加文字素材"VLOG"，文字素材具体字体、字样和位置如图 8-124所示。

图 8-124

08 文字放置在人物背后的效果即制作完成。

第 9 章
音频效果

优秀的影视作品之所以吸引人，不仅因为剧情和视觉效果，还因为音频的巧妙运用。高质量的配乐能够深入影片细节，表达人物情感，营造氛围，合适的音效能让视频画面感更强，更能引起观众的共鸣。本章介绍如何运用Premiere Pro的功能进行音频的基础编辑、常用的音频效果和处理音频的实战案例。

9.1
关于音频效果与基本调节

Premiere Pro 2025具有强大的音频编辑处理能力，"音频剪辑混合器"面板可以方便地编辑与控制声音，如图 9-1所示。其中具备的声道处理能力，以及实时录音功能、音频素材和音频轨道的分离功能，使Premiere Pro 2025中的音效编辑工作更为轻松、便捷。

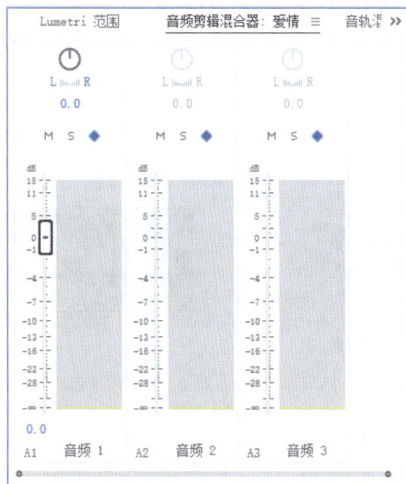

图 9-1

9.1.1 音频轨道

第2章2.4节中介绍"时间轴"面板时，简单介绍了音频轨道的功能按钮，本节将进一步探讨对音频轨道的理解与使用技巧。

在"项目"面板中导入配乐后，如图 9-2所示，将配乐拖动至"时间轴"面板下方音频轨道中。在音频轨道中，音频素材会显示其波形，我们可以根据波形大小来进行剪辑，如图 9-3所示。左侧工具栏中的按钮适用于轨道中的所有素材。右边为音量柱状图，分左右声道，播放音频时会显示。

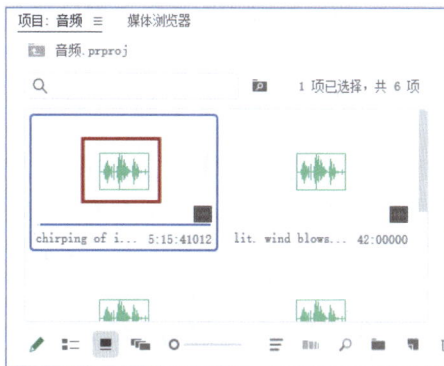

图 9-2

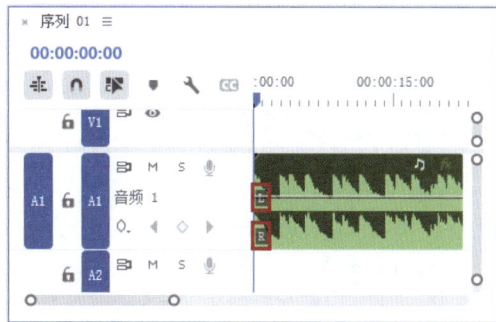

图 9-3

音频左边的轨道状态栏显示为蓝色，代表该轨道可用。左侧轨道状态栏中还包括"静音（静音轨道）"按钮 M、"独奏（单独轨道）"按钮 S 和"显示关键帧"按钮 ◇，右击"显示关键帧"按钮 ◇，如图 9-4所示，则可在弹出的快捷菜单中切换选项进行关键帧设置。默认为"剪辑关键帧"，还有"轨道关键帧"（音量、静音）、"轨道声像器"（平衡）和"添加效果"，如图 9-5所示。

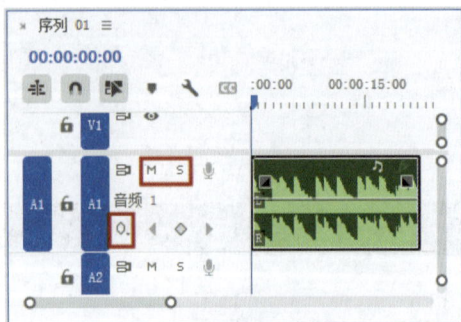

图 9-4

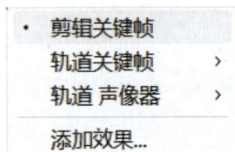

- 剪辑关键帧
- 轨道关键帧 >
- 轨道 声像器 >
- 添加效果...

图 9-5

> 提示：在视频剪辑过程中，音频波形是指将视频中的声音信号以可视化的形式呈现出来的图形。这个图形通常显示在视频剪辑软件的音频编辑栏中，以便于剪辑人员对音频内容进行细致的观察和调整。通过观察音频波形，我们可以清晰地了解音频信号的强度、频率分布以及音量变化等特征。此外，音频波形还能够帮助我们识别和去除视频中的噪声、调整音频的时长和节奏，以及实现音效的和谐融合。因此，在视频剪辑过程中，音频波形是一个非常重要的工具，它为剪辑师提供了方便，使得音频剪辑工作更加精准和高效。

9.1.2 "音频剪辑混合器"面板

单击"音频剪辑混合器"选项卡，即可打开"音频剪辑混合器"面板，如图 9-6 所示。4条竖直的音量柱状图分别对应每个音频轨道的音量。上方的圆圈 ⊙ 为左右声道调节按钮，以此平衡左右耳的音量。下面为"静音（静音轨道）"按钮 M、"独奏（单独轨道）"按钮 S 和"关键帧"按钮 ◆。"音频剪辑混合器"面板中的音量柱状图可以与音频轨道左侧状态栏配合使用。

将一段背景音乐导入"时间轴"面板后，选择"音频剪辑混合器"面板，单击"关键帧"按钮 ◆，然后单击"节目"监视器面板中的"播放"按钮 ▶（按空格键），在音频播放时移动音量柱状图左侧光标，调节音频素材播放时的声音大小，即可在音

频轨道中自动得到无数个写好的关键帧，如图 9-7 所示。

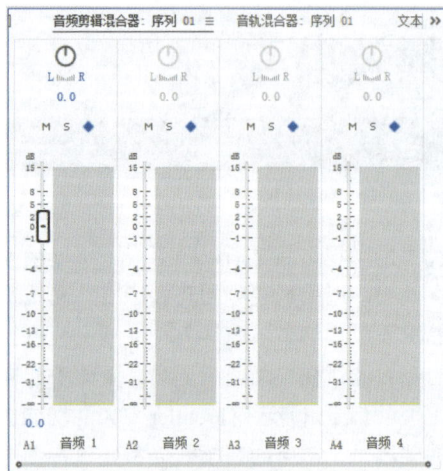

图 9-6

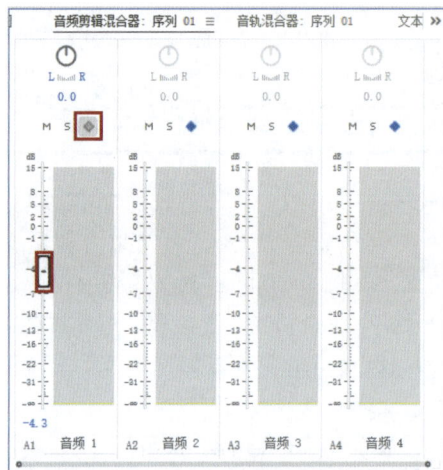

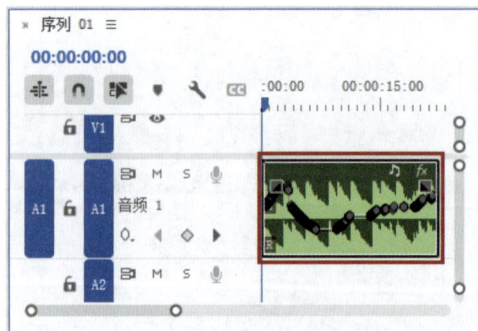

图 9-7

虽然可以直接得到关键帧，但是会发现轨道中的关键帧过多。执行"编辑"｜"首选项"｜"音频"命令，如图 9-8 所示，将会自动弹出"首选项"选项框。选项框中有"自动关键帧优化"选项，勾选其中的"减少最小时间间隔"复选框，将"最小时间"间隔调整为400毫秒，如图 9-9 所示。

图 9-8

图 9-9

完成上述操作后，重新写关键帧，会发现轨道中相对于之前密密麻麻的关键帧要少很多。

9.1.3　调整音频持续时间

音频的持续时间是指音频的入点和出点之间的素材时长，可通过改变音频的入点和出点位置来调整。在"时间轴"面板中，使用"选择工具" ▶ 直接拖动音频的边缘，可以改变音频轨道上音频素材的长度，如图 9-10 所示。

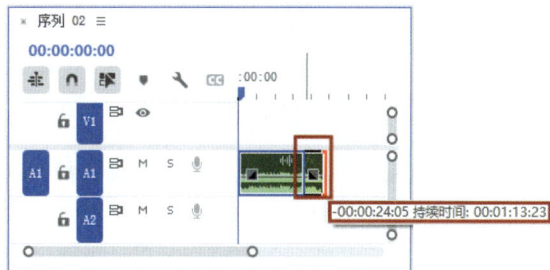

图 9-10

此外，用户还可以选中"时间轴"面板中的音频素材，右击，在弹出的快捷菜单中选择"速度/持续时间"选项，如图 9-11 所示。

图 9-11

在弹出的"剪辑速度/持续时间"对话框中单击"速度"和"持续时间"的联动按钮 ⌇，取消链接，并调整音频的持续时间，如图 9-12 所示。

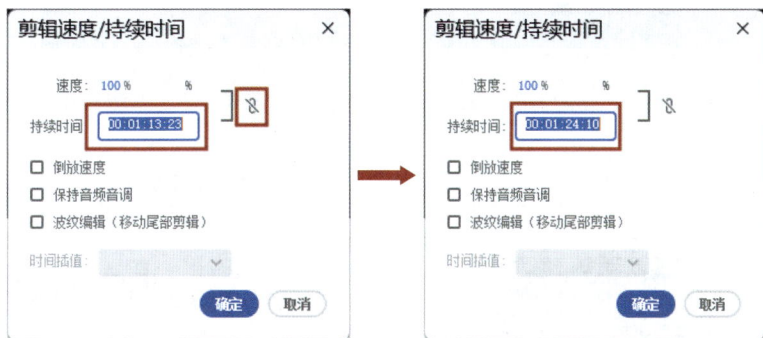

图 9-12

第 2 章 2.5 节中介绍"比率拉伸工具（R）" ⟐ 可以调整素材速度，从而调整素材的时长。在"工具栏"中单击"比率拉伸工具（R）"按钮 ⟐，在"时间轴"面板直接拖动音频的边缘，可以改变音频轨道上音频素材的长度，如图 9-13 所示。与"选择工具" ▶ 通过更改素材内容来更改素材时长不同的是，"比率拉伸工具（R）" ⟐ 通过更改素材的速度来更改素材时长，而不更改素材的内容。

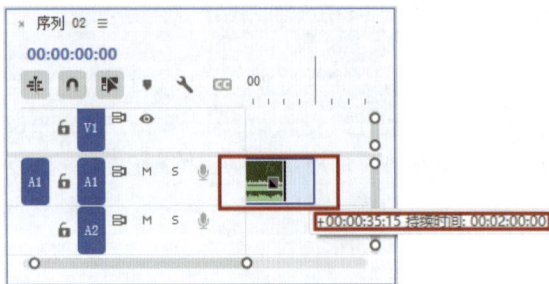

图 9-13

9.1.4 实战：音量的调整

对音频素材进行编辑时，经常会遇到音频素材固有音量过高或者过低的情况，此时就需要对素材的音量进行调节，以满足项目制作需求。下面详细介绍调整音量的几种方法。

01 启动Premiere Pro 2025软件，打开项目文件"音量的调整.prproj"，进入剪辑界面，其中已经将需要剪辑的素材裁剪排列在"时间轴"面板中。

① "时间轴"面板调节。

02 由于"素材.mp4"是一个带有音频的视频素材，可以不用取消链接，选中"素材.mp4"，由于默认显示关键帧为剪辑关键帧，所以可以直接移动"素材.mp4"中音频素材中间的横线。长按横线，向下拖动至-5.4dB，将音量调小；长按横线，向上拖动至4.9dB，将音量调大，如图 9-14所示。

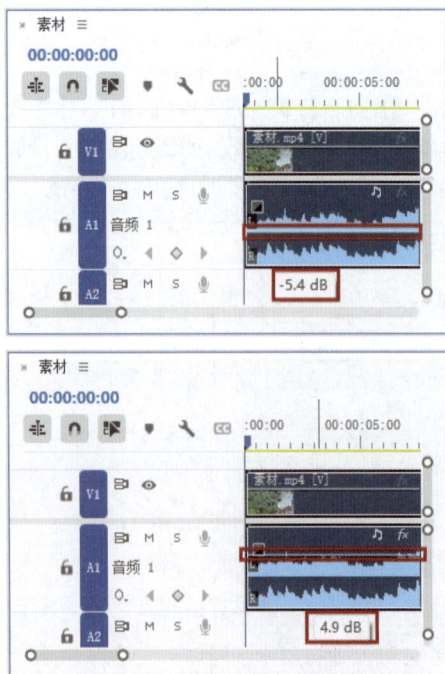

图 9-14

② "效果控件"面板调节。

03 在"时间轴"面板中选中"素材.mp4"，在"效果控件"面板中展开素材的"音频"效果属性，设置"级别"参数调节所选音频"素材.mp4"的音量大小，将"级别"更改为8.0dB，如图 9-15所示。

图 9-15

③ "音频剪辑混合器"面板调节。

04 在"时间轴"面板中选中"素材.mp4"，打开"音频剪辑混合器"面板，在"音频剪辑混合器"面板中拖动相应音频轨道的音量调节滑块调节素材音量大小。将滑块移动至-3.0dB，如图 9-16所示。

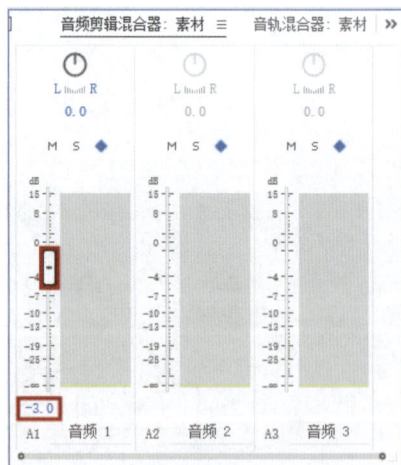

图 9-16

9.1.5 实战：调整音频增益及速度

在Premiere Pro中，调整增益可以全局或局部修改音频的音量大小，而无须调整轨道音量关键帧。提高增益，可以增强听感，但过高会导致失真；降低增益，可以避免音量溢出，常用于背景音乐与人声平衡。在Premiere Pro中，除了在"剪辑速度/持续时间"对话框中改变音频的时长和速度，还可以在其中选择是否保持原始音调。本节通过一个案例介绍如何调整音频增益及速度。

01 启动Premiere Pro 2025软件，打开项目文件"调整音频增益及速度.prproj"，进入剪辑界面，其中已经将需要剪辑的素材裁剪排列在"时间轴"面板中。

02 原音频素材"柳絮.mp3"中的歌词听感不太清晰。选中音频素材"柳絮.mp3"，右击并在弹出的快捷菜单中执行"音频增益"命令，如图 9-17所示。打开"音频增益"窗口，将"调整增益值"更改为8dB，如图 9-18所示。完成上述调整后，我们可以很清晰地听到这首歌中的歌词。

图 9-17

图 9-18

03 选中音频素材"柳絮.mp3"，右击并在弹出的快捷菜单中执行"速度/持续时间"命令，打开"剪辑速度/持续时间"窗口，单击"速度"和"持续时间"的联动按钮，取消链接，在不改变持续时间的状态下调整音频速度至120%，为了防止变速后声音发生改变，勾选"保持音频音调"复选框，单击"确认"按钮即可，如图 9-19所示。

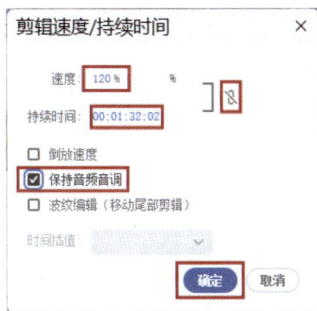

图 9-19

04 为了让整体视频更流畅，将时间指示器移动至00:01:16:19的位置，用"剃刀工具（C）"对后续视频素材和音频素材进行切割，并将后续素材删除，如图 9-20所示。

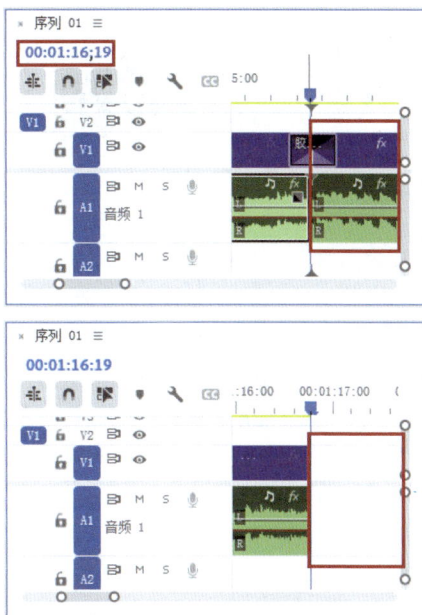

图 9-20

9.2 常用的音频效果

Premiere Pro作为Adobe公司旗下软件，它的音频处理功能能满足基础剪辑工作，且灵活细致。无论你需要为视频中的超级英雄找到深沉的声音，还是为日常分享添加回声和混响以增强空间感，Premiere Pro都能提升视频的质感和吸引力。本节介绍一些常用的音频效果。

9.2.1 多种声道

声道就是记录和播放声音的通道。声道又分为单声道、立体声和多声道。对于音频声道的编辑，更多的是运用在专业的影视作品中。

1. 单声道

顾名思义，单声道就是只有一个声音通道。录制视频时，如果我们用一个拾音器去拾取声音，播放时用一个扬声器播放声音，那么得到的效果就是单声道。在剪辑时一般只显示一个声道，如图 9-21所示。单声道我们只能听出声音的前后位置、音色以及音量大小。我们在剪辑时常看到的音量柱状图上一般体现的是左右两个声道音量变化，但这只是双重多声道，其左右两个声道信号是完全一样的。

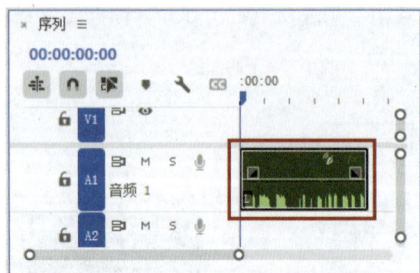

图 9-21

2. 立体声

我们生活在一个多维且立体的空间，所以声音的传播也是极具空间感和立体感的，单声道只是对真实环境声音的简化，是失真的，这也就是为什么在影视制作时常常提到立体声。立体声就像我们人的耳朵一样，具有两个完全相同的声音采集通道，并且按照一定的方向角度排列，可以在同一时间，从不同的方向，对同一音源发出的声音进行拾取，并在脑中把这两路声音进行交织，产生空间感和方向感。在剪辑中，立体声通常有左右两个声道，如图9-22所示。

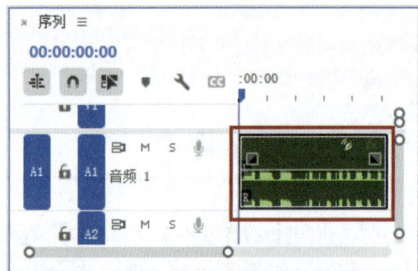

图 9-22

3. 多声道

多声道指的是多个声音通道组成的声音系统，例如5.1声道和7.1声道，一般适用于影视大片和大型游戏制作。

简单了解完各声道的含义后，打好音频剪辑的基础，才能更好地理解后续的声音剪辑，才能了解一部影片的音频为什么这样制作。

4. 单声道转换为多声道

01 首先学会简单的声道调整。导入一段音频至音频轨道中，一般导入Premiere Pro的音频都会是双声道。如果遇到只有左或右一边声道时，在"项目"面板中选中该音频素材，右击，在弹出的快捷菜单中执行"修改"｜"音频声道"命令，如图 9-23所示。在"音频声道"选项卡的"剪辑声道格式"中选择"立体声"选项，然后把"L（左声道）"和"R（右声道）"全部勾选上，如图 9-24所示。

图 9-23

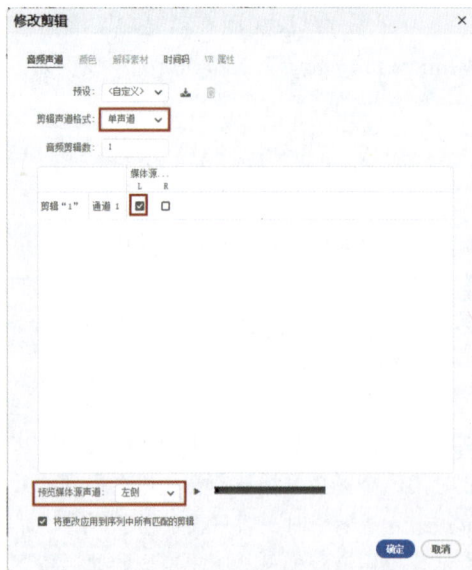

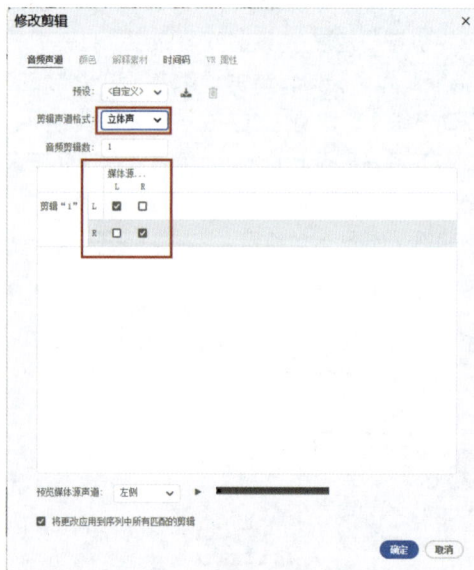

图 9-24

02 调整完声道选项后，音频轨道中的波形也会随之发生改变，如图 9-25所示。

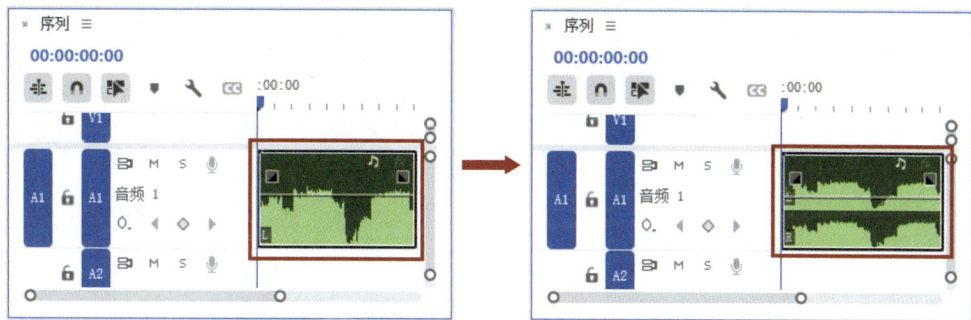

图 9-25

> **提示**：区别单声道和双声道最好的办法就是戴上耳机。当我们戴上耳机时，单声道只会一边耳朵有声音，而双声道左右耳都会有声音。

9.2.2 延迟与回声

音频延迟（Audio Delay）是指人为调整音频信号的播放时间，使其与视频或其他音频轨道在时间轴上对齐的操作。其可以解决因录制设备、传输或剪辑导致的音画不同步问题，或者制作特殊音频效果。回声效果是一种通过模拟声音在空间中反射而产生的声音效果。在剪辑中添加音频回声效果，能营造空间感，让声音仿佛在大房间、山谷等不同空间传播，增添空间维度，增强场景真实感；还能增加声音丰富度，使其饱满立体，避免单调，在音乐制作中让声音更具层次感和氛围感；也能突出特定音效，像雷鸣、钟声等，增强声音冲击力与表现力。在"效果"面板中搜索"延迟与回声"，可看到相关效果，如图 9-26所示。

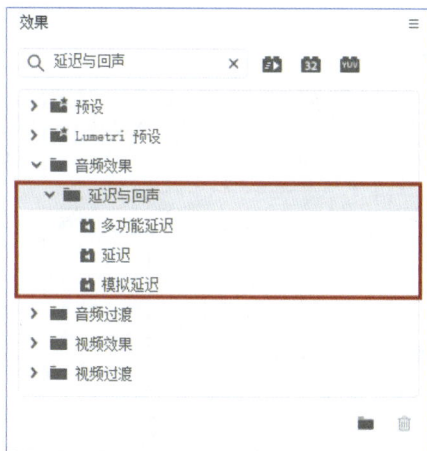

图 9-26

在Premiere Pro中，可以直接添加"多功能延

迟""延迟""模拟延迟"效果制作延迟音效。

同时，延迟效果可以使音频产生回音效果，在Premiere Pro中，"多功能延迟"效果可以产生4层回音，并能通过调节参数，控制每层回音发生的延迟时间与程度。

在"效果"面板中将"多功能延迟"效果拖曳添加到需要应用该效果的音频素材上。完成效果的添加后，在"效果控件"面板中可对其进行参数设置，如图 9-27所示。

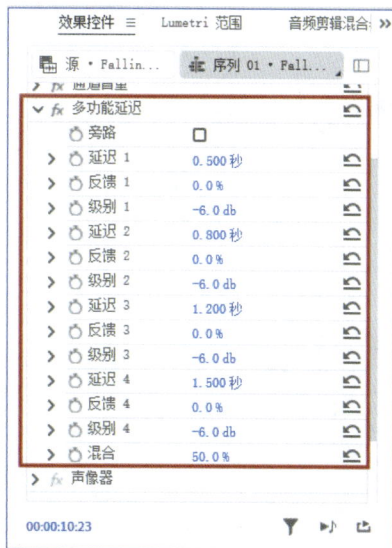

图 9-27

"多功能延迟"效果的主要参数介绍如下。

- 延迟1/2/3/4：用于指定原始音频与回声之间的时间长度。
- 反馈1/2/3/4：用于指定延迟信号的叠加程度，以控制多重衰减回声的百分比。
- 级别1/2/3/4：用于设置每层的回声音量强度。
- 混合：用于控制延迟声音和原始音频的混合比例。

9.2.3 降噪 / 恢复

降噪是剪辑中提升音频质量的关键步骤。录制实时声音时，环境复杂导致杂音难以避免。因此，精细降噪以消除或减弱这些杂音变得极为重要。Premiere Pro自带降噪功能，在"效果"面板中搜索"降噪"，即出现"降噪"选项，如图 9-28所示。将"降噪"选项拖动至时间轴音频轨道中需要降噪的音频中即可。选中音频素材，"效果控件"面板会出现"降噪"设置，可以在这里调整参数，对音频素材进行降噪精细化处理，如图 9-29所示。

图 9-28

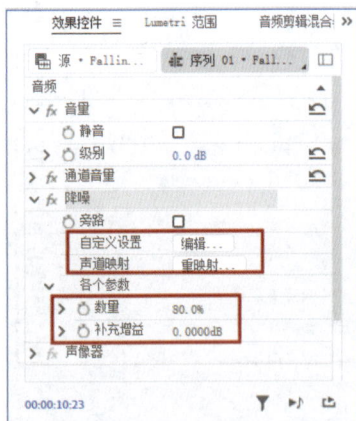

图 9-29

9.2.4 混响

混响和回声是声音制作中常见的两种效果，但又十分容易被混淆。混响和回声都涉及声音反射，但混响是声音在空间内多次反射并逐渐衰减的效果，形成饱满丰富的空间感；回声是声音经过一次或多次反射后以独立形式返回，具有明显间隔和辨识度，可清晰区分原声和回声。制作时，可根据回声的时间特性进行处理。

01 在音频轨道中导入一段背景音乐，然后在"效果"面板中搜索"混响"，会出现3种混响效果，如图 9-30所示。随机选择一种混响效果，如"室内混响"，将该效果拖动至音频轨道中的音乐素材中，则会在"效果控件"面板中体现出来，如图 9-31所示。

图 9-30

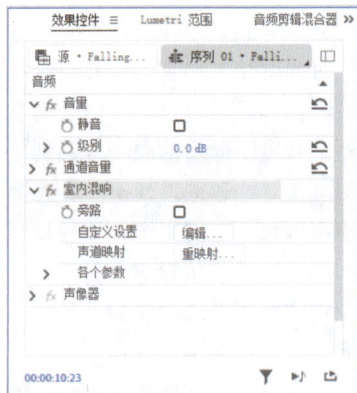

图 9-31

02 添加"室内混响"效果后，背景音乐会很明显地出现混响效果。然后在"效果控件"面板中调整"室内混响"各参数，可达到想要的混响效果，如图 9-32所示。

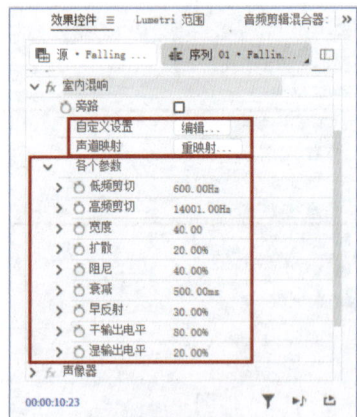

图 9-32

9.2.5 立体声声像

立体声声像是Premiere Pro自带的音频效果,其中包含"立体声扩展器"效果,如图 9-33所示,其可直接制作立体环绕音效果。立体环绕音是指控制立体声音频信号在左右声道之间的分布,从而调整声音在立体声场中的位置。调整声像,可以让声音听起来像是从左耳、右耳或中间的某个位置发出,增强音频的空间感和沉浸感。

图 9-33

9.2.6 特殊效果

Premiere Pro自带了多种特殊音效效果,无须自己制作,只需将"效果"面板中的效果拖动至"时间轴"面板中的音频素材中,并在"效果控件"面板中进行参数调节即可,如图 9-34所示。

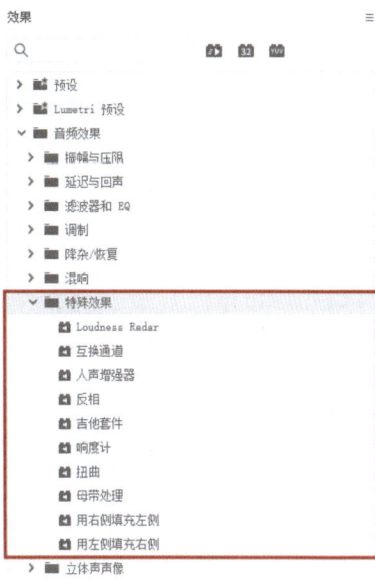

图 9-34

9.2.7 振幅与压限

振幅和压限是两种常用的音频处理效果,主要用于控制音频的音量动态范围,避免音量过大或过小,同时提升音频的整体听感。Premiere Pro中的"振幅与压限"包含10种效果,如图 9-35所示。

图 9-35

9.2.8 实战:留声机效果

留声机音效是指通过音频处理技术模仿早期留声机(如黑胶唱片机或蜡筒留声机)播放声音时的独特效果。在上文中,我们学习了多种常用的音频效果,本节将根据前文内容制作留声机效果。下面详细介绍操作方法。

01 启动Premiere Pro 2025软件，打开项目文件"实现音频的淡入淡出.prproj"，进入剪辑界面，其中已经将需要剪辑的素材裁剪排列在"时间轴"面板中。

02 在"效果"面板中搜索"高通"，并将"高通"效果添加至"口播素材.mp4"的音频素材中。

03 选中"口播素材.mp4"，在"效果控件"面板中找到刚添加的"高通"效果，根据实际需求更改"切断"为1074.4Hz，如图 9-36所示。

图 9-36

04 再添加"母带处理"音频效果至"口播素材.mp4"的音频素材中。在"效果控件"面板"母带处理"效果控件中单击"自定义设置"选项中的"编辑"按钮，如图 9-37所示，即可打开"剪辑效果编辑器"窗口。在"剪辑效果编辑器"窗口中选择"大肆宣传"预设，如图 9-38所示。完成上述操作后即可单击"剪辑效果编辑器"窗口右上角的 **x** 按钮。

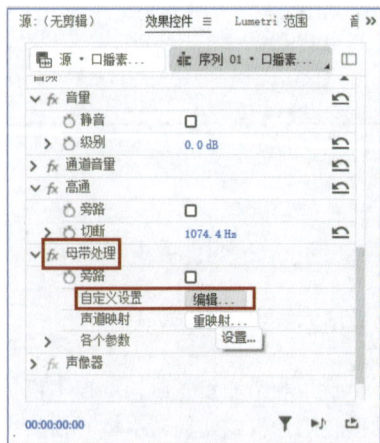

图 9-37

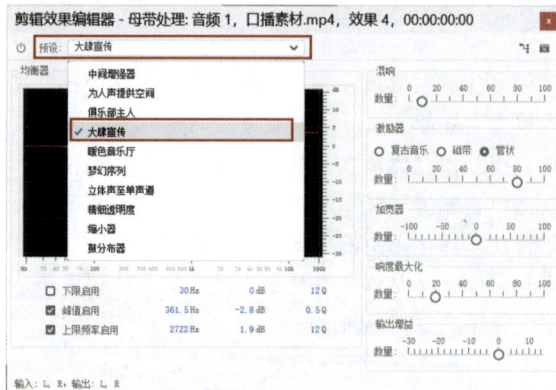

图 9-38

05 完成上述设置后会导致"口播素材.mp4"音量偏小，将"口播素材.mp4"音量级别调整至8.0dB即可，如图 9-39所示。

图 9-39

9.2.9 实战：机器人音效

机器人音效是指通过音频处理技术模拟机器人或机械声音的效果。机器人音效应用范围广，在科幻类影片中常见。本节案例介绍如何使用Premiere Pro制作机器人音效。下面详细介绍操作方法。

01 启动Premiere Pro 2025软件，打开项目文件"机器人音效.prproj"，进入剪辑界面，其中已经将需要剪辑的素材裁剪排列在"时间轴"面板中。

02 在"效果"面板中找到"模拟延迟"效果，并添加至"口播素材.mp4"音频中，如图 9-40所示。在"效果控件"面板中单击"模拟延迟"效果控件"自定义设置"选项中的"编辑"按钮，打开"剪辑效果编辑器"窗口，选择"机器人声音"预设，具体参数设置如图 9-41所示。

图 9-40

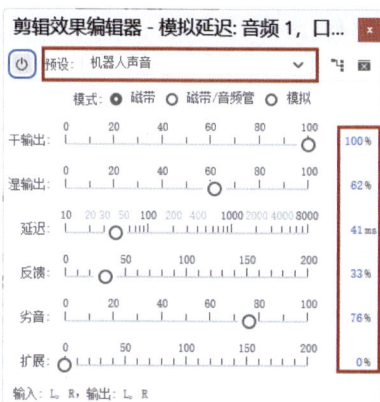

图 9-41

03 在"效果"面板中找到"和声/镶边"效果，并添加至"口播素材.mp4"音频中，如图 9-42所示。在"效果控件"面板中单击"和声/镶边"效果控件"自定义设置"选项中的"编辑"按钮，打开"剪辑效果编辑器"窗口，选择"厚重和声"预设，如图 9-43所示。

图 9-42

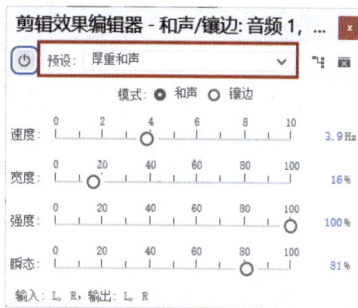

图 9-43

04 在"效果"面板中找到"音高换档器"效果，并添加至"口播素材.mp4"音频中，如图 9-44所示。在"效果控件"面板中单击"音高换档器"效果控件"自定义设置"选项中的"编辑"按钮，打开"剪辑效果编辑器"窗口，调整"半音阶"至5、"音分"至-12，如图 9-45所示。

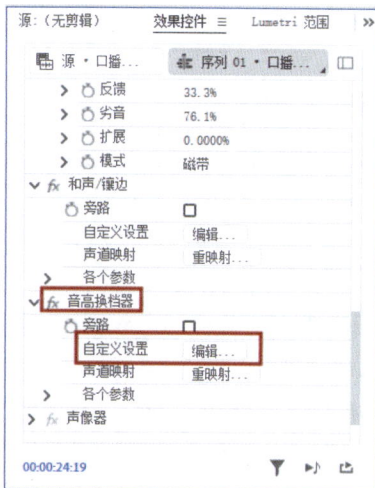

图 9-44

图 9-45

9.3
音频过渡效果

在剪辑中，音频过渡效果是指在不同音频片段之间应用的一种处理方式，旨在实现音频的平滑切换，避免声音的突兀变化，使观众获得更舒适的听觉体验。在 Premiere Pro 中制作音频过渡效果十分便捷，Premiere Pro 自带3种音频"交叉淡化"（音频过渡）效果，同时还可以通过添加音量级别关键帧制作音频过渡效果。

9.3.1　交叉淡化效果

Premiere Pro 自带的音频过渡效果有3种，分别为"恒定功率""恒定增益""指数淡化"。在"效果"面板中展开"音频过渡"|"交叉淡化"选项即可，如图9-46所示。

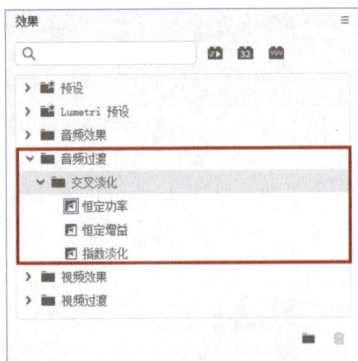

图 9-46

- 恒定功率：一种以音量逐渐增强或减弱的方式实现音频淡入淡出的效果。在处理过程中，其功率变化相对平稳，所以声音过渡较为自然。例如在一段视频的开场，背景音乐从无到有缓缓响起，使用"恒定功率"淡入效果，能让观众毫无察觉地融入视频的氛围中。
- 恒定增益：此效果在音频过渡时，音量是以固定的增益值进行变化的，也就是音量的变化是线性的。简单来说，就是在淡入淡出过程中，音量按照设定好的固定数值增加或减少。它适用于一些对音量变化要求较为稳定、规律的场景，例如在一段连续的旁白音频中，若需要调整音频的起始和结束音量，"恒定增益"可以保证音量变化的一致性，使旁白的播放更加平稳，不会出现音量波动不均匀的情况。
- 指数淡化：它模仿人耳对声音变化的感知特性，音量变化并非线性，而是呈指数曲线变化。刚开始时，音量变化较为缓慢，之后逐渐加快。这种效果更符合人耳的听觉习惯，在需要细腻处理音频过渡的场景中表现出色。

9.3.2　实战：实现音频的淡入淡出

简单介绍Premiere Pro中自带音频过渡效果后，将通过一个案例详细介绍如何操作。

01 启动Premiere Pro 2025软件，打开项目文件"实现音频的淡入淡出.prproj"，进入剪辑界面，其中已经将需要剪辑的素材裁剪排列在"时间轴"面板中。

02 在"效果"面板中找到并长按"恒定增益"效果，将其拖动至"时间轴"面板中"素材.mp4"音频素材开头位置，即可在音频素材开头形成淡入的效果，如图 9-47所示。

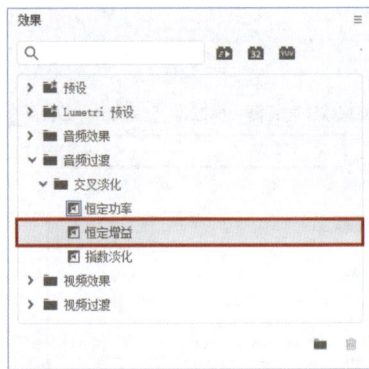

图 9-47

03 单击"时间轴"面板中添加的"恒定增益"效果，即可选中并在"效果控件"面板中对该效果进行编辑。将"持续时间"更改为00:00:01:15，如图 9-48所示。

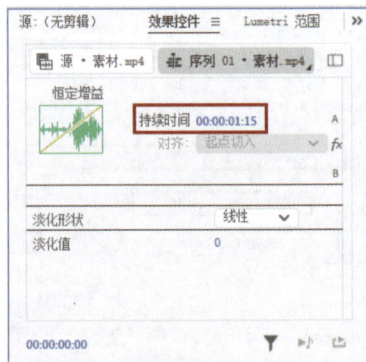

图 9-48

04 将时间指示器移动至00:00:12:15处，在此处添加音量级别关键帧，数值保持不变，如图 9-49所示。再将时间指示器移动至00:00:13:00的位置，添加音量级别关键帧，并将关键帧向下无限移动，即可将此处音量级别无限调小，如图 9-50所示，淡出的效果即制作完成。

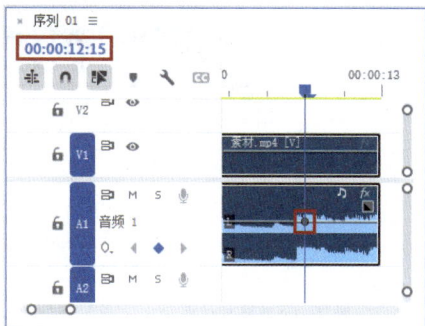
图 9-49

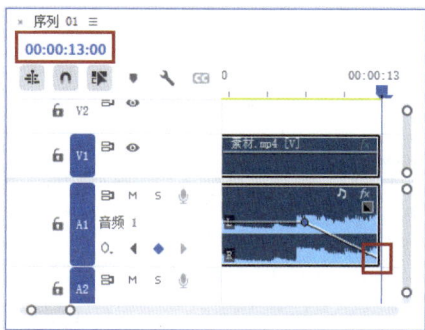
图 9-50

05 为了让淡出效果更加流畅，在"效果控件"面板中选中"音量"|"级别"关键帧，右击，在弹出的快捷菜单中执行"缓入"命令，如图 9-51所示。

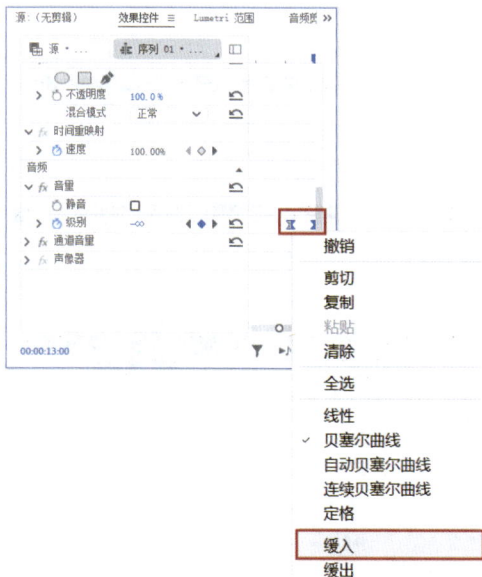
图 9-51

9.4
音乐卡点

卡点视频是 种通过精准的剪辑，使视频画面的切换、动作的衔接以及音乐节奏的鼓点、节拍等完美匹配的视频类型。当视频的节奏与音乐完美融合，每一幅画面都如同音符般跳跃，这就是创意卡点的魅力所在。在剪映中，用户可以自动或根据自己需求添加卡点效果。本节将从卡点理论基础开始，介绍如何使用剪映进行不同类型的卡点创意剪辑。

9.4.1 音频"鼓点"对齐的作用

卡点之所以叫卡点，是因为视频画面切换或运动和音乐的鼓点相契合，这样才能给观众一种极其强烈的刺激感。卡点通常运用在舞蹈、快剪、二创等背景音主要为音乐的视频或片段中，应用范围广泛。

我们剪辑有配乐的视频时，配合音乐节奏点，可以营造视听同步的和谐感，例如，一段舞蹈视频，将舞者的动作配合音乐节奏点进行剪辑，可以增强舞蹈的观赏性；合适的音频可以引导观众注意力，例如一段从节奏快的视频突然转变到节奏慢的视频，我们可以通过背景音乐进行引导过渡。好的音频可以提升视频的节奏感和专业性。

9.4.2 音频"鼓点"对齐的操作思路

音频"鼓点"对齐，也就是为音频添加合适的节拍点。制作卡点视频的第一步是选好音频。制作卡点视频所需要的音频有很多种类型，但主流卡点视频的音乐需要具备以下风格特征。

- 流派上属于流行音乐与摇滚音乐居多。
- 节奏中等偏快，节拍明晰、有力。

> **提示：当然也可以选取其他风格类型的音乐，例如Ballad、古风等，但前提是，该曲子有非常明显的鼓点段落。**

卡点视频的两种主流内容逻辑为单一混剪与拼盘混剪。单一混剪围绕单个主体的卡点混剪，内容力求丰富，融入围绕这个作品的不同侧面，使观众全方位认知到视频所传达的信息又不至于感到单调枯燥。

搜集混剪素材有两种方法，第一种方法是自行剪辑素材，第二种方法是下载成片素材。无论是采用哪一种方法，找素材都会花费剪辑混剪视频的70%左右的时间。

经验丰富的剪辑师，一定曾经看过无数的素材。从自己熟悉的题材、内容开始寻找素材，是适合初学者的练习方法。

做好前期准备工作后，开始为音频添加鼓点，也就是节拍点，添加节拍点的方式有多种。

1. 在Premiere Pro中直接添加节拍点

01 在Premiere Pro 2025中创建项目"卡点.proj"，导入一段选取好的音乐，在"项目"面板中双击音乐，在"源"监视器面板中将显示音乐素材预览，如图 9-52所示。

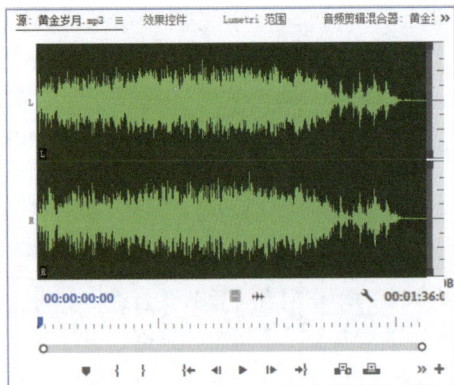

图 9-52

02 可以通过调整下方的放大缩小光标，将"源"面板中的素材放大，然后观察"源"监视器面板中的音频波形。通过观察导入的音乐波形，可以发现落差较大，说明这是一首节奏感明显的音乐，我们可以根据该音乐的波形单击"添加标记点（M）"按钮，或者按M键添加节拍点，如图 9-53所示。

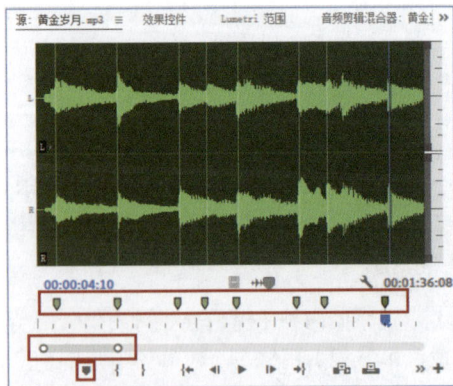

图 9-53

03 节拍点添加完成后，即可将素材导入"时间轴"面板中，同时"时间轴"面板中的素材会自动显示节

拍点，如图 9-54所示。

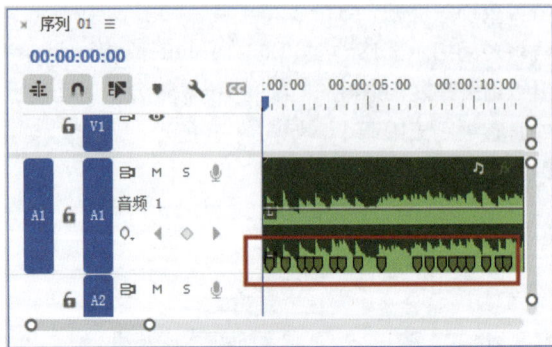

图 9-54

04 除了直接通过波形进行节拍点的添加，为了更精准地添加节拍点，还可以通过添加的插件进行节拍点的添加。

05 将没有添加标记的音频文件导入Premiere Pro 2025中，正确安装踩点插件——Beat Edit后，选中没有标记的音频，执行"窗口"|"扩展"|"Beat Edit-MG"命令，打开"Beat Edit"面板，如图 9-55所示。

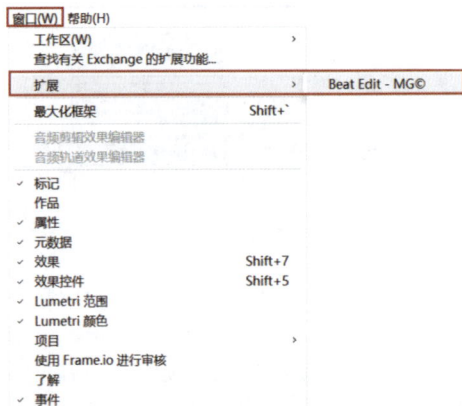

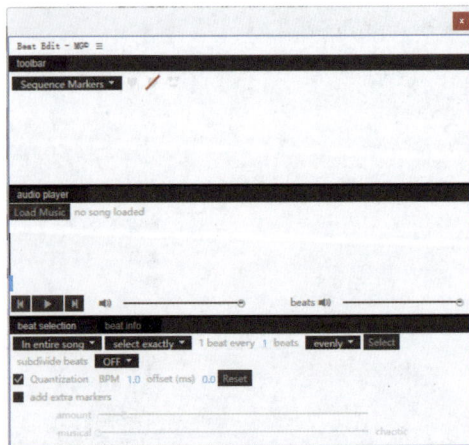

图 9-55

06 选择音频，在"Beat Edit"面板中单击"Load Music"按钮，将音频导入面板中，如图 9-56所示。在左上角选择"Clip Markers"选项，单击 按钮，

如图 9-57所示。稍等片刻，Beat Edit会自动为音频添加标记。

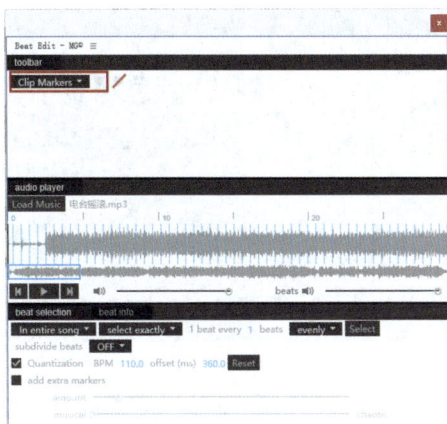

图 9-56

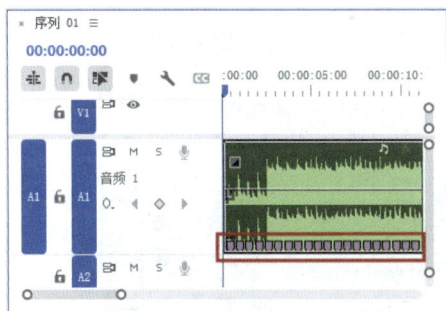

图 9-57

07 虽然Beat Edit非常方便快捷，但是为了训练对音乐节奏的敏感度，剪辑师还是应该手动打节拍标记，增强对音乐节奏的把握能力，有助于提高剪辑技巧。

> 提示：音频的波形指的是声波在时间维度上的表现形式，它通过图形化的方式展示了声音的振动特性。波形图是一种常见的视觉工具，每个波形的峰值代表声音的振幅，即声音的响度，波形的频率（即波峰和波谷的重复次数）则对应声音的音调。

2. 在AU（Adobe Audition）中添加节拍点

AU，（Adobe Audition）是一款专业的音频编辑与处理软件，以其强大的音频处理功能、直观的操作界面以及广泛的兼容性为特点。它专为音频后期制作、录音室编辑、广播节目制作以及多媒体音频创作而设计，能够满足从简单音频剪辑到复杂音频效果处理的各种需求。

通过Adobe Audition（AU）内置的节拍器功能，可以更为精准地添加节拍点，同时对音乐节奏有更深刻的认识。

01 在Adobe Audition 2025（AU）中添加音乐素材后，打开"多轨编辑器"窗口，如图 9-58所示。

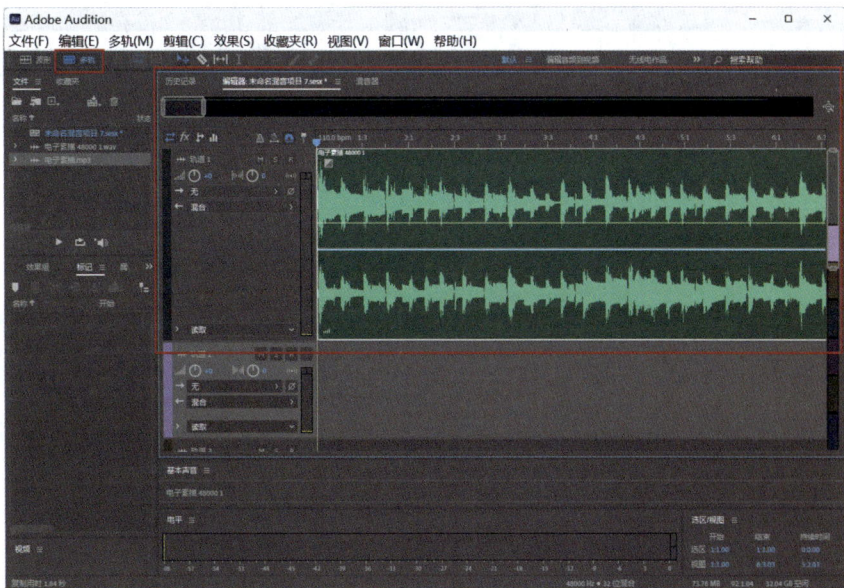

图 9-58

02 在音频轨道上方空白处右击，在弹出的快捷菜单中执行"时间显示"|"编辑节奏"命令，如图 9-59所示，打开"首选项"对话框。

03 将该音乐上传至可以测量节拍的音乐编辑网站或软件，可以快速得到测试结果，该音乐节奏（BPM）为110。在"节奏"选项中输入110、"拍子记号"为4/4，如图 9-60所示，单击"确定"按钮关闭对话框。

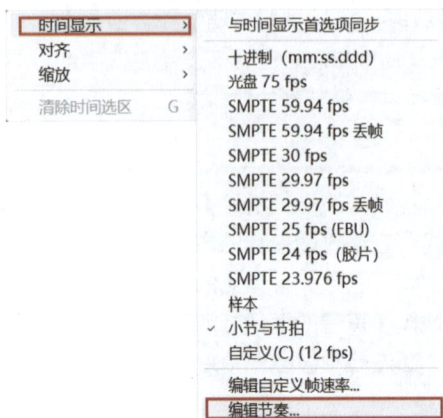
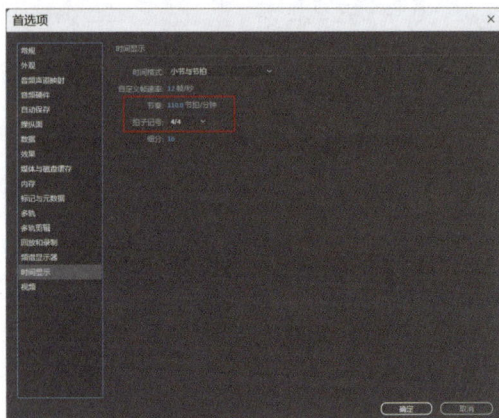

图 9-59　　　　　　　　　　　　　　　　　　　　　　　　　　　　　　　　图 9-60

04 单击"确认"按钮后，观察音轨上的数字变化，如图 9-61所示。这些数字以及数字后面跟着的小数就是这首音乐的节拍。

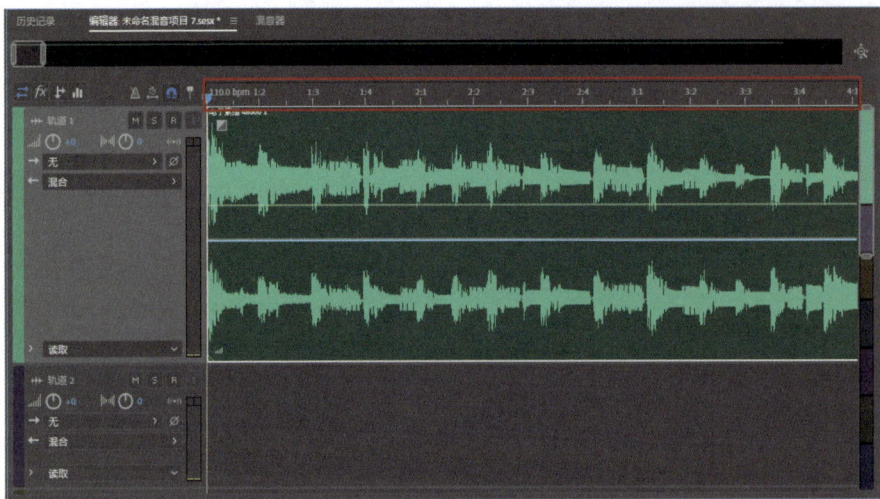

图 9-61

05 每一个大刻度代表一个小节，后面跟着的小数就是代表这个小节里面的拍。一个小节由4拍构成，每一个拍刚好对应一个节奏点。将轨道的时间线拉长，就可以在轨道中看到清晰的节拍。播放音乐，根据节奏点按M键就可以在该位置创建一个标记，如图 9-62所示。

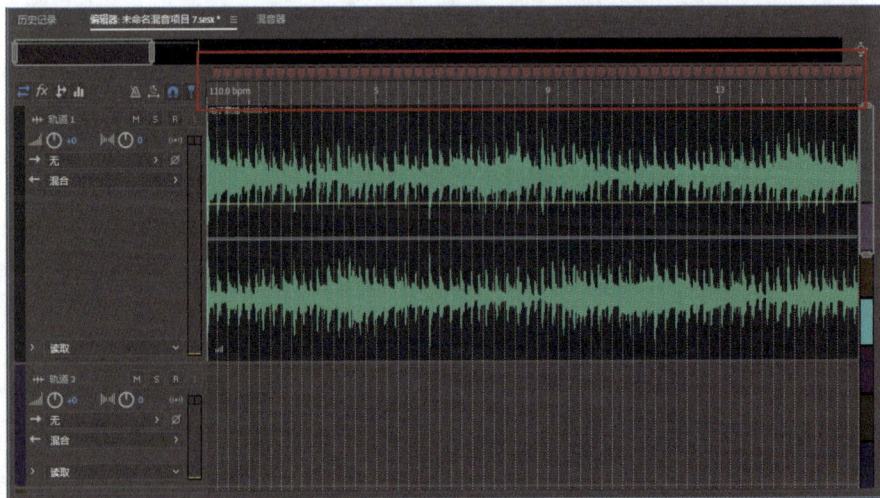

图 9-62

06 添加标记的操作结束后，执行"文件"|"导出"|"多轨混音"|"整个会话"命令，在打开的对话框中设置名称及存储路径，单击"确定"按钮导出音频，如图 9-63所示。

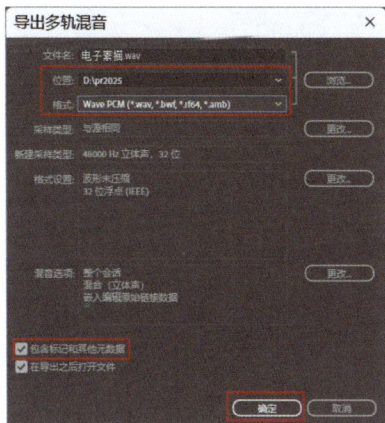

图 9-63

07 回到Premiere Pro 2025中的项目"卡点.proj"，在"项目"面板中导入步骤06导出的音乐，然后把该音乐添加至"时间轴"面板中，如图 9-64所示，由此可看出节拍点已自动添加进素材中。

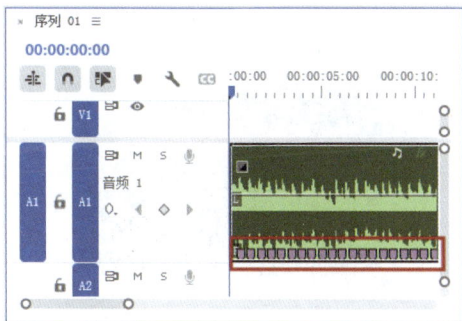

图 9-64

提示：（1）小节是一个用来度量音乐长短的"基本单位"，以4/4拍歌曲为例，一个小节由4拍构成，以四分音符为一拍，记录四拍的时间为一个小节。形式多样的节拍、旋律都依托小节内持续时长不同的音符组合来进行构建。

（2）Adobe Audition 2025版本相较于之前的版本，工作界面的外观发生了很大的变化，同时在"基本声音"面板中可以自动添加标记点。

9.4.3 实战：制作百叶窗音乐卡点效果

百叶窗音乐卡点效果是旅拍视频常用的表现形式。本案例介绍如何配合音乐节拍点制作百叶窗音乐卡点视频，效果如图 9-65所示。下面介绍具体的

操作方法。

图 9-65

01 启动Premiere Pro 2025软件，打开项目文件"制作百叶窗音乐卡点效果.prproj"，进入剪辑界面，其中已经将需要剪辑的素材裁剪排列在"时间轴"面板中，如图 9-66所示。

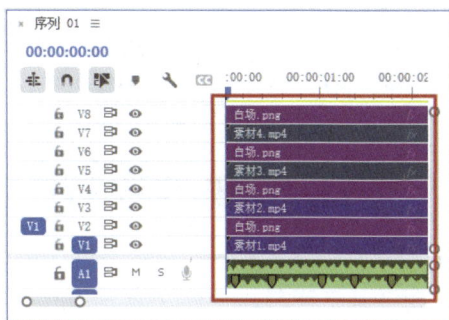

图 9-66

02 根据"时间轴"面板中的音乐素材"夜晚的声音.wav"中的节拍点移动素材。将"素材2.mp4"和上方V4视频轨道中的图片素材"白场.png"移动至第2个节拍点位置；将"素材3.mp4"和上方V6视频轨道中的图片素材"白场.png"移动至第3个节拍点位置；将"素材4.mp4"和上方V8视频轨道中的图片素材"白场.png"移动至第4个节拍点位置，如图 9-67所示。

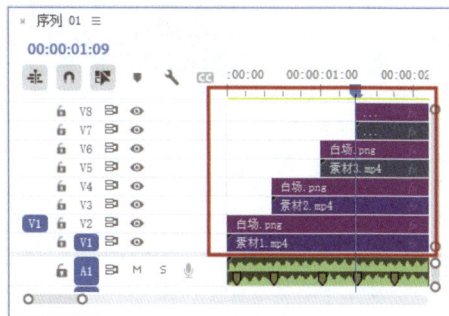

图 9-67

03 将时间指示器移动至V2视频轨道中的"白场.png"开始位置，向前移动10帧（快捷键Shift+"前进一帧（右侧）"按钮▶操作2次），使用"剃刀工

具（C）" ◈ 在此处进行裁切，保留10帧，将多余的部分删除，如图 9-68所示。其余视频轨道的"白场.png"素材均保留10帧，如图 9-69所示。

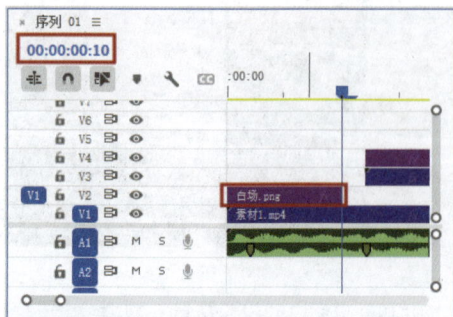
图 9-68

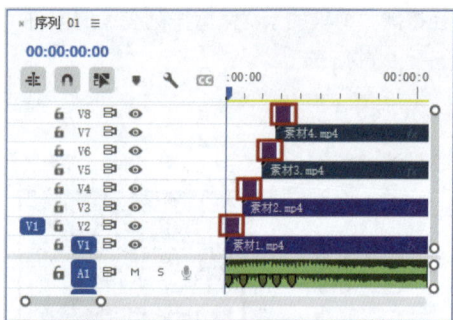
图 9-69

04 将时间指示器移动至V2视频轨道中的"白场.png"位置，在中间位置00:00:00:05处添加一个"不透明度"关键帧，参数为100.0%不变；在V2视频轨道中的"白场.png"素材首尾处添加"不透明度"关键帧，参数均更改为0.0%，如图 9-70所示。

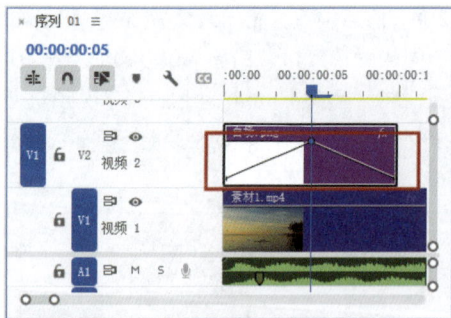
图 9-70

05 完成上述设置后，选中V2视频轨道中的"白场.png"素材，右击并在弹出的快捷菜单中执行"复制"命令，再分别选中其余视频轨道中的"白场.png"素材，右击并在弹出的快捷菜单中执行"粘贴属性"命令，即可打开"粘贴属性"窗口，勾选"不透明度"复选框，再单击"确认"按钮，如图 9-71所示，即可将V2视频轨道中的"白场.png"素材关于"不透明度"关键帧的设置应用至其余轨道"白场.png"素材中。

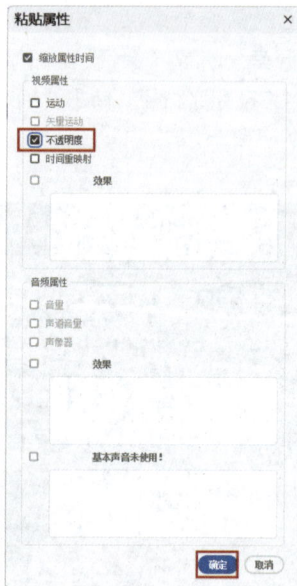
图 9-71

06 观察所有视频素材，可以发现"素材4.mp4"与画面帧大小不匹配，如图 9-72所示。选中"素材4.mp4"，打开"属性"面板，单击"填充帧"按钮 ▤，即可让"素材4.mp4"铺满整个画面，如图 9-73所示。

图 9-72

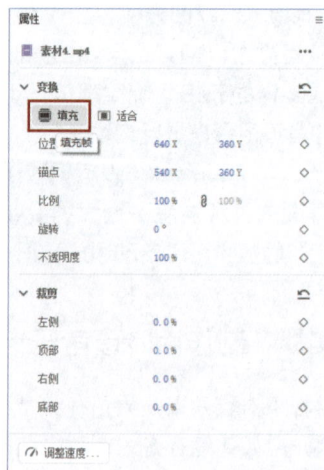
图 9-73

图 9-73（续）

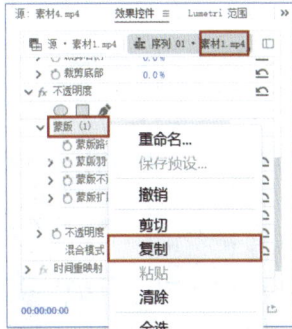

图 9-75

07 选中"素材1.mp4"，单击"创建4点多边形蒙版"按钮▢，创建"蒙版（1）"，并在"节目"监视器面板的预览区画面中绘制一个矩形蒙版，如图 9-74所示。

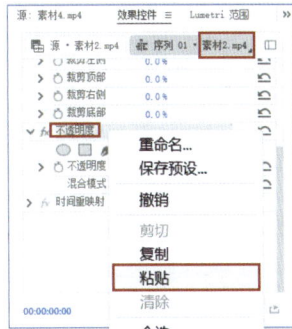

图 9-76

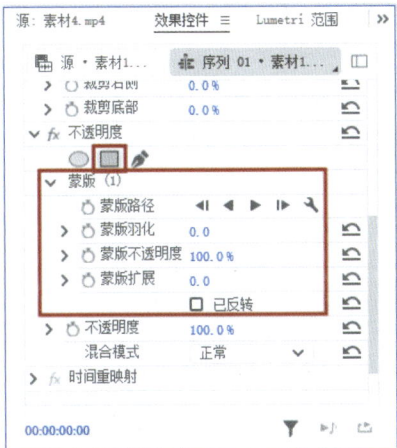

09 "素材1.mp4"设置完成的"蒙版（1）"即可应用至"素材2.mp4"中，如图 9-77所示。在"节目"监视器面板预览区画面中移动矩形蒙版的位置，如图 9-78所示。

图 9-77

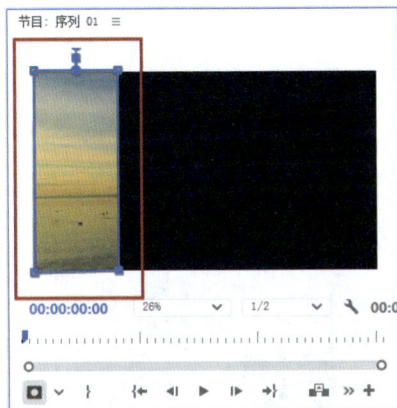

图 9-74

08 完成上述操作后，选中"素材1.mp4"的"蒙版（1）"，右击并在弹出的快捷菜单中执行"复制"命令，如图 9-75所示。再选中"素材2.mp4"，在"效果控件"面板中选中"不透明度"效果控件，右击并在弹出的快捷菜单中执行"粘贴"命令，如图 9-76所示。

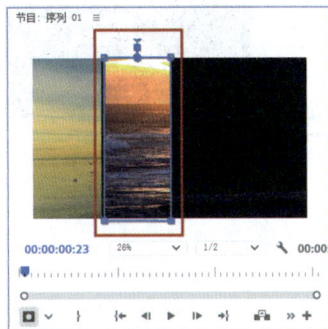

图 9-78

10 根据上述方法为"素材3.mp4"和"素材4.mp4"制作矩形蒙版，具体蒙版样式如图 9-79所示。

图 9-79

11 完成上述操作后，选中"素材1.mp4"，复制"蒙版（1）"，选中"白场.png"粘贴"蒙版（1）"，由于"素材1.mp4"和"白场.png"的帧大小不一致，选中"白场.png"中的"蒙版（1）"，根据"素材1.mp4"进行调整，让两个素材的蒙版在预览区画面中对齐，如图 9-80所示。

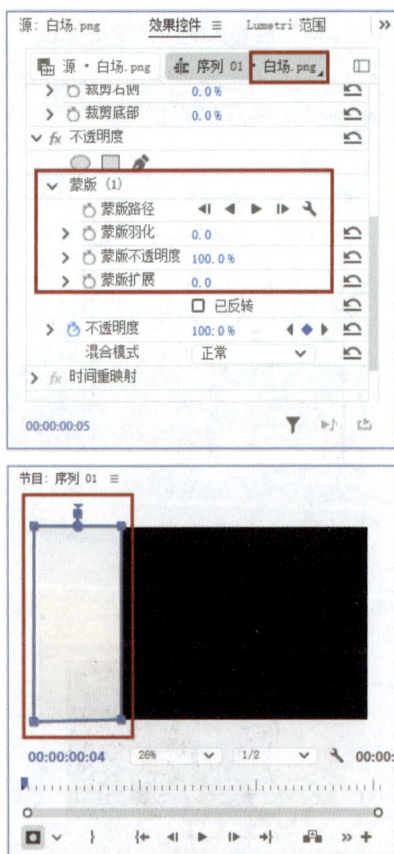

图 9-80

12 根据上述方法完成其余"白场.png"的蒙版制作，如图 9-81所示。

图 9-81

提示：V4轨道中的"白场.png"的蒙版需要根据"素材2.mp4"进行调整；V6轨道中的"白场.png"的蒙版需要根据"素材3.mp4"进行调整；V8轨道中的"白场.png"的蒙版需要根据"素材4.mp4"进行调整。

13 为了使整体视频有一个顺畅的结尾过渡，将时间指示器移动至00:00:02:13的位置，选中"素材4.mp4"，添加"蒙版路径"和"蒙版羽化"关键帧，蒙版和数值不会发生任何变化，如图 9-82所示。

图 9-82

14 将时间指示器移动至00:00:03:07的位置，再在"素材4.mp4"中添加"蒙版路径"和"蒙版羽化值"关键帧，将矩形蒙版绘制到预览区画面外，并将"蒙版羽化"更改为49.0，如图 9-83所示。

图 9-83

15 将时间指示器移动至00:00:06:00的位置，对所有后续素材进行裁剪和删除，如图 9-84所示。

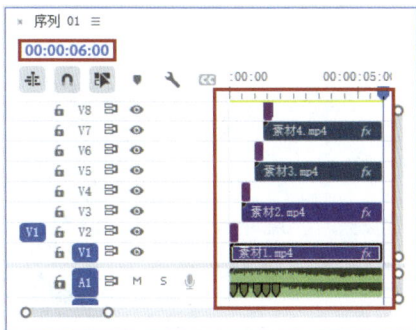

图 9-84

9.4.4 实战：舞蹈卡点运镜视频

舞蹈卡点运镜视频因其广泛的适用范围、强烈的音乐节奏感以及短小精悍的特点，能够迅速吸引观众的注意力，并成为当下短视频领域中最火爆且经久不衰的视频形式。本节案例将制作一个舞蹈卡点运镜视频，效果如图 9-85所示。下面介绍具体的操作方法。

图 9-85

01 启动Premiere Pro 2025软件，打开项目文件"舞蹈卡点运镜视频.prproj"，进入剪辑界面，其中已经将需要剪辑的素材裁剪排列在"时间轴"面板中。

02 选中没有标记的音频素材"鼓点.mp3"，然后执行"窗口"|"扩展"|"Beat Edit-MG"命令，如图 9-86所示，打开"Beat Edit"面板。在"Beat Edit"面板中单击"Load Music"按钮，将音频导入面板中，在左上角选择"Clip Markers"选项，单击按钮，如图 9-87所示。稍等片刻，Beat Edit会自动为音频"鼓点.mp3"添加标记。

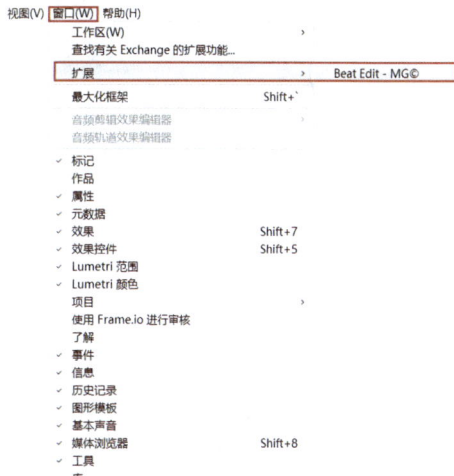

图 9-86

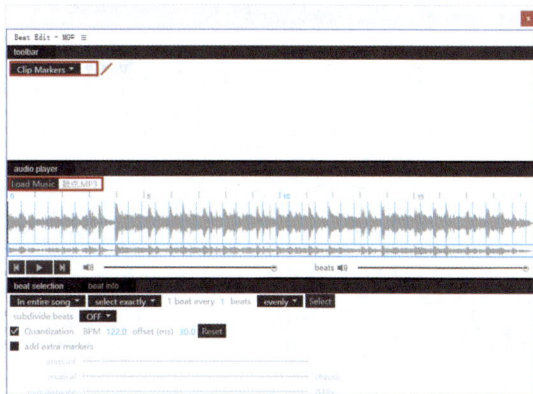

图 9-87

203

03 完成上述操作后，观察和了解清楚视频中的舞蹈动作结构和背景音乐的鼓点。然后，根据动作拆分成三段式关键帧。由于背景音乐和视频中舞蹈动作契合，在音频素材"鼓点.mp3"每个标记点的位置，为"素材.mp4"添加"位置"和"缩放"关键帧至00:00:03:29处标记点，如图9-88所示。

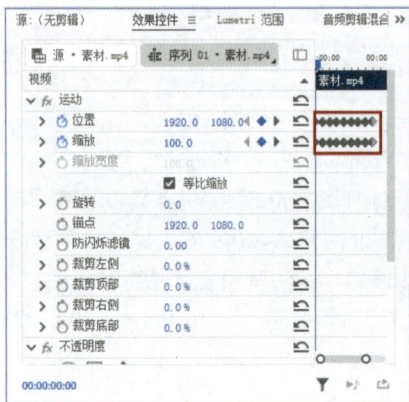

图 9-88

04 将时间指示器移动至00:00:00:16处的标记点，将该处"缩放"关键帧更改为114.0，如图9-89所示。

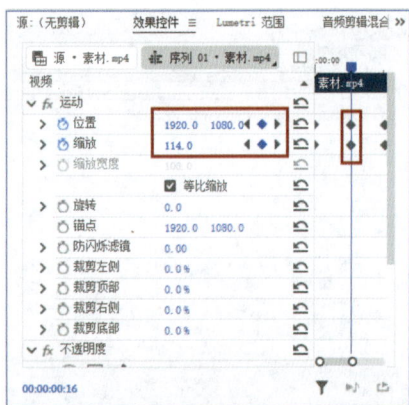

图 9-89

05 将时间指示器移动至00:00:01:16处的标记点，将该处"缩放"关键帧更改为145.0，如图9-90所示。

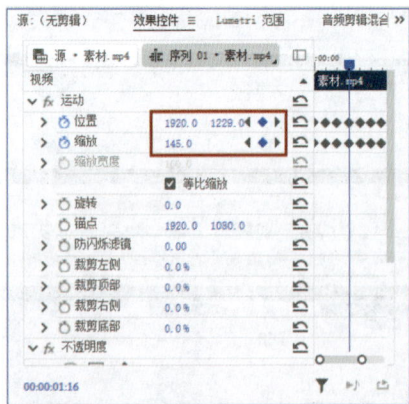

图 9-90

06 将时间指示器移动至00:00:02:15处的标记点，将该处"缩放"关键帧更改为214.0、"位置"关键帧更改为（2593.0，726.0），如图9-91所示。

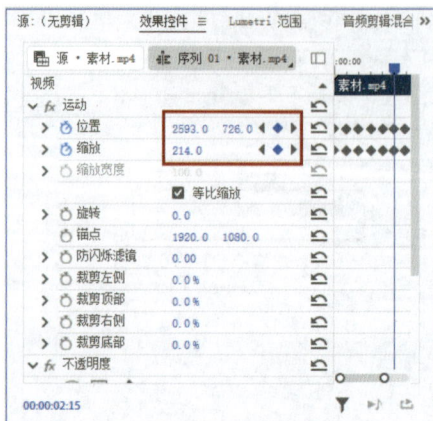

图 9-91

07 选中"素材.mp4"，将时间指示器分别移动至00:00:02:29和00:00:03:29处的标记点，添加"位置""缩放""旋转"关键帧，参数不变，如图9-92所示。将时间指示器移动至00:00:03:14处的标记点，将该处"缩放"关键帧更改为184.0、"旋转"关键帧更改为17.0°，如图9-93所示。

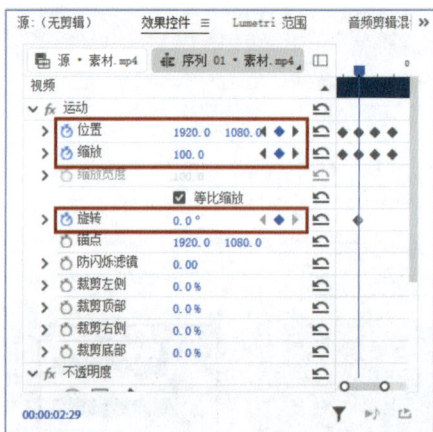

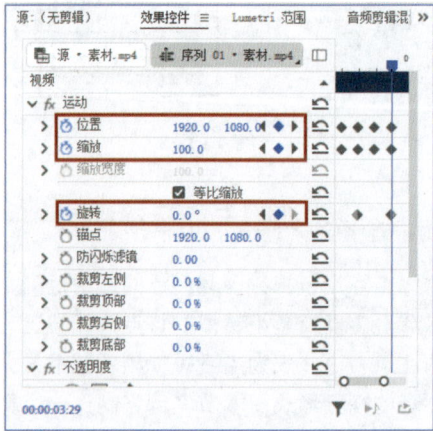

图 9-92

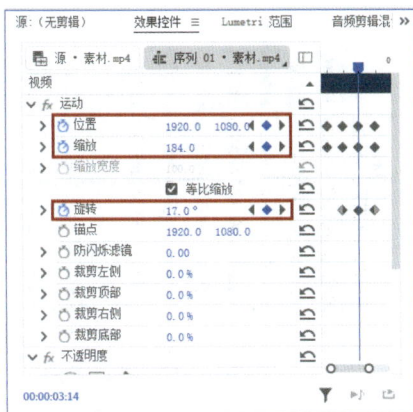
图 9-93

08 00:00:03:14处背景音乐"鼓点.mp3"有一个非常明显的重拍,在此处添加"白场.png",并以00:00:03:14为中间位置,将"白场.png"裁切为10帧,如图 9-94所示。

图 9-94

09 在"白场.png"首尾和中间位置添加"不透明度"关键帧,设置首尾"不透明度"关键帧为0.0%、中间00:00:03:14位置"不透明度"关键帧为100.0%,如图 9-95所示。

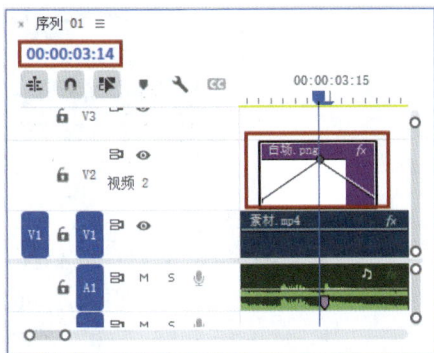
图 9-95

10 在00:00:04:28、00:00:05:13和00:00:05:28处分别添加"缩放""旋转"关键帧,将时间指示器移动至00:00:05:13处,将"缩放"关键帧更改为137.0、"旋转"关键帧更改为-9.0°,如

图 9-96所示。

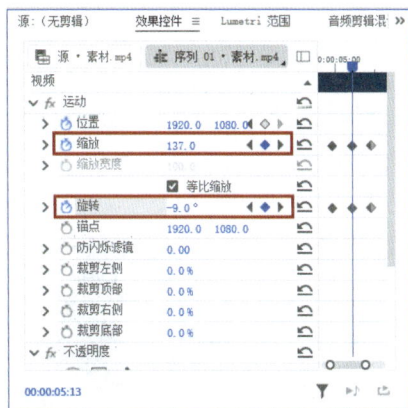
图 9-96

11 选中步骤09设置好的"白场.png",长按Alt键,在00:00:05:08处复制,如图 9-97所示。

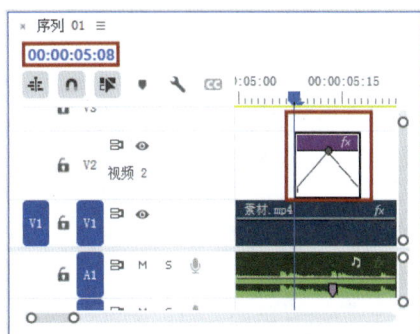
图 9-97

12 完成上述操作后,将时间指示器移动至00:00:08:00处,用"剃刀工具(C)"对此处进行裁切,将剩余素材删除,并在结尾为视频素材"素材.mp4"添加"黑场过渡"效果,为音乐素材"鼓点.mp3"添加"指数淡化"效果,如图 9-98所示。

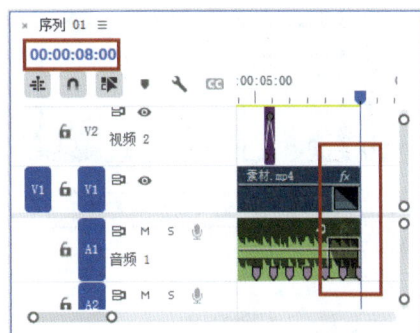
图 9-98

> 提示:在音乐中,重拍是指在一个小节或节奏序列中,力度相对更强、更突出,能给人更明显重音感觉的拍。它通常起到强调和稳定节奏的作用,是塑造音乐风格和情感的关键要素。

9.4.5 实战：缩放慢动作卡点视频

缩放慢动作卡点视频是短视频二创常用的视频形式，能够很快速地传达画面内容，抓住观众的眼球。本节案例将多个旅游素材剪辑融合，制作成缩放慢动作卡点视频，效果如图 9-99所示。下面介绍具体的操作方法。

图 9-99

01 启动Premiere Pro 2025软件，打开项目文件"缩放慢动作卡点视频.prproj"，进入剪辑界面，其中已经将需要剪辑的素材裁剪排列在"时间轴"面板中。

02 双击"时间轴"面板中的音乐素材"leave me alone.mp3"，即可在"源"监视器面板中显示在"时间轴"面板已经剪辑完成且标记出入点的音乐素材"leave me alone.mp3"，如图 9-100所示。

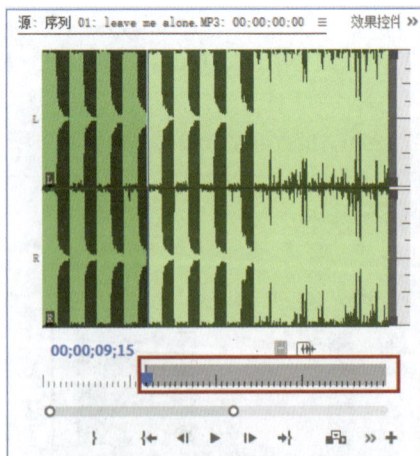

图 9-100

03 在"源"监视器面板中可以很明显地看出开头有几个有规律的波形，根据波形，分别在00:00:09:15、00:00:11:28、00:00:14:11、00:00:16:23和00:00:19:07处添加标记点，如图 9-101所示。在"源"监视器面板添加完标记点后，即可直接在"时间轴"面板中显示，如图 9-102所示。

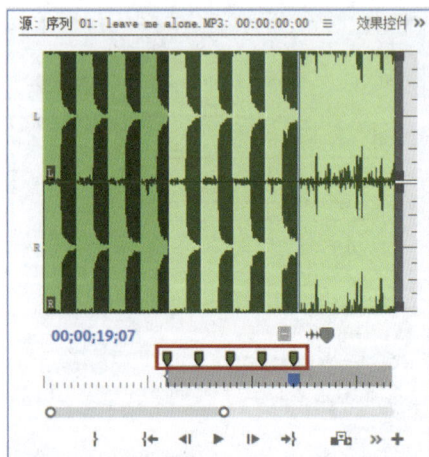

图 9-101

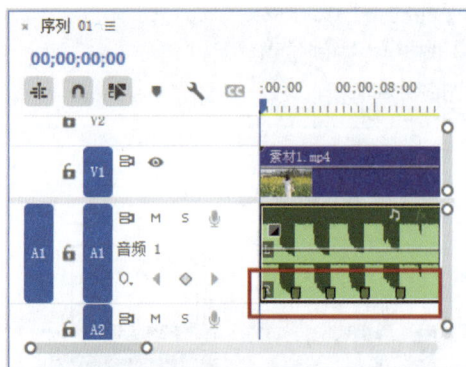

图 9-102

04 根据"时间轴"面板中的标记点对"素材1.mp4""素材2.mp4""素材3.mp4""素材4.mp4"进行裁剪，如图 9-103所示。

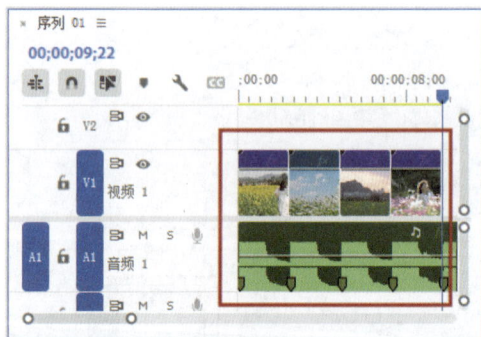

图 9-103

05 完成上述操作后，选中"素材1.mp4"，在第1帧00:00:00:00处添加缩放关键帧，参数为200.0，如图 9-104所示。将时间指示器移动至00:00:01:07的位置，在此处添加"缩放"关键帧，参数为100.0，如图 9-105所示。选中两个关键帧，右击并在弹出的快捷菜单中执行"缓出"命令，继续选中关键帧，展开"缩放"选项，向右拉动左侧的摇杆，如图 9-106所示。

图 9-104

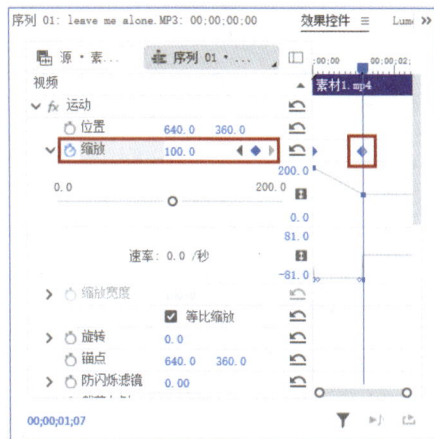

图 9-105

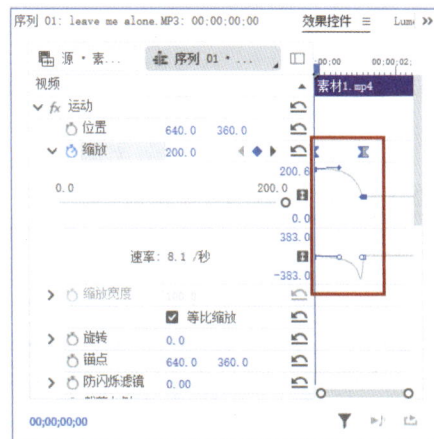

图 9-106

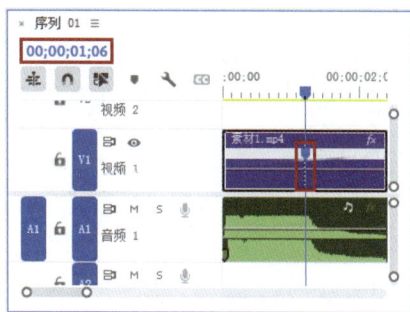

图 9-107

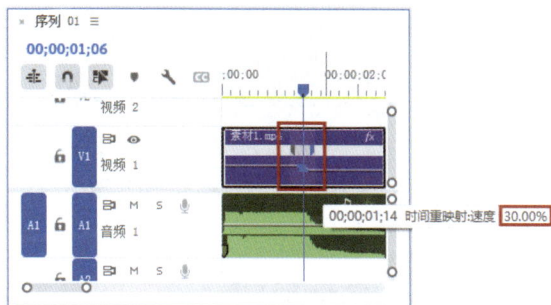

图 9-108

提示："速度"关键帧需要在自行操作时根据实际情况进行调整。

07 将"高斯模糊""钝化蒙版"效果添加至"素材1.mp4"中，将时间指示器移动至"素材1.mp4"开始的位置，在"效果控件"面板中添加"高斯模糊"效果控件中的"模糊度"关键帧，参数为16.0，在"钝化蒙版"效果控件中添加"数量""半径""阈值"关键帧，参数分别为0.0、0.100、0.00，如图 9-109所示。

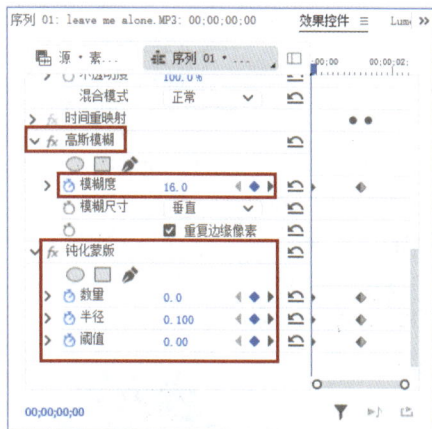

图 9-109

06 在"时间轴"面板中选中"素材1.mp4"，右击"fx"按钮并在弹出的快捷菜单中执行"时间重映射"|"速度"命令，单击"钢笔（P）"工具，在00:00:01:06的位置添加"速度"关键帧，如图 9-107所示。向两侧移动"速度"关键帧光标，移动光标中间的摇杆，设计一条光滑的曲线，并将右侧的速度调整至30.00%，如图 9-108所示。

08 继续选中"素材1.mp4"，将时间指示器移动至00:00:01:07的位置，添加"高斯模糊"效果控件中的"模糊度"关键帧，参数为0.0，在"钝化蒙版"效果控件中添加"数量""半径""阈值"关键帧，参数分别为269.0、95.000、0.60，如图 9-110所示。

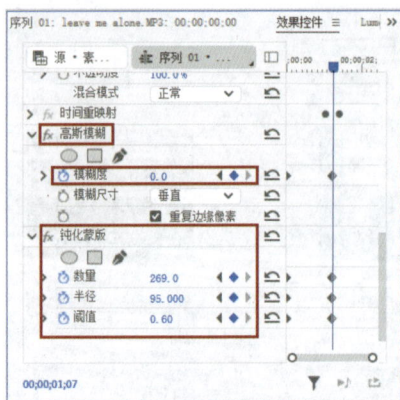

图 9-110

09 在"项目"面板右击并在弹出的快捷菜单中执行"新建项目"|"调整图层"命令，打开"调整图层"窗口，创建一个调整图层，如图 9-111所示。

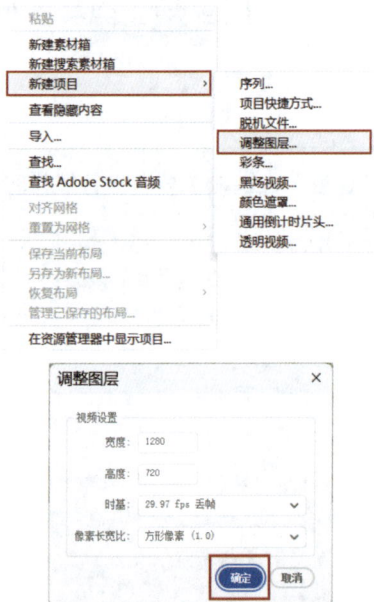

图 9-111

10 将调整图层放置在"素材1.mp4"上方V2轨道中，开头位置为00:00:01:07，结束位置为00:00:02:12（"素材1.mp4"结尾处），如图 9-112所示。

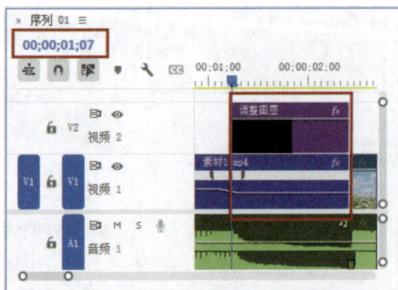

图 9-112

11 在"效果"面板中搜索"SL Noir Tri-X"，选择Lumetri预设"SL Noir Tri-X（Canon 1D）"，如

图 9-113所示。

图 9-113

12 选中"素材1.mp4"，右击并在弹出的快捷菜单中执行"复制"命令，一次性选中剩余素材"素材2.mp4""素材3.mp4""素材4.mp4"，右击并在弹出的快捷菜单中执行"粘贴属性"命令，打开"粘贴属性"窗口，将"素材1.mp4"设置好的效果和关键帧粘贴至剩余视频素材中，如图 9-114所示。

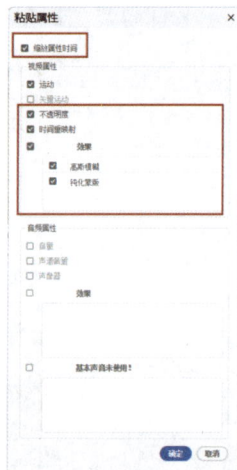

图 9-114

13 选中步骤10制作的调整图层，复制粘贴3次，结尾处分别与剩余视频素材结尾处对齐，如图 9-115所示。缩放慢动作卡点效果即制作完成。

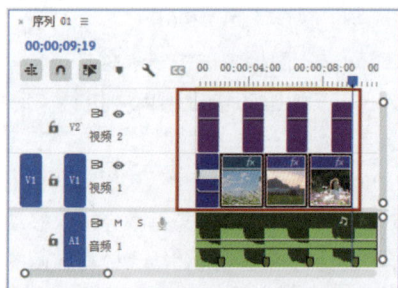

图 9-115

第 10 章
Premiere Pro 视频剪辑综合实战

在学习剪辑的漫漫征途中，我们已系统地学习了剪辑的基础理论与核心概念，掌握了 Premiere Pro 的基础操作，搭建起了坚实的知识框架。但纸上得来终觉浅，实践才是检验真理的试金石。现在，让我们正式步入第 10 章，深入 Premiere Pro 的实战案例剖析，通过真实项目案例的演练，把理论转化为实操能力，在实践中查漏补缺、突破自我，踏上从新手到剪辑高手的进阶之路。

10.1
制作香水广告视频

本章第一个广告案例视频为 TVC 广告视频，通过传统且基础的产品广告视频案例介绍如何制作一个香水广告视频。本节通过案例学习香水广告视频制作，掌握产品特性，运用剪辑技术展现产品的高端品质，激发观众的购买欲。通过本节内容的学习，用户能够独立完成一个既具吸引力又符合品牌

调性的广告视频，为后续的广告制作项目打下坚实基础，效果如图 10-1 所示。下面介绍操作要点。

图 10-1

10.1.1　搭建视频结构

剪辑视频时，首先确定视频脚本，根据脚本内容收集素材，并对素材进行剪辑。香水广告较少使用字幕，更注重场景构建，本案例视频制作难度相对较低。本案例香水 Logo 设定为 "Bella Eterna"，剪辑脚本如表 10-1 所示。

表 10-1

序号	景别	镜头运动	画面	字幕
1	全景	由远及近	夕阳西下，余晖洒在欧式古堡上，尖顶闪耀着金色光芒，镜头从远处缓缓朝着古堡一扇雕花玻璃窗推进	Bella Eterna 1900
2	特写	上升镜头	古堡花园里盛开着栀子花，有清晨的露珠	
3	中景	跟镜头	身着黑色丝绒长裙的女主角手持具有水晶质感、瓶身雕刻哥特式藤蔓花纹的香水瓶，在古堡长廊中行走	
4	近景-特写	下降镜头	身着黑色丝绒长裙的女主角，她指尖轻触瓶口喷洒香水，光斑如星尘般扩散，掠过壁画与烛台	
5	全景	移镜头	空旷的城堡舞厅，夜晚，有布满灰尘的窗帘，香水粒子如薄雾般飘动	
6	近景-特写	下降镜头	香水粒子汇聚在女主角手中	
7	特写	拉镜头	香水瓶放置在古堡大厅中央的桌面上	香气永恒，时光凝驻。品牌名：Bella Eterna

完成脚本的撰写后，创建项目文件"制作香水广告视频.prproj"，将素材导入"项目"面板中，并对素材进行粗剪，如表 10-2 所示。

表 10-2

序号	素材	开始和结束	入点和出点
1	素材1.mp4	00:00:00:00-00:00:04:12	00:00:00:00-00:00:04:12
2	素材2.mp4	00:00:04:13-00:00:08:07	00:00:00:00-00:00:03:18
3	素材3.mp4	00:00:08:08-00:00:12:03	00:00:00:00-00:00:03:19
4	素材4.mp4	00:00:12:04-00:00:16:15	00:00:00:14-00:00:05:01
5	素材6.mp4	00:00:16:16-00:00:21:05	00:00:00:00-00:00:04:13
6	素材5.mp4	00:00:21:06-00:00:25:11	00:00:00:19-00:00:05:01
7	素材7.mp4	00:00:25:12-00:00:30:12	00:00:00:00-00:00:05:01
8	轨道上的浪漫.mp3	00:00:00:00-00:00:34:13	00:00:00:00-00:00:34:13

10.1.2　制作视频标题

香水广告需以引人注目的标题作为核心，向观众传递关键信息。本节介绍为视频制作标题的方法。

01 回到项目文件"制作香水广告视频.prproj"，首先制作香水的Logo"Bella Eterna"。将时间指示器移动至00:00:00:00处，添加文字图层"Bella Eterna"，选择一个创意字体，字体样式设计和位置如图 10-2所示。

图 10-2

02 继续选中该文字图层，并添加文字"1900"，字体样式与"Bella Eterna"一致，并将其放置在"Bella Eterna"下方，如图 10-3所示。

图 10-3

03 将时间指示器移动至00:00:01:17的位置，选中后续所有视频素材，将视频素材向前移动至此处，如图 10-4所示。

04 将时间指示器移动至00:00:29:06的位置，在此处添加文字图层，首先添加文字"Bella Eterna"，字体与步骤01一致，位置和大小如图 10-5所示。

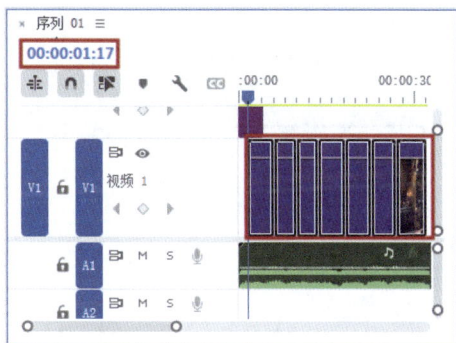

图 10-4

图 10-5

05 选中文字图层"Bella Eterna"后，在"效果控件"面板的"文本"选项中，单击"创建4点多边形蒙版"按钮▢，创建"蒙版（1）"，如图 10-6所示。

图 10-6

06 长按Alt键在上方V3轨道复制并粘贴文字图层，选中复制的文字图层，将其蒙版移至下方，如图 10-7所示。

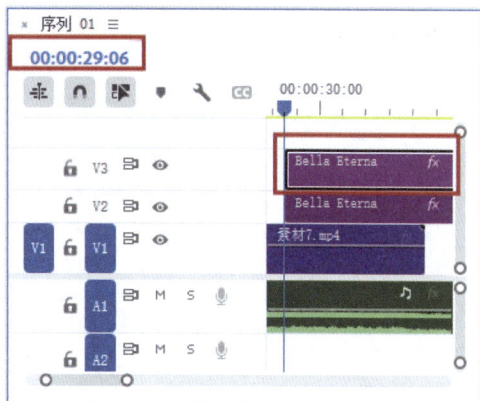

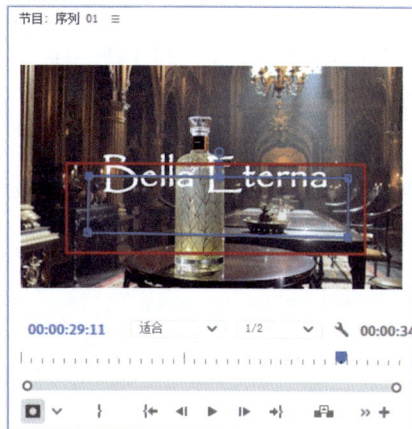

图 10-7

07 按住Shift键单击"前进一帧（右侧）"按钮▶，向前移动5帧至00:00:29:11处，选中V2轨道的文字图层"Bella Eterna"，在"效果控件"面板"视频"选项中添加"位置"关键帧，如图 10-8所示；再向前移动20帧，添加"位置"关键帧，如图 10-9所示。

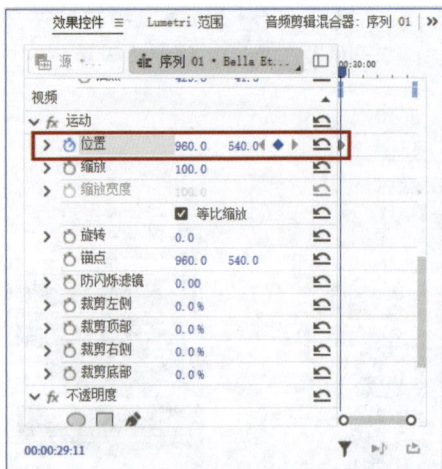

图 10-8

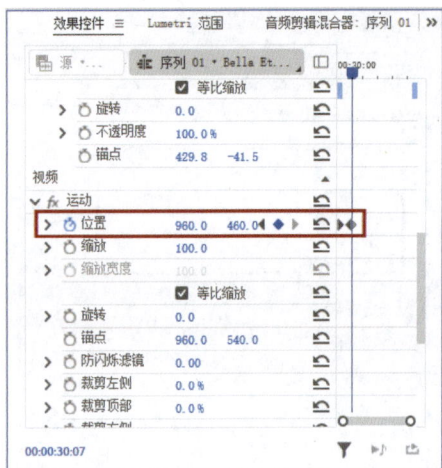

图 10-11

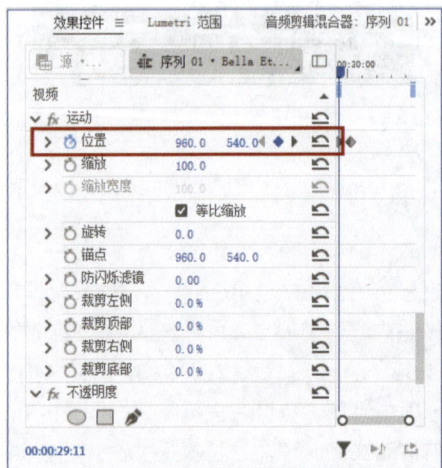

图 10-9

08 选中V3轨道的复制文字图层"Bella Eterna"，将时间指示器移动至00:00:29:11处，在"效果控件"面板"视频"选项中添加"位置"关键帧，如图 10-10所示；再向前移动20帧，添加"位置"关键帧，如图10-11所示。

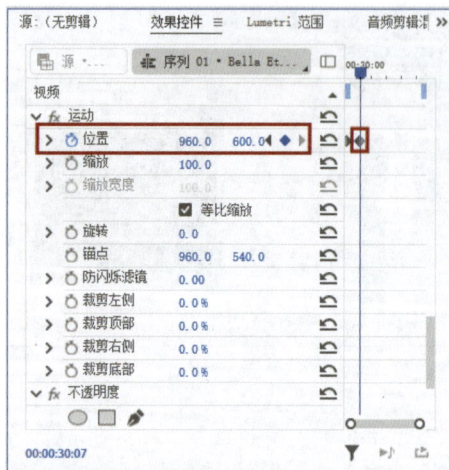

图 10-10

09 将时间指示器移动至00:00:29:11处，在不选中任何素材的状态下，在V4轨道添加文字图层"香气永恒，时光凝驻。"字体样式设置和位置如图 10-12所示。

图 10-12

10 选中文字图层"香气永恒，时光凝驻。"在"效果控件"面板中"文本"选项下单击"创建4点多边形蒙版"按钮▢，创建"蒙版（1）"，并在00:00:29:11处添加"蒙版路径"关键帧，如图 10-13所示。

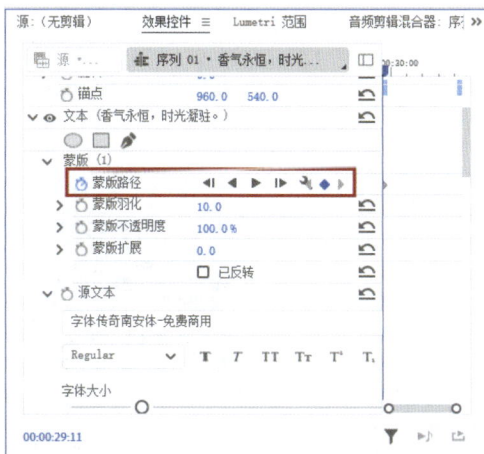

图 10-14（续）

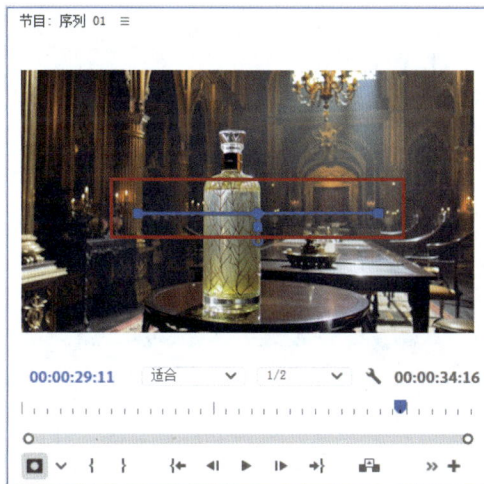

图 10-13

11 将时间指示器移动至00:00:30:07处，在此处再添加"蒙版路径"关键帧，在"节目"监视器面板中将蒙版更改为图 10-14所示。

12 在"效果控件"面板中找到"文本"选项中的"变换"属性，分别在00:00:29:11和00:00:30:07处添加"位置"关键帧，如图 10-15所示。

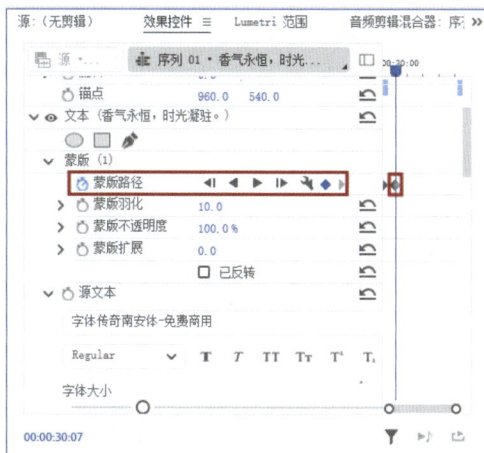

图 10-15

图 10-14

10.1.3　为视频添加转场效果

本节案例没有复杂的动画效果，只需要添加简单视频过渡效果即可。

01 将时间指示器移动至00:00:00:00处，将"黑场过渡"视频过渡效果添加至第一个文字图层开始处，如图 10-16所示。"黑场过渡"视频过渡"持续时间"为00:00:01:00，如图 10-17所示。

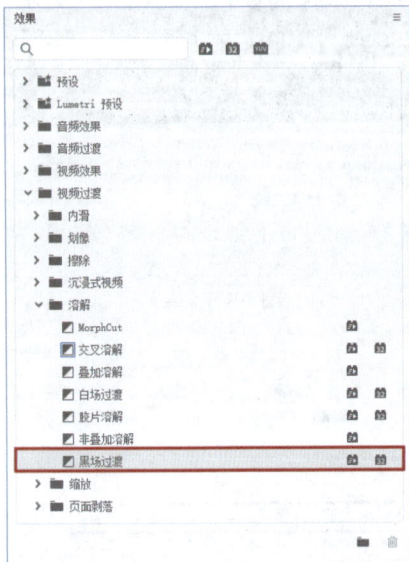

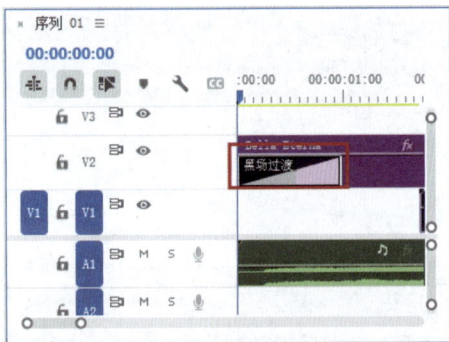

图 10-16

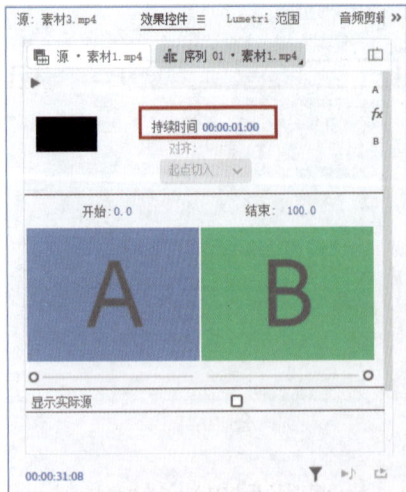

图 10-17

02 按照同样的方法在"素材1.mp4"开始处添

加"黑场过渡"视频过渡效果，"持续时间"为00:00:00:20，如图 10-18所示。

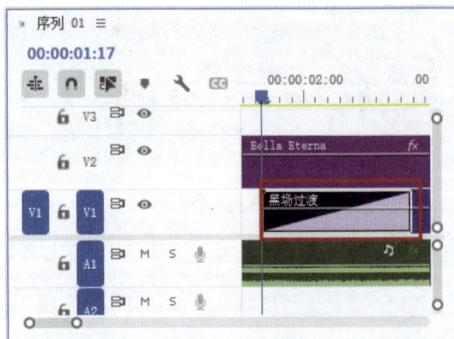

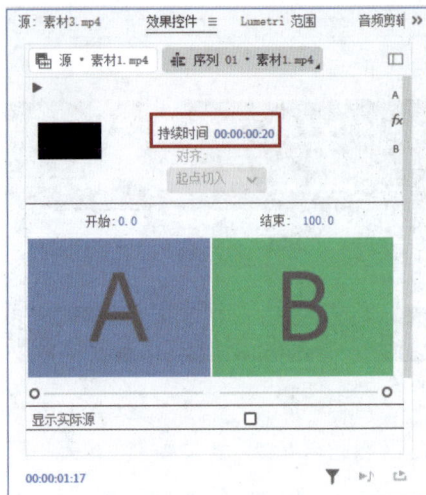

图 10-18

03 将时间指示器移动至00:00:04:15处，选中文字图层，在"视频"效果控件中添加"不透明度"关键帧，并设置"不透明度"为100.0%，如图 10-19所示。将时间指示器移动至文字图层结尾00:00:05:23处，再添加"不透明度"关键帧，将"不透明度"更改为0.0%，如图 10-20所示。

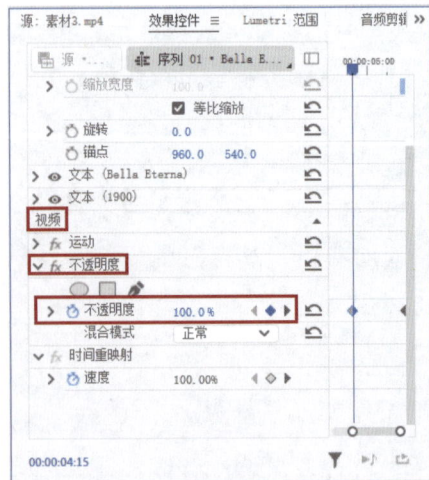

图 10-19

图 10-20

04 选中两个关键帧，右击并在弹出的快捷菜单中执行"缓入"和"缓出"命令，如图 10-21所示。

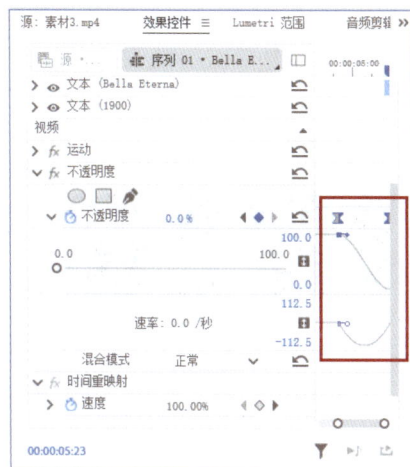

图 10-21

05 将"叠加溶解"视频过渡效果添加至"素材3.mp4"和"素材4.mp4"中间位置，"持续时间"为00:00:01:01，如图 10-22所示。

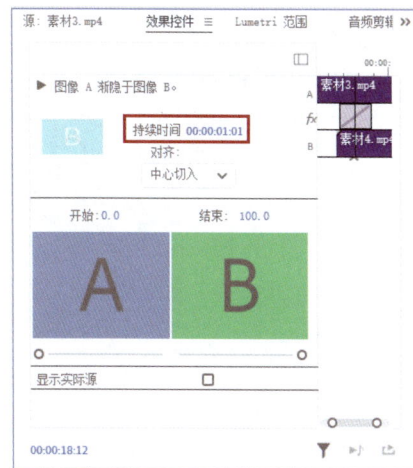

图 10-22

06 将"交叉溶解"视频过渡效果分别添加至"素材4.mp4"和"素材6.mp4"以及"素材6.mp4"和"素材5.mp4"的中间位置，"持续时间"均为00:00:00:20，如图 10-23所示。

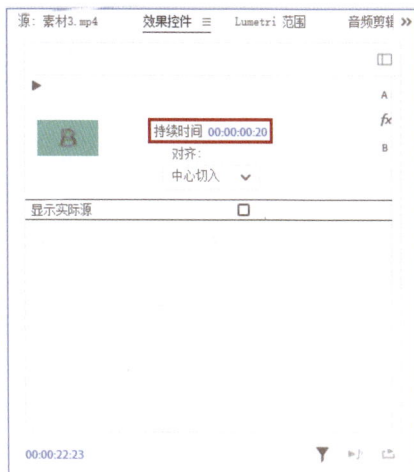

图 10-23

07 将"胶片溶解"视频过渡效果添加至"素材5.mp4"和"素材7.mp4"中间位置，"持续时间"为00:00:00:20，如图 10-24所示。

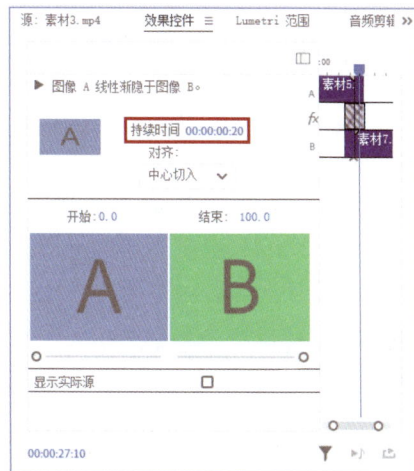

图 10-24

10.1.4　为视频调色

调色是为视频作品增添最后的点睛之笔，能显著提升视频的视觉效果和情感表达。本节将通过调色插件MojoⅡ实现视频一键调色。下面介绍操作步骤。

01 在"效果"面板中将"MojoⅡ"效果添加至"素材3.mp4"中，如图 10-25所示。

02 在"效果控件"面板中调整具体参数，如图 10-26所示。

图 10-25

图 10-26

03 完成上述操作后，在"Lumetri 颜色"面板中打开"色轮和匹配"选项，单击"比较视图"按钮，则会出现"应用匹配"选项，如图 10-27所示。可在"节目"监视器面板中移动"参考"画面下的滑块，调整参考画面位置至"素材3.mp4"，如图 10-28所示。

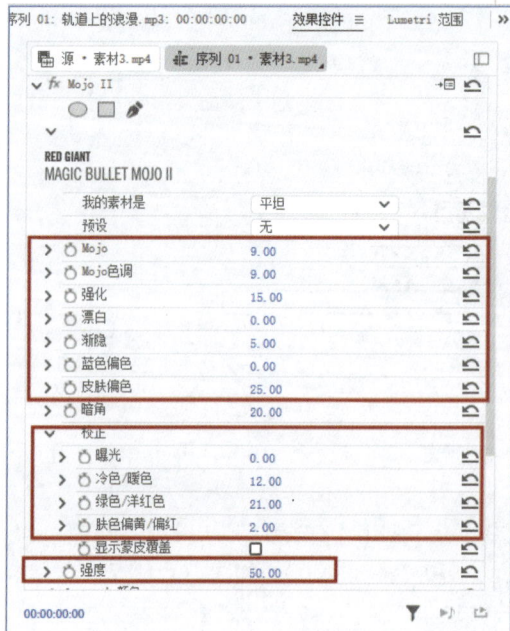

图 10-28

04 分别选中"素材1.mp4""素材5.mp4""素材7.mp4"，单击"应用匹配"按钮，即可一键调色。

10.2
制作趣味口播视频

口播形式的短视频目前是短视频平台中最为普遍采用的视频类型。只需一个人（也可以多个人）对着镜头说话，不用设计和拍摄多个镜头，例如运镜等，我们只需要对着一个固定镜头说话即可，大大减少了人力成本和时间成本，十分符合当下"短平快"的需求。本节通过一个案例介绍如何制作一段基础的口播视频，掌握构建口播视频结构的关键要素，如节奏紧凑、关键点突出等，效果如图 10-29所示。下面介绍操作要点。

图 10-27

图 10-29

表 10-3

序号	字幕
1	2025年Web3持续火热
2	虚拟货币市场风云变幻
3	Web3 发展迅速，互联网又会玩出什么新花样
4	比特币2024年12月冲破$10万大关
5	可没站稳又开始回调
6	2025年初在九万多美元徘徊
7	无数次的暴涨暴跌
8	新的加密货币还不断涌现
9	它到底到顶点了吗
10	2025年我们来到新技术爆发关口
11	国产人工智能开年给全世界带来"暴击"
12	Web3发展迅速
13	未来互联网又会玩出什么新花样
14	但别被迷惑
15	GUCS虚拟货币案
16	假DeepSeek代币骗局
17	都在提醒我们
18	虚拟货币骗局多
19	投资需谨慎
20	保住钱袋子才是真啊

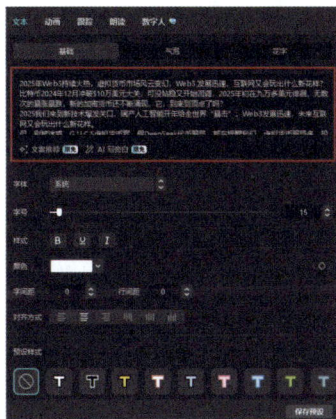

10.2.1 创建视频内容

本案例还是从搭建视频结构开始制作我们的口播视频。虽然口播类视频比镜头设计拍摄要简单得多，但不代表其不需要提前构思写脚本，反而一个好的框架是一个好的口播视频最终的前提。本案例选取的口播类型为知识类口播，由于没有素材内容，所以需要先确定视频文案内容，根据文案内容收集制作视频素材，本案例确定的视频文案内容（断句）如表 10-3所示。

10.2.2 口播视频粗剪

确定完视频主要文案内容后开始根据内容制作口播素材和其余素材收集。口播视频一般是出镜人在镜头前用说话的形式拍摄的视频，所以在制作口播视频前需要我们将文案内容说出来并录制下来。当下AI发展迅速，数字人技术越来越成熟，人们可以不露脸录制口播视频。本节案例将通过剪映专业版的数字人功能制作一个数字人成为该视频主播，形成数字人口播素材。

01 打开剪映专业版，创建"默认文本"，并将"文案.txt"中的内容输入进去，选择合适的数字人和声音，单击"生成"按钮即可生成数字人，如图 10-30所示。

图 10-30

02 数字人口播视频生成后，由于是完整地输入文本，所以气口较少，节奏紧凑。无须对视频进行粗剪，将文本内容删除，单击"导出"按钮，设置导出视频标题为"口播素材"，将视频保存至计算机中。

03 启动Premiere Pro 2025，创建"口播视频.prproj"项目文件，并将导入的"口播素材.mp4"添加至"时间轴"面板中。选中"口播素材.mp4"，在左上方打开"文本"面板，在"字幕"选项卡中选择"从转录文本创建字幕"选项，打开"创建字幕"窗口，将"语言"设置为"简体中文"，单击"转录和创建字幕"按钮，即可根据视频内容创建文本，如图 10-31所示。

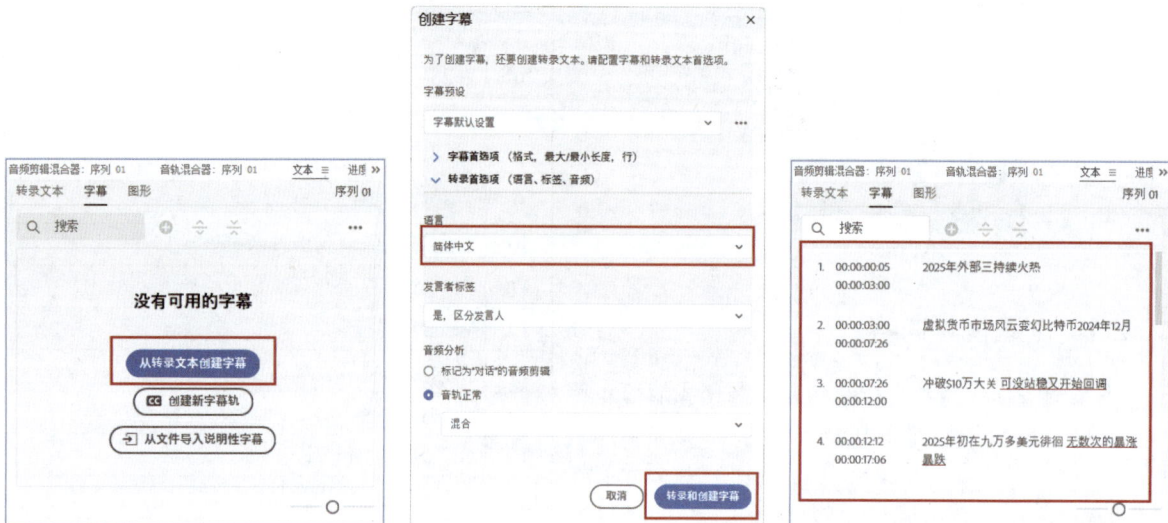

图 10-31

04 在"文本"面板"字幕"选项卡中，长按Shift键选中所有文本素材，打开"属性"面板，统一设置文本字体、大小、位置和样式，如图 10-32所示。

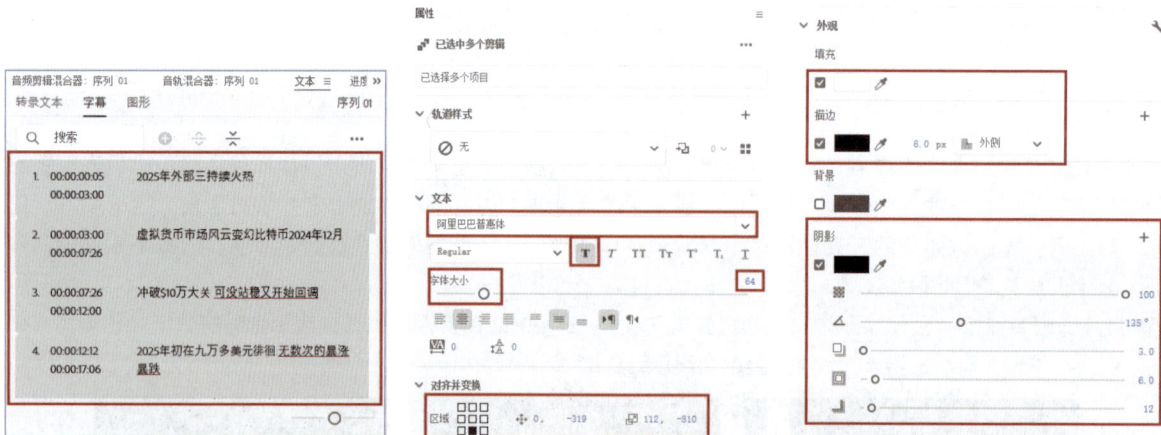

图 10-32

05 完成上述操作后，根据表格内容对字幕进行裁剪和断句，一个文本中不要留有空格。

06 完成文本裁剪后，由于"口播素材.mp4"视频内容过于紧凑，有些片段完全没有气口，我们需要通过空白制作气口。

07 将时间指示器移动至开始的位置，为了让开头有一个更好的过渡，在此处右击，在弹出的快捷菜单中执行"插入帧定格分段"命令，在此处添加帧定格，"持续时间"为00:00:00:07，帧定格开始位置为

00:00:00:10，前留有空白，其余素材均向后移动，如图 10-33所示。

08 将时间指示器移动至00:00:22:14的位置，在此处用"剃刀工具（C）"进行裁剪，右击并在弹出的快捷菜单中执行"插入帧定格分段"命令，在此处添加帧定格，"持续时间"为00:00:00:11。由于在插入帧定格后，字幕轨道中的文本素材"它到底到顶点了吗"也拆分成两段，所以将多出来的部分删除，并将文本素材"它到底到顶点了吗"延长至帧定格结尾处，如图 10-34所示。

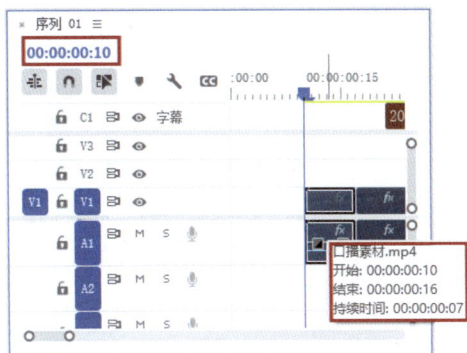

图 10-33

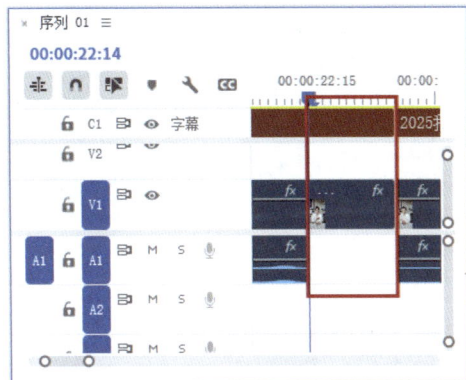

图 10-34

09 将时间指示器移动至00:00:34:10处，在此处用

"剃刀工具（C）" ◣进行裁剪，将剩余素材向后移动至00:00:34:21处，如图 10-35所示。

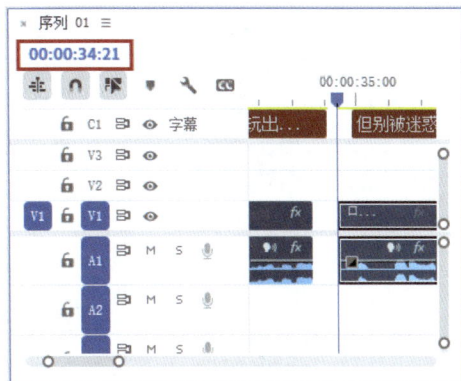

图10-35

提示：1. 关于剪映专业版"数字人"和"智能剪口播"功能相关具体操作介绍，请参考剪映专业版操作相关书籍。

2. 字幕轨道中的文字样式需要在"属性"面板进行更改，无法在"效果控件"面板中进行设置。本案例字幕轨道中的字体样式从00:00:13:06位置的字幕"很多时候"开始至结尾字幕，字体均为"猫啃什锦黑"。

10.2.3　视频精细化处理

制作口播视频时，如果只有单一的说话内容，视频往往没有吸引力，留不住观众。我们需要根据文案内容添加动画、文字动画、辅助图片和视频等，丰富视频内容，刺激观众感官。例如，本节案例谈论到关于比特币的内容，读者自行练手时，还可以收集更多关于比特币相关素材放在"时间轴"面板中一起剪辑。

根据本节案例素材进行视频内容丰富和效果制作，如表 10-4所示。

表 10-4

序号	素材顺序	开始和结束	入点和起点
1	故障素材.mp4	00:00:00:00-00:00:00:15	00:00:00:00-00:00:00:15
2	WEB 3.0（文字图层）	00:00:01:21-00:00:03:11	
3	素材3.png	00:00:03:12-00:00:04:19	
4	素材2.mp4	00:00:04:20-00:00:06:00	00:00:01:08-00:00:02:18
5	素材5.png	00:00:07:20-00:00:10:12	
6	素材8.png	00:00:13:26-00:00:15:25	
7	素材9.mp4	00:00:15:26-00:00:17:21	
8	素材10.mp4	00:00:15:26-00:00:17:21	
9	金币.mov	00:00:18:03-00:00:20:17	
10	疑问.png	00:00:20:18-00:00:22:24	

序号	素材顺序	开始和结束	入点和起点
11	素材4.mp4	00:00:26:06-00:00:29:17	00:00:00:00-00:00:03:11
12	DS（文字图层）	00:00:26:06-00:00:29:17	00:00:06:20-00:00:11:19
13	烟雾元素.mov	00:00:26:06-00:00:29:17	
14	素材6.mp4	00:00:31:15-00:00:34:27	00:00:00:00-00:00:03:21
15	GUCS（文字图层）	00:00:36:25-00:00:41:00	
16	素材12.png	00:00:37:00-00:00:41:00	
17	素材13.png	00:00:39:04-00:00:41:00	
18	素材14.png	00:00:39:04-00:00:41:00	
19	素材15.png	00:00:42:19-00:00:44:12	
20	素材16.png	00:00:42:19-00:00:44:12	
21	素材16.mp4	00:00:44:13-00:00:46:07	00:00:00:00-00:00:01:24
22	别冲动（文字图层）	00:00:45:17-00:00:46:07	
23	素材18.png	00:00:45:17-00:00:46:07	

鉴于新增了大量素材，需进行制作，接下来介绍几个关键内容的具体制作方法，其余内容请参考项目文件"口播视频完整.prproj"。

01 将时间线移动至00:00:00:00，由于开始添加了"故障素材.mp4"作为开场过渡，选中"故障素材.mp4"，在"不透明度"效果控件中选择"滤色"混合模式，如图10-36所示。

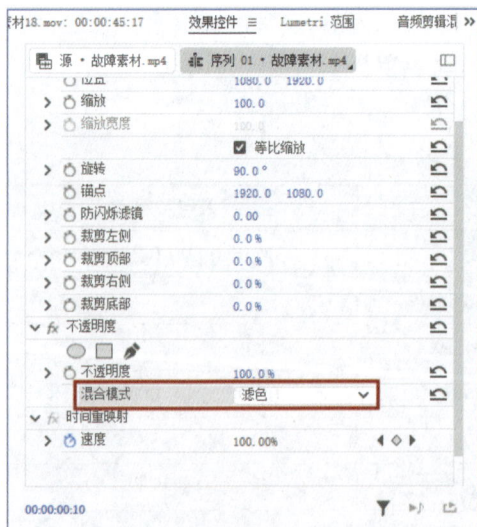

图 10-36

02 为了使开场更有机械感，选中开头定格帧，将"故障素材.mp4"移动至V3轨道，并在上方V2轨道中复制并粘贴，如图10-37所示。

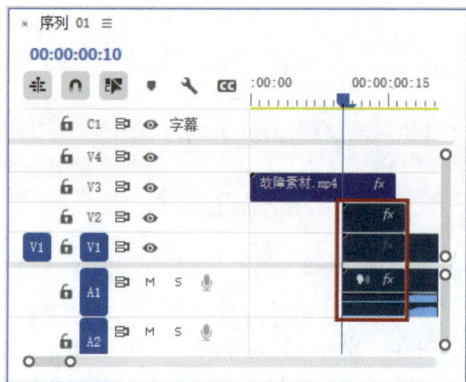

图 10-37

03 选中V2复制定格帧，将画面中的人物抠除，如图 10-38所示。

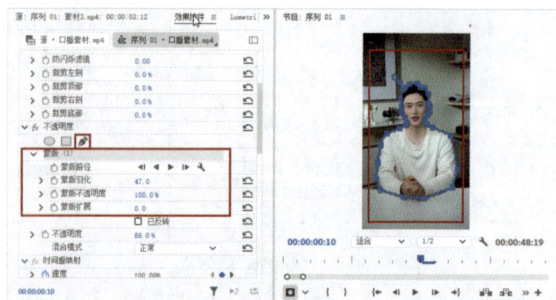

图 10-38

04 为了让人物有卡顿感，单击"位置"选项中的"切换动画"按钮，添加关键帧，具体参数设置如图 10-39所示。

图 10-39

> 提示：关键帧间隔为1帧。完成位置关键帧制作后，将"VR数字故障"添加至复制定格帧中，通过添加关键帧让故障动起来，具体参考"口播视频完整.prproj"。

05 部分素材大小与序列大小不符，导入"时间轴"面板中会偏小。例如，选中"素材3.png"，在"属性"面板中单击"填充"按钮，即可铺满整个画面，如图 10-40所示。

图 10-40

06 将时间指示器移动至00:00:20:17的位置，为了突出此处的重点，添加"缩放"关键帧，并设置"缩放"为100.0，再将时间指示器向前移动1帧，添加"缩放"关键帧，设置"缩放"为150.0，如图 10-41所示。

07 选中所有关键帧，右击并在弹出的快捷菜单中执行"定格"命令，如图 10-42所示，即可完成画面突然变大的效果。

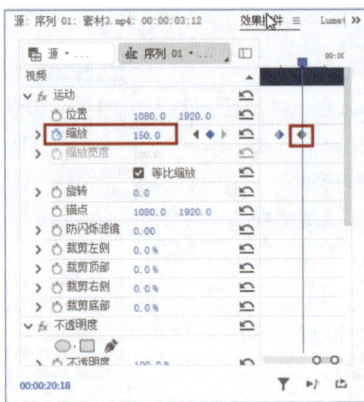

图 10-41   图 10-42

08 为了让前后有一个更好的衔接，在10.2.3节00:00:22:14处插入了帧定格片段，在帧定格和剩余视频素材中间添加"急摇"视频过渡效果，如图 10-43所示。

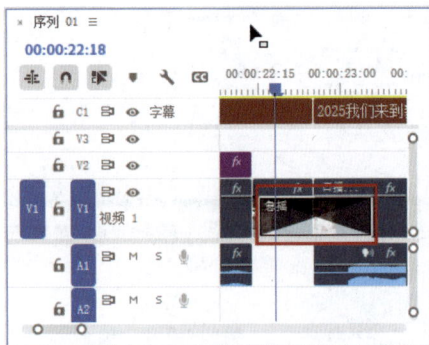

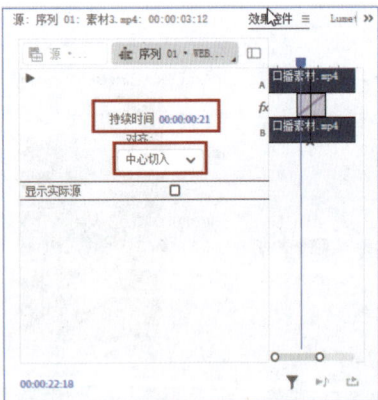

图 10-43

10.2.4　制作花字

为了进一步强化视频内容中的重点信息，从表格中可以看出，我们添加了多个文字图层。本节详细介绍具体的制作流程。

01 将时间指示器移动至00:00:01:19的位置，此处添加了文字图层"WEB 3.0"，文字样式如图 10-44所示。

图 10-44

02 为了让文字开场不生硬，将"VR 旋转球面"效果添加至"WEB 3.0"文字图层中。将时间指示器移动至00:00:01:21的位置，在此处添加"VR 旋转球面"效果控件中的"倾斜（X轴）"关键帧，参数为0.0°，如图 10-45所示。再将时间指示器移动至00:00:01:26的位置，添加"倾斜（X轴）"关键帧，参数为-6.0°，如图 10-46所示。再将时间指示器移动至00:00:02:01的位置，添加"倾斜（X轴）"关键帧，参数为0.0°，如图 10-47所示。

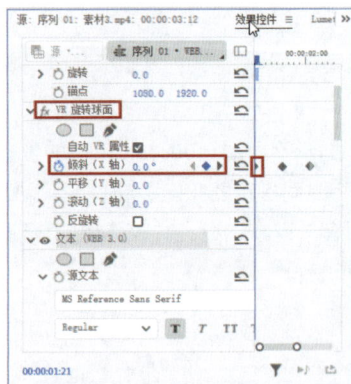

图 10-45

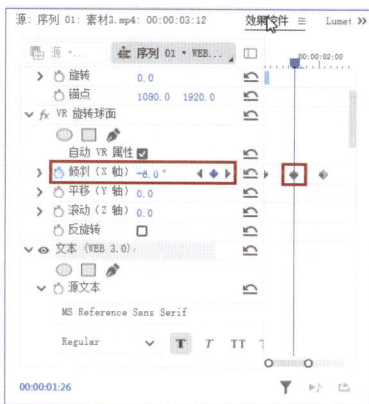

图 10-46

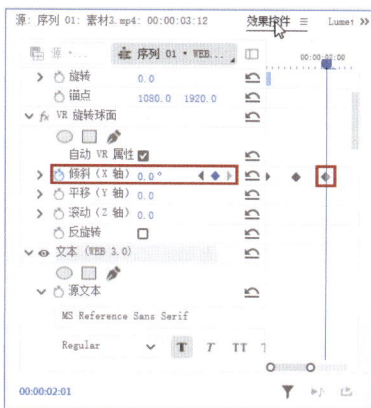

图 10-47

03 将时间指示器移动至00:00:26:06的位置，此处添加了"素材4.mp4""DS（文字图层）""烟雾元素.mov"。文字图层"DS"字样如图 10-48所示。

图 10-48

04 选中文字图层"DS"，在00:00:26:06和00:00:26:21处分别添加"位置"关键帧，如图 10-49所示，制作一个文字落下的效果。

05 选中关键帧，右击并在弹出的快捷菜单中执行"缓入"和"缓出"命令，向右拉长左侧摇杆，如图 10-50所示。

图 10-49

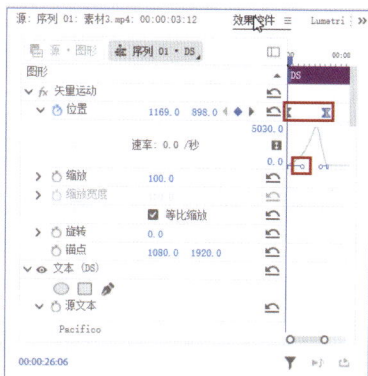

图 10-50

> **提示：首先右击并在弹出的快捷菜单中执行"缓入"命令，再按相同方式执行"缓出"命令。**

06 向前移动1帧，添加"位置"关键帧，具体参数设置如图 10-51所示。再向前移动1帧，添加"位置"关键帧，如图 10-52所示。

07 选中添加的两个关键帧，右击并在弹出的快捷菜单中执行"复制"命令，向前移动1帧，右击并在弹出的快捷菜单中执行"粘贴"命令即可，如图 10-53所示，文字落下回弹的效果即制作完成。

08 为了使文字更加生动，添加了"烟雾元素.mov"素材，其位置和大小需要契合文字，具体参数设置如图 10-54所示。

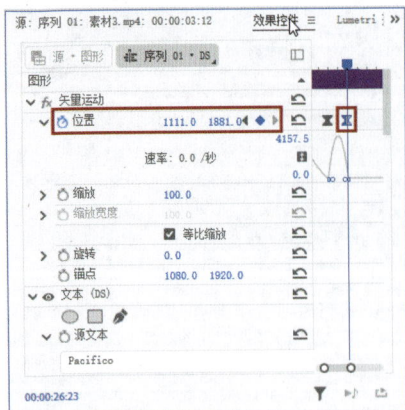

图 10-51

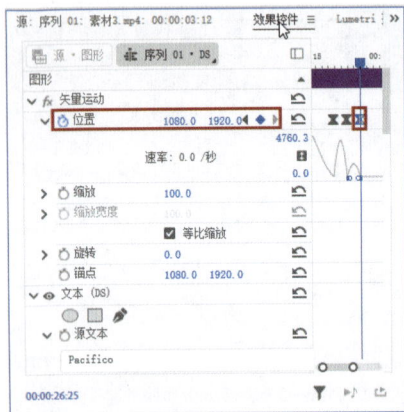

图 10-53

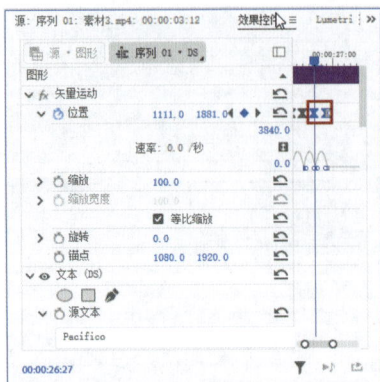

图 10-52

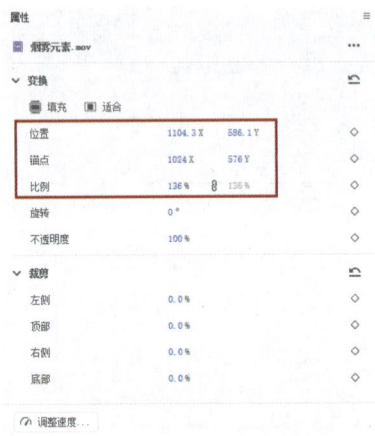

图 10-54

10.2.5　添加音乐和音效

除了画面效果的制作，背景音效也是增强视频内容层次感和吸引力的关键一环。正所谓"视听并重"，一个优秀的视频，不仅要求画面具备强烈的视觉冲击力，其音效也应当能够瞬间抓住观众的注意力，与之产生共鸣。本节将通过几个片段介绍口播视频中添加音乐与音效的构思与制作流程。

音频放置位置如表 10-5 所示。

表 10-5

序号	音频素材	开始和结束	入点和起点	音量级别
1	故障音.mp3	00:00:00:00-00:00:00:24	00:00:00:00-00:00:00:24	
2	啵.mp3	00:00:01:21-00:00:01:28		
3	哇哦.mp3	00:00:08:23-00:00:09:18		
4	Oh no.wav	00:00:14:06-00:00:14:25	00:00:00:00-00:00:00:20	6.9dB
5	喝倒彩.mp3	00:00:16:13-00:00:17:28		-8.0dB
6	咚.mp3	00:00:20:18-00:00:20:27		
7	疑问.mp3	00:00:21:03-00:00:21:19		
8	科技音效.mp3	00:00:22:14-00:00:23:20		
9	暴击.mp3	00:00:26:20-00:00:27:26		
10	咚.mp3	00:00:36:25-00:00:37:04		
11	咚.mp3	00:00:39:07-00:00:39:16		
12	呃.mp3	00:00:42:20-00:00:43:05		
13	叮叮叮.mp3	00:00:45:17-00:00:46:21	00:00:00:05-00:00:01:09	
14	口播素材.mp4			4.0dB